GIESEL | Verlag

Faszination Baumaschinen – Giganten im Erd- und Tagebau

Heinz-Herbert Cohrs
Rainer Oberdrevermann

GIESEL | Verlag

Die Deutsche Bibliothek – CIP-Einheitsaufnahme

Ein Titeldatensatz für diese Publikation ist bei Der Deutschen Bibliothek erhältlich.

Heinz-Herbert Cohrs, Rainer Oberdrevermann
Faszination Baumaschinen – Giganten im Erd- und Tagebau
Isernhagen, Giesel Verlag GmbH, 2000
ISBN 3-87852-007-7

Projektteam:
Jutta Illhardt (Leitung)
Volker Müller (Redaktion)

Layout:
Metrik GmbH, Hannover

Lithos und Druck:
Primedia Th. Schäfer Druckerei GmbH, Hannover

Vorwort

Größe beeindruckt. Sei es die Gipfelkette eines Hochgebirges oder die Flut eines Wasserfalls, seien es die Pyramiden von Gizeh oder die Wolkenkratzer einer Weltstadt.

Unsere Sprache kennt Riesen, Titanen, Kolosse, Monster und Giganten. In der griechischen Sage wollten die Giganten den Sitz der Götter, den Olymp, stürmen. Sie wurden vom Göttervater Zeus mit Hilfe des Halbgottes Herakles zurückgeschlagen. Die Giganten werden als wildes Riesengeschlecht beschrieben. Der Überlegenheit des Göttervaters Zeus haben die Griechen mit einer mehr als zwölf Meter hohen Statue im Tempel von Olympia sichtbaren Ausdruck verliehen. Sie wurde zu den sieben Weltwundern der Antike gezählt.

Heinz-Herbert Cohrs und Rainer Oberdrevermann, die Autoren dieses Buches, stellen Giganten vor, die keinen Sitz von Göttern stürmen wollen. Sie beschreiben vielmehr außergewöhnliche Maschinen, mit denen sich die Menschen die Bodenschätze der Erde nutzbar machen. Sie widmen sich der Königsklasse der Erdbewegung, den großen Bau- und Tagebaumaschinen, deren Geschichte eine lange Kette von Superlativen und Höchstleistungen sichtbar werden läßt. Sie gehen zurück bis in die Frühzeit des Bergbaus und spannen den Bogen rasch zum Industriezeitalter, als die Entwicklung leistungsfähiger Antriebe die Voraussetzungen für Giganten schuf, mit denen Berge versetzt und die großen Mengen von Bodenschätzen erschlossen werden können, ohne die das Leben der Menschen auf der Erde nicht mehr möglich ist.

Die Autoren begnügen sich nicht mit der Aneinanderreihung beeindruckender Löffel-, Schaufelrad- und Eimerkettenbagger, Muldenkipper, Radlader, Scraper, Kettendozer und Grader. Sie beschreiben und analysieren auch die Entwicklung der notwendigen technischen Details – der Antriebe, Laufwerke, Kraftübertragungsmittel und Getriebe ebenso wie deren Betätigung und Steuerung mit den ständig verbesserten Möglichkeiten der Mechanik, Hydraulik, Elektronik und Mechatronik.

Der interessierte Leser wird den Schöpfern der Giganten Respekt, Bewunderung und Anerkennung für ihre großen Ingenieurleistungen zollen. Cohrs und Oberdrevermann helfen uns, das Wissen der Vorzeit zu bewahren und zu den sichtbaren Zeugen der Gegenwart ins Verhältnis zu setzen. Dafür gebührt ihnen gigantische Anerkennung.

Wolfgang Poppy, Magdeburg, November 2000

Inhaltsverzeichnis

„Wer will Bergwerk bauwen, der muss Gott und dem Glück vertrauwen“

alter Spruch aus dem Bergbau

Bergbau – Basis der Zivilisation

„Das Schürfen nach Erz verwüstet die Felder. Wälder und Haine werden umgehauen, denn es bedarf zahlreicher Hölzer für die Gruben und um das Erz zu schmelzen. Dabei aber werden Vögel und andere Tiere ausgerottet, die vielen Menschen als Nahrung dienen. Die Erze werden gewaschen, dadurch werden Bäche und Flüsse vergiftet, Fische werden vertrieben oder getötet. Wegen des Goldes und Silbers gibt es Diebstähle, Überfälle und Räubereien. Auch werden deswegen Kriege unternommen. Darum beschimpfen viele die Metalle, besonders das Eisen. Es hat das größte Verderben gebracht, denn aus ihm werden Schwerter und Lanzen gefertigt. Die Natur hat die Metalle tief in der Erde versteckt und sie sind, wenn sie ausgegraben werden, die Ursache großer Übel.“

„Der Mensch aber vermag ohne Metalle nicht die Dinge zu schaffen, die zur Lebensführung dienen. Fast alle seine Werkzeuge sind aus Metall. Mit dem Pflug wird die Erde aufgerissen, der Samen wird geeggt, das Unkraut gejätet. Hatte je ein Handwerker Werkzeug, das nicht aus Metall war? Wenn die Metalle aus dem Gebrauch des Menschen verschwinden, so wird damit jede Möglichkeit genommen, sowohl die Gesundheit zu schützen und zu erhalten, als auch ein unserer Kultur entsprechendes Leben zu führen.“

Diese Worte sind nicht so aktuell, wie zu vermuten wären. Schon vor rund 450 Jahren prägte sie der beste Kenner des Metallhüttenwesens jener Zeit, der Deutsche Georg Bauer, nach damaligem Sprachgebrauch mit lateinischem Namen Georgius Agricola genannt. Seine Worte zur Erzgewinnung lassen sich heute ebenso auf Kohle, ja auf die gesamte Rohstoffgewinnung übertragen.

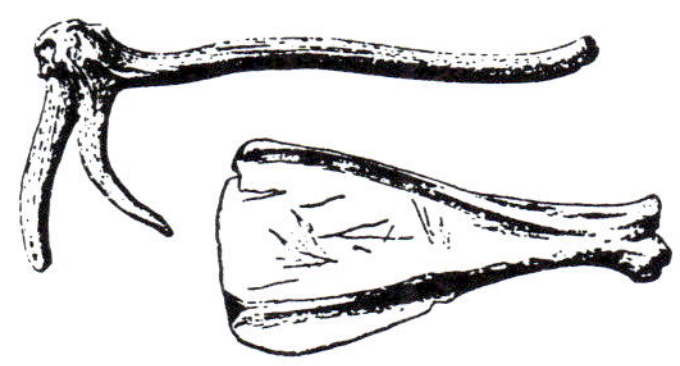

Zur Förderung von Feuerstein wurden mit Hacken aus Hirschgeweih und Knochenschaufeln bis zu 20 m tiefe Schächte und Galerien in Kreidegestein niedergebracht.

Zwar profitieren wir alle tagtäglich vom Nutzen des Bergbaus, der uns Metalle, Kohle und andere für unseren täglichen Bedarf wichtige Rohstoffe beschert, dennoch ist der Bergbau seit jeher auch harscher Kritik ausgesetzt. Georgius Agricola schrieb: „Immer hat unter den Menschen eine gar große Meinungsverschiedenheit über den Bergbau geherrscht, indem die einen ihm hohes Lob zollten, die anderen ihn heftig tadelten.“

Als eine der größten Tagebaugruben der Welt übt Bingham Canyon im amerikanischen Bundesstaat Utah mit fast 800 m Tiefe auf jeden Betrachter eine überwältigende Wirkung aus. In solchen Momenten erkennen Menschen Schönheit und Grandiosität im Bergbau. Ist allein die Verbindung zwischen Mensch und Erde faszinierend, verbirgt sich wahre Schönheit erst in dieser Symbiose selbst: Die Erde bietet uns Rohstoffe, wir schaffen etwas daraus. Das sollten wir nie vergessen. Wenn wir gewissenhaft und umsichtig sind, wird unsere tiefe Verbindung zur Erde noch lange Zeit währen...

Tadel ist jedoch keineswegs angebracht, vielmehr ist der Bergbau für uns alle heute lebenswichtig. Bergbau ist eng mit Bauen verwandt; viele Baumaschinen, besonders die großen, sind auch Bergbaumaschinen. Abbau, Tagebau, Bergbau – stets werden diese Tätigkeiten von dem Wort „Bau" begleitet. „Bauen" findet seine Wurzeln im indogermanischen „bhu", was soviel wie „schwellen" heißt. Mit zunehmender Abstrahierung wurde daraus „wachsen, werden, bleiben". Das spätere althochdeutsche „buan" stand zudem für „wohnen, bewohnen, bebauen, pflanzen".

Als Menschen seßhaft wurden, sich stabile Häuser „bauten", vom festen Anwesen aus Felder bestellten und Vieh domestizierten, eben „Bauern" wurden, Getreide und Gemüse „anbauten" und Bodenschätze „abbauten", erhielt „Bauen" eine überaus wichtige, nahezu allumfassende Bedeutung – die der Bergbau und der Tagebau heute zu Unrecht längst wieder verloren haben.

Unsere Erde ist weit mehr als eine Schatzkammer: Sie ist die Grundlage unseres Lebens, sie gibt uns alle Stoffe und Materialien für den Aufbau und Erhalt unserer immer komplizierter werdenden Zivilisation. Der Erhalt unseres aufwendigen Lebensstils hängt hundertprozentig vom Bergbau ab.

Die vielen aus der Erdkruste gewonnenen Materialien drängen sich aber im täglichen Leben dem Menschen kaum in irgendeiner sensationellen Form auf. Der unscheinbare Grundstoff tief aus der Erde wird nicht beachtet. Das, was den Charakter des Rohstoffes ausmacht, wird meist völlig überdeckt von dem Eindruck, den die aus diesem Material gefertigten Gegenstände, Gerätschaften oder Maschinen hinterlassen. Sehr ähnlich ergeht es dem mit Kohle erzeugten Strom: Wir beachten nicht den Rohstoff, den Schatz aus der Erde, sondern lediglich seine Umsetzung in Wärme oder bequeme Energie aus der Steckdose.

Hinter all dem verbirgt sich Bergbau, wobei die überwiegende Masse aller Rohstoffe heute nicht mehr mühsam und gefährlich unter Tage, sondern im Lichte der Sonne, also über Tage gewonnen wird. Ermöglicht haben dies immer leistungsfähigere und daher immer größer werdende Maschinengiganten, die in überraschend kurzer Zeit wahre Berge versetzen – damit wir alle von den darunter seit Jahrmillionen verborgenen Bodenschätzen profitieren können.

Rohstoffgewinnung seit Menschengedenken

Der griechische Dichter Hesiod erzählte um 700 v. Chr. von vier Zeitaltern der Menschheit. Demzufolge seien Gold, Silber, Bronze und Eisen in dieser Reihenfolge diejenigen Stoffe gewesen, die der Kultur und Zivilisation jener vier Epochen jeweils ihre ganz eigene Prägung verliehen hätten. Ganz so einfach scheint die Sache jedoch nicht gewesen zu sein…

…denn vielmehr spielten schon seit ältester Zeit bei vielen Kulturen Metalle aller Art eine wesentliche Rolle. Die meisten alten Völker haben diejenigen Metalle und Rohstoffe als erste kennengelernt, die sich ihnen durch die geologischen Beschaffenheiten am „Wohnsitz“ gewissermaßen anboten. So kannten um 500 v. Chr. die Chinesen die Herstellung von Gusseisen, da die Eisenerzvorkommen im Norden Chinas hohe Anteile an Phosphor enthalten, der die Schmelztemperatur von Eisen herabsetzt.

Schon Neandertaler beherrschten die Kunst des Feuermachens; behauene Feuerbohrer sind seit über 6.000 Jahren bekannt. Zum Schlagen von Feuer und zum Herstellen vieler Werkzeuge eignete sich Feuerstein vorzüglich, ein Rohstoff, der einem ganzen Zeitalter den Namen Steinzeit verlieh. Auf der Suche nach Feuerstein entstanden zunächst Mulden, später bis in 12 m Tiefe in den Boden reichende Schächte – und damit die ersten Bergwerke. Im Raum Ostrowiec im Heilig-Kreuz-Gebirge in Polen befindet sich eines der ältesten Denkmäler des Bergbaus. Dort förderten unsere Ahnen im Verlauf von zwei Jahrtausenden – vom 4. bis 2. Jahrtausend v. Chr. – gestreiften Feuerstein.

Einige Abbildungen auf den korinthischen Tafeln aus dem 6. Jahrhundert v. Chr. zeigen das Schürfen und Fördern von Erzen im alten Griechenland. Die Schächte wurden mit Öllampen beleuchtet, die in Nischen standen oder am Deckengewölbe hingen.

Die frühesten Erzgewinnungen erfolgten meist im übertägigen Abbau; durch Gruben erzeugte Geländevertiefungen sind heute noch in vielen Bergbaugebieten erkennbar. Um 3800 v. Chr. stellten die Sumerer Bronze her, indem sie in Bergwerken gewonnenes Kupfer mit Zinn mischten und so eine Legierung erhielten, die härter war als das reine Kupfer. Im alten Mesopotamien war das schwer zu gewinnende Eisen um 2000 v. Chr. noch fünfmal so teuer wie Silber und doppelt so teuer wie Gold…

In Ägypten wurden seit etwa 3000 v. Chr. Gold-, Kupfer- und Türkisbergwerke betrieben. Der Grieche Agatharchides beschrieb um 200 v. Chr., also aus seiner Sicht schon weit zurückblickend, diesen Bergbau: „Die Galerien, die sie graben, sind nicht gerade, sondern verlaufen in Richtung der Metallader, und da sich die Arbeiter in diesen unterirdischen Krümmungen im Dunkeln befinden, tragen sie Fackeln, die an der Stirn befestigt sind." Schon ab dem 6. Jahrhundert v. Chr. wurden Erze in Eimern mit Hilfe von Handwinden an die Oberfläche befördert; im 5. Jahrhundert v. Chr. erreichten Schächte bereits Tiefen bis zu 120 m.

Assyrische Steinbrucharbeiter schleppten Steine und Erz in Rückentragen an die Erdoberfläche, dargestellt auf einem Alabasterrelief aus dem Palast des Assyrer-Königs Sanherib um 700 v. Chr.

Athens Reichtum beruhte größtenteils auf dem Silberbergbau in Attika. Überhaupt führten die Griechen und später auch die Römer die Förderung von Bodenschätzen in beachtlichem Umfang durch, weil für den Bau von Städten, Straßen, Wasserversorgungssystemen und für das produzierende Handwerk große Mengen von Metall und Baustoffen benötigt wurden.

Schließlich brachten Händler das geheimnisvoll glänzende Eisenmetall aus dem Alten Orient mit nach Europa; es wurde wie ein Schatz gehütet und stammte angeblich aus den dunklen Tiefen der Erde. Fortan begann auch in Europa die Suche nach Erzen und die immer größeren Umfang annehmende Herstellung von Metallen aller Art. Um Erzstücke abzuschlagen, musste das Gestein erwärmt und danach mit Wasser begossen werden. Dadurch bildeten sich Spalten, in die befeuchtete Holzkeile getrieben wurden. Die aufquellenden Keile brachten die Erzstücke zum Bersten.

Zum Erschmelzen des Metalls aus dem Erzgestein bot sich als Wärmequelle neben Holzkohle die Steinkohle an. Der genaue Zeitpunkt ihrer Entdeckung als Brennstoff und Wärmequelle ist im Dunkel der Geschichte verborgen. An einer der sicherlich zahlreichen Stellen, an denen ein Kohleflöz bis an die Erdoberfläche reichte und die „schwarzen Steine" daher offen zu Tage traten, mag es sich zugetragen haben, dass Menschen zum Schutz ihrer Holzfeuerstelle vor dem Wind einen Wall aus den herumliegenden Steinen aufschichteten. Plötzlich brannten diese Steine – ein neuer Brennstoff war gefunden.

Wir hören oft von der dunklen Vorzeit und vom finsteren Mittelalter. So falsch ist das gar nicht, denn unsere Welt – wie auch die kaum belüfteten Bergwerksschächte – wurde von Fackeln, harzreichen Hölzern, Öllampen und Kerzen beleuchtet. Erst 1813 tauchte in England die Gasbeleuchtung auf, 1878 die erste

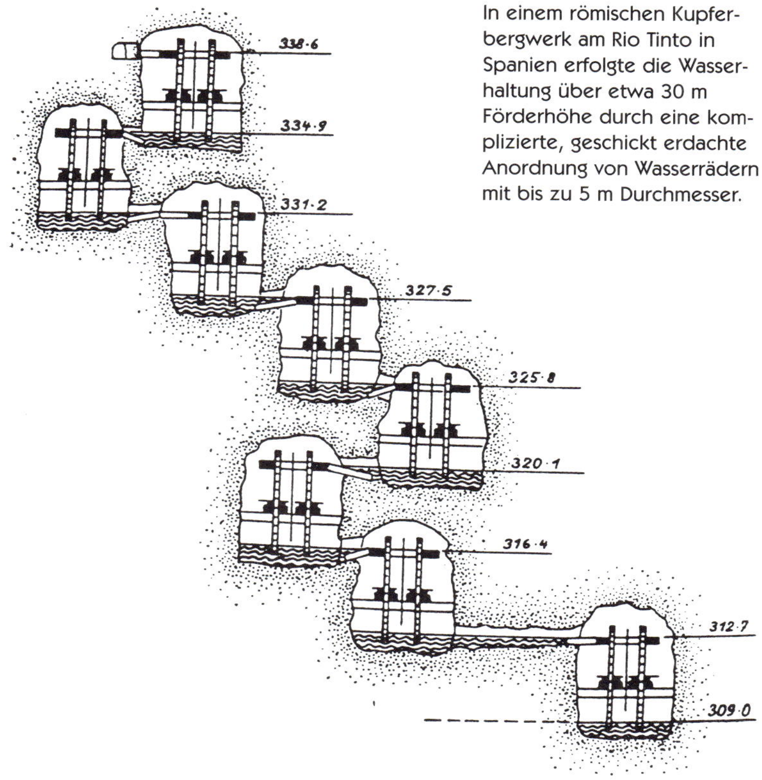

In einem römischen Kupferbergwerk am Rio Tinto in Spanien erfolgte die Wasserhaltung über etwa 30 m Förderhöhe durch eine komplizierte, geschickt erdachte Anordnung von Wasserrädern mit bis zu 5 m Durchmesser.

elektrische Bogenlampe. Praktisches, per Schalterdruck verfügbares elektrisches Licht kennen wir also erst seit knapp mehr als einhundert Jahren – gegenüber mehr als 10.000 Jahren mit Kienspan und Fackel …

Heute werden weltweit jährlich rund 940 Mio. t Braunkohle gefördert und zum weitaus größten Teil zu Strom „verbrannt" – bei einem Wirkungsgrad von kümmerlichen 37 Prozent. Knapp zwei Drittel der in der Kohle steckenden Energie verpuffen demnach wirkungslos – fast wirkungslos, denn diese zwei Drittel der 940 Mio. t heizen unbeirrt unsere Atmosphäre auf …

Unvorstellbarer Rohstoffhunger

Alles, aber auch wirklich alles kommt von der Erde. Fischerei, Land- und Forstwirtschaft und Bergbau versorgen uns mit den Grundmaterialien des täglichen Lebens. Der Spruch aus dem Amerikanischen ist bezeichnend: „Was nicht zu pflanzen oder zu jagen ist, muss ausgegraben werden."

Sämtliche industriellen Aktivitäten beginnen mit Rohstoffen. Doch kaum jemand ist sich heute bewusst, in welchen Mengen ihn die im Bergbau gewonnenen Rohstoffe umgeben. Das beginnt bei den eigenen vier Wänden aus Mörtel, Zement, Beton und Steinen und endet bei kleinsten Mikrochipkomponenten aus Kupfer.

In der westlichen Welt müssen für jeden Menschen täglich rund 50 bis 70 kg Rohstoffe gefördert werden – jeden Tag, für jeden Mann, jede Frau, jedes Kind. Weltweit summiert sich dies auf täglich 50.000.000 t und rund 16.000.000.000 t (16 Milliarden!) im Jahr – nicht eingerechnet ist der Abraum, der zudem über fast jedem Rohstoff abzutragen und fortzubewegen ist. Samt Abraum werden jährlich für uns fast 50 Milliarden (!) Tonnen aus der Erde gefördert. Welch ein Energiebedarf, welch ein Arbeitsaufwand, direkt und indirekt, ist nötig, um unseren Rohstoffhunger zu stillen …

In der Glühbirne, die jetzt gerade dank der Kohleenergie leuchtet, stecken Wolfram, Silikatsande, Kupfer und Aluminium – die Rohstoffe dazu kommen aus dem Bergbau. Das Fenster, durch das Sonnenlicht auf die Buchseiten fällt, besteht aus Kieselerde, Sand, Metalloxiden und Feldspat.

Noch mehr Rohstoffe, längst nicht nur Eisen, stecken in den Maschinen, die dieses Buch druckten, und in dem Lkw, der das Papier dazu lieferte. Der fuhr, wie wir wissen, über Brücken und Autobahnen, zu Tankstellen und Laderampen. Eisenerz lieferte die Basis für die Nägel oder Schrauben, die das Bücherregal zusammenhalten; in den Türgriffen stecken Legierungen aus Eisen, Kupfer und Zink – deren Erze mit hoher Wahrscheinlichkeit von einem unserer Giganten gefördert wurden.

Im Kühlschrank, der gleich ein erfrischendes Getränk spenden wird, stecken durchschnittlich 34 kg im Bergbau gewonnene Rohstoffe, im Elektroherd 63 kg, in der Waschmaschine 21 kg, im Geschirrspüler 10 kg. Gut, dass es moderne Riesen gibt, die für uns in der Erde wühlen und uns so diese Reichtümer bescheren!

Unser immenser Rohstoffhunger verlangt einen ebenso immensen Aufwand, der weit über gigantische Maschinen hinausgeht. Eine Statistik des Bergbauunternehmens BHP zeigt, was allein in den 18 Monaten zur Einrichtung einer neuen Diamantgrube in den einsamen Norden Kanadas befördert wurde:

- 22.000 m^3 Beton,
- 4.563 Lkw-Ladungen mit 108.981 t Fracht,
- 187,5 km elektrischer Leitungen,
- 850 Arbeitskräfte,
- 100.800 l Milch,
- 50,4 t Hähnchen,
- 810.000 Sandwiches,
- 342.000 Eier und 30,6 t Schinken für „englisches Frühstück“,
- 15,1 t Kaffee.

Das übertägige Schürfen brachte nur dort Erfolge, wo Erzadern, Kohle oder andere Bodenschätze an die Erdoberfläche traten. Der Tagebau – der bequeme Bergbau im Sonnenschein – wurde in seiner heute bekannten Form erst durch die fleißigen Fördermaschinen und kraftvollen Antriebe des 20. Jahrhunderts ermöglicht.

Wir sehen die Verflechtung des Bergbaus mit unserer Welt: Nicht nur amerikanische Hähnchenzüchter und kolumbianische Kaffeepflanzer freuen sich über eine neue Diamantmine im fernen Kanada, sondern auch deutsche Baggerbauer und deren Familien. Denn die Diamanten werden von einen 680 t wiegenden Baggergiganten freigelegt, der auf der anderen Seite des Erdballs gebaut wurde.

Dass jedes Gramm Eisen, Kupfer oder Kohle keineswegs so teuer wie Diamant ist, liegt nicht nur daran, dass diese Rohstoffe in größeren Mengen vorhanden sind. In erster Linie verdanken wir es den riesigen Maschinen, die diese Rohstoffe in gewaltigen Mengen fördern können und so erschwingliche Preise ermöglichen.

Ein Stück schwarzer Steinkohle, von uns achtlos im Ofen oder im Kraftwerk verbrannt, ist 200 bis 270 Mio. Jahre alt. In diesen fernen Zeiten bildete es ein Stammstück eines uralten, merkwürdig primitiven, farnähnlichen Baumes, der nach seinem Absterben im Sumpf versank und im Laufe von Jahrmillionen verkohlte. Gäbe es nicht so viel Kohle, würden vereinzelte Stücke vielleicht als Reliquien aus dem Altertum unserer Erde in Museen aufbewahrt und bestaunt werden.

Auf ähnliche Weise können wir viele unserer Rohstoffe betrachten: Speiende Vulkane lieferten uns – ohne sensationsheischende Kameraleute und Bildreporter – Fels und Gestein, mit dem wir heute gerne bauen. Dort, wo vor zig Millionen Jahren die Urmeere weite Gebiete des jetzigen Festlandes überschwemmten, wurden Kalkstein, Gips und Salze abgelagert. Flüsse und Meere mahlten härtesten Fels kies- und sandklein, Gletscher verlagerten Sand-, Kies- und Geröllmassen.

Gehen wir besser nicht allzu sorglos mit unseren Rohstoffen um – nicht nur aus einer zur Jahrtausendwende allem Anschein nach dringend erforderlichen Bescheidenheit und Genügsamkeit, sondern auch aus einer gewissen Ehrfurcht vor dem Alter und der Entstehungsgeschichte des „inneren Wesens" all der Dinge, die uns tagtäglich umgeben, erfreuen und unser Leben bequemer machen.

Bergbau im Sonnenschein

Die Erdkruste ist durchschnittlich 40 bis 60 km dick. Trotz der riesigen, manchmal über 500 m tiefen Tagebaulöcher kratzen wir die Erdkruste kaum an, dringen nur so tief ein wie eine Mücke in die Haut eines Elefanten. Auch die tiefsten Untertagegruben werden ab etwa 1.000 m recht ungemütlich – die Bewetterung, die Kühlung, Luftzufuhr und Entlüftung, verschlingt gewaltige Energiemengen und mindert somit die Wirtschaftlichkeit.

So schaben selbst die größten der Giganten nur an der Oberfläche von Mutter Erde, wenn der Mensch auf immer tiefer lagernde Rohstoffe zurückgreifen muss, da die Rohstoffvorkommen dicht unter der Oberfläche oft schon erschöpft sind. Die deshalb zunehmend ungünstiger werdenden Abraum-zu-Rohstoff-Verhältnisse sind wirtschaftlich nur noch mit wahrhaft gigantischen Maschinen zu bewältigen.

Um die seit der Jahrhundertwende kontinuierlich steigenden Lohnkosten durch Einsparung von Personal zu reduzieren, werden die Maschinen immer größer und leistungsfähiger. Vor der Jahrhundertwende konnte im Tagebau bei diskontinierlichem Betrieb pro Mannstunde durchschnittlich kaum mehr als 0,5 t gefördert werden, in den ersten beiden Jahrzehnten stieg dieser Wert auf eine 0,75 t an. Die Geburtsjahre der Giganten änderten dies grundlegend: Um 1920 wurden bereits 1 bis 2 t veranschlagt. 1950 waren es 10 t, 1960 schon etwa 25 t, 1970 mehr als 50 t.

Dieser Trend hält unvermindert an: Black Thunder, ein großer US-Kohlentagebau, förderte 1993 mit 525 Beschäftigten 28 Mio. t Kohle. Nur fünf Jahre später schaffen 425 Beschäftigte, also 100 Arbeiter weniger, dank größerer Bagger und Muldenkipper mit mehr als 300 t Nutzlast rund 45 Mio. t, was einer Steigerung von 72 Prozent entspricht. Die emsigen Riesen unserer Jahrhundertwende sorgen inzwischen für Größenordnungen von bis 300 t pro Mannstunde.

Für den Menschen ergeben sich durch die übertägige Förderung noch weitaus wichtigere Vorteile als nur der einer besseren Wirtschaftlichkeit. In den ersten vier Jahrzehnten des 20. Jahrhunderts verloren etwa 8.000 amerikanische Kohlenbergleute ihr Leben. In den folgenden vier Jahrzehnten bis 1980 waren es „nur" noch 1.300. Inzwischen hat sich diese Zahl auf 30 tödliche Unfälle im Jahr vermindert – das sind 1,1 Prozent der Zahl von 1910. Obwohl mehr Rohstoffe denn je gefördert werden, arbeiten die Menschen dabei sicherer als je zuvor.

Dies ist in erster Linie den gigantischen Maschinen zu verdanken. Im übertägigen Bergbau werden heute weitaus mehr Rohstoffe gewonnen als unter Tage. Die „Sunshine Miners" (Sonnenschein-Bergleute) – so heißen in England oft die im Kohlentagebau arbeitenden Bergleute – haben es in den klimatisierten, schallisolierten Großraumkabinen ihrer Giganten, die meist mehr Rauminhalt bieten als jeder Pkw, bestimmt besser als ihre tief unter der Erde schuftenden Kollegen.

Wegen der besonderen Einsatzbedingungen im Tagebau arbeiten die Riesenmaschinen meist in einer Welt für sich, die jeden Laien staunen lässt: Die modernen Giganten werden oft im Drei-Schicht-Betrieb rund um die Uhr eingesetzt, manchmal sogar an 365 Tagen im Jahr. Lange Lebensdauer, geringer Verschleiß und geringstmögliche Wartungsansprüche sind wesentliche Parameter, um diese sehr kapitalintensiven Investitionen vertretbar zu machen.

In vielen Tagebaubetrieben wird die wirtschaftliche Nutzung der Giganten mit 50.000 bis hin zu 100.000 Betriebsstunden kalkuliert, und dies trotz oftmals äußerst harter Einsatzverhältnisse und tropischer oder arktischer Temperaturen. Zum Vergleich: Ein Pkw kommt nach zehn Jahren im Durchschnitt gerade mal auf knappe 2.000 Betriebsstunden – bei nicht wenig Reparaturen, viel Wartung und recht gemütlichen Betriebsbedingungen …

Welche Familiengattungen sind im Tagebau anzutreffen? Viele der riesigen Tagebaumaschinen wurden ursprünglich aus bewährten Baumaschinen abgeleitet, beispielsweise Hydraulikbagger und Radlader. Andererseits werden 1.000 und mehr Tonnen schwere Tagebaumaschinen seit den 60er Jahren aufgrund ihrer immensen Förderleistungen auch bei den größten Bauvorhaben der Welt eingesetzt – insofern sind Baumaschinen und Tagebauriesen eng verwandt.

Die Boden- und Materialeigenschaften in der Mehrzahl der Tagebaugruben verlangen den Einsatz diskontinuierlich arbeitender Riesenbagger mit hohen Reiß- und Losbrechkräften, obwohl mit kontinuierlich arbeitenden Fördergeräten wie Schaufelradbaggern und Eimerkettenbaggern mächtige Abraumschichten und Rohstofflager am wirtschaftlichsten abzutragen sind.

Neben dem weltweit sehr verbreiteten Fördersystem Hochlöffelbagger-Muldenkipper gelten Schleppkübel-Schreitbagger im übertägigen Bergbau als Hauptfördergeräte für den Abraum. Wurden für die Abraumförderung noch vor wenigen Jahrzehnten häufig übergroße, auf dem Kohleflöz stehende Elektro-Hochlöffelbagger eingesetzt (englisch: Stripping Shovel), verdrängten zunehmende Abbautiefen diese Maschinengattung nahezu vollständig zugunsten der Schreitbagger.

Schreitbagger sind bis über 10.000 t wiegende Fördergeräte, an deren Auslegern große Schleppkübel hängen, die durch das Heranziehen an den Bagger während des Schürfvorganges gefüllt werden. Durch Schwenken und Kippen des Schleppkübels wird der Abraum über Distanzen von 80 bis 200 m befördert und so direkt in ausgekohlte Bereiche der Mine verstürzt.

Bei 50 bis 70 Sekunden Spieldauer und Drei-Schicht-Betrieb fördert ein 20 bis 80 Mio. Dollar kostender Schreitbagger jährlich beträchtliche Abraummengen in Größenordnungen von 30 bis 60 Mio. m^3. Die größten, um 13.000 t wiegenden Schaufelradbagger bringen es jährlich sogar auf 70 bis 75 Mio. m^3. Der Energiebedarf dieser wackeren Rohstoffgewinner ist immens: Manche brauchen Tag für Tag so viel Strom wie eine Kleinstadt.

Jeder Stillstand, jeder Ausfall und jede geringfügig ungünstigere Einsatzplanung verursacht unnötige Folgekosten, die in Windeseile zu vier- und fünfstelligen Summen anwachsen. Deshalb dürfen sich viele Tagebaumaschinen außer zur Wartung ausschließlich am Weihnachtstag etwas ausruhen.

Terminologie und Einheiten

Viele Giganten stammen aus dem amerikanischen Sprachraum und infolgedessen auch viele Begriffe und Einheiten. Deshalb ist es unumgänglich, vor einer Reise durch das Reich der Riesen einige Begriffe und Maßangaben zu definieren. Während im amerikanischen Sprachgebrauch die Bezeichnungen „Cable Shovel“ (Hochlöffel-Seilbagger) oder „Electric Mining Shovel“ (elektrischer Bergbaubagger) diese Baggergattung eindeutig definieren, tut sich die deutsche Sprache etwas schwer: Mit „Seilbagger“ können neben den Hochlöffel-Bergbaubaggern auch Trägergeräte für den Spezialtiefbau, Schleppschaufelbagger für die Kiesgewinnung oder auch bis zu mehrere tausend Tonnen schwere Schreitbagger gemeint sein – die amerikanisch übrigens „Walking Dragline“ heißen.

Wir möchten die vielfache Nennung des fachlich zwar richtigen, aber doch recht umständlichen Begriffes „Elektro-Hochlöffel-Seilbagger“ umgehen und stattdessen nur vom „Seilbagger“ sprechen – gemeint sind dabei ausschließlich schwerste Hochlöffel-Seilbagger für den übertägigen Bergbaueinsatz.

Nach wie vor sorgen die Differenzen in den technischen Einheiten für allerlei Verwirrungen. Oft werden auch in Fachartikeln falsche oder gar keine Umrechnungen vorgenommen, da werden „short tons“ und metrische Tonnen in Marktübersichten vermischt und somit fast Äpfel mit Birnen verglichen. Ebenso bereiten die unterschiedlichen Begriffe nicht nur Laien Probleme: In der deutschen Fachliteratur stolpern wir über Veröffentlichungen, in denen beispielsweise sowohl schwere Hydraulikbagger als auch Seil-Hochlöffelbagger durchweg als „Draglines“ (Schleppschaufelbagger) bezeichnet werden.

Noch komplizierter wird es bei den „stripping shovels“, den bis zu fast 13.000 t schweren Riesen-Löffelbaggern, die weder Muldenkipper noch Waggons beladen, sondern stets nur Kohleflöze freilegen und den darüber lagernden Abraum mit ihren superlangen Auslegern auf der gegenüberliegenden, bereits ausgekohlten Seite im so genannten „Direktversturz“ abschütten, also ohne die Umwege über Muldenkipper oder Förderbandanlagen. Dieses Abbauverfahren heißt „strip mining“ (schmaler Streifenabbau), was den speziell dafür konstruierten gigantischen Löffelbaggern ihren Namen gab. „Direktversturz-Hochlöffelbagger“ lautet unsere korrekte deutsche Bezeichnung – da wählen wir lieber die im Trend liegenden Anglizismen und bleiben bei „Stripping Shovel“.

Die technischen Einheiten amerikanischer und englischer Giganten wurden umgerechnet, also „cubic yards“ in m^3, „feet“ in m, „miles per hour“ in km/h. Ebenso verhält es sich mit Eigengewichten sowie Grabgefäß- und Muldenkipper-Nutzlasten: Der Amerikaner verwendet hier „pounds“ und „short tons“ (1 sht = 0,907 metrische Tonnen).

Die Umrechnung der Nutzlasten der verschiedenen Muldenkipperklassen wird entsprechend „krumm“, beispielsweise

bei 240 „short tons“ 217,7 metrische Tonnen. Weil aber kein derartig großer Muldenkipper auf die Tonne oder gar das Kilogramm genau zu beladen ist, erscheint es sinnlos, solche Zahlen auf die Dezimalstelle genau umzurechnen. So haben wir viele Nutzlasten geringfügig nach oben oder unten gerundet. Nur bei wichtigen Angaben in „short tons“, beispielsweise bei der 50-sht-Nutzlastklasse oder den magischen Nutzlastgrenzen von 100 oder gar 200 sht (90,7 oder 181,4 metr. t), werden auch die ursprünglichen Short-tons-Angaben genannt.

Den international verbreiteten „short tons“ beugten sich übrigens sogar deutsche Hersteller wie Faun und wählten für Muldenkipper entsprechende Typenbezeichnungen. So konnte der K 85 tatsächlich nur 77 metr. t tragen, musste sich aber dank dieser Typenbezeichnung nicht hinter den vielen englischen oder amerikanischen Konkurrenten verstecken.

Dies zeigt, dass es in mancherlei Hinsicht gar nicht so einfach ist, die globale Entwicklungsgeschichte der Giganten unter einen Hut zu bekommen. Deshalb mögen mancherlei holprige Eindeutschungen, zu viele der Einfachheit halber gewählte Anglizismen und reichlich krumme, weil umgerechnete Einheiten den Verfassern verziehen werden.

Zunächst jedoch müssen wir uns um derlei Probleme nicht sorgen, denn die ersten Wurzeln der Giganten führen uns nicht nach Amerika, sondern nach Frankreich und in die Niederlande zum urtümlichen „Excavateur“ und „Holländer-Bagger“ des 19. Jahrhunderts…

Um den Rohstoff- und Energiehunger unserer Zivilisation zu stillen, müssen gigantische Maschinen die Erde gebirgetief abtragen – denn die Bodenschätze dicht an der Erdoberfläche sind fast überall längst verbraucht. Mit immer leistungsfähigeren Maschinen kann in zunehmend größere Abbautiefen vorgedrungen werden.

I.

bis 1899

Bodenschätze mit Maschinen gewinnen

Seit wann wird Bergbau maschinell betrieben, wann gelangen Haspel, Göpel oder Treträder erstmals zum Einsatz? Im ausgehenden Mittelalter sind handbetriebene Haspeln bei der Bergwerksförderung schon stark verbreitet, wie viele alte Holzschnitte und Kupferstiche dokumentieren.

Bald folgen ausgeklügeltere und leistungsfähigere Maschinen, 1556 sorgfältig beschrieben von Agricola in seinem berühmten Buch „De re metallica". Dazu gehören große Tretradwinden und mit Pferden betriebene Göpelwinden, die sogar schon mit Bremsen versehen sind. Solche Windwerke und Förderanlagen können beachtliche Dimensionen erreichen (Bild 1).

Bild 1: Außergewöhnlich große Maschinen erforderte der Bergbau schon seit jeher: Im 16. Jahrhundert bewegten 20 Pferde eine gewaltige kettenbetriebene Förderanlage samt Bremseinrichtung bei den böhmischen Silberminen in Kuttenberg.

Wenn aber beispielsweise im Ruhrgebiet die Kohleförderung von 1790 bis 1840 immerhin um das Vierfache steigt, so geht das auf eine entsprechende Erhöhung der Arbeiterzahl, jedoch nicht auf eine Produktivitätssteigerung zurück. Echter maschineller Bergbau ist bis zum Ende des 19. Jahrhunderts gar nicht denkbar.

Die von Agricola beschriebenen Fördermaschinen bleiben deshalb bis weit in das 19. Jahrhundert in kaum verbesserter Form in Gebrauch, sogar noch als die Dampfmaschine beginnt, Gewerbe und Wirtschaft grundlegend zu wandeln. Doch gerade der Bergbau ist der erste Industriezweig, der sich diese neue Errungenschaft zunutze macht: Mit Hilfe der Dampfförderung dringen die Bergleute in größere Tiefen vor, um den schnell wachsenden Bedarf an Bodenschätzen zu befriedigen.

Mit dem steigenden Mechanisierungsgrad wächst der Energieverbrauch. Die für den Bergbau tätigen Unternehmen zählen zu den ersten *Maschinenfabriken*. Holzkohle wird im Eisenhüttenwesen durch Steinkohle ersetzt, so dass Eisen in den nunmehr benötigten Mengen hergestellt werden kann – was natürlich auch ein Anwachsen der Steinkohlengewinnung mit sich bringt.

Der älteste Braunkohlenbergbau Deutschlands ist in Hessen zu finden; er wird schon 1554 urkundlich erwähnt. Im Tagebau wird planmäßig erstmals 1873 im hessischen Frielendorf Braunkohle gewonnen, seit etwa 200 Jahren wird in der Lausitz Braunkohle abgebaut und seit dem ausgehenden 18. Jahrhundert im Helmstedter Revier.

Fortschritt kommt aus den Tiefen der Erde

Die später viel gerühmten Fortschritte des 19. Jahrhunderts betreffen zunächst nur den Untertagebergbau. 1806, noch vor dem rasanten Siegeszug der Eisenbahnen, wird im Harz zwischen dem Schacht Dorothea und der Clausthaler Erzwäsche die erste Schienenstrecke der Welt mit 67 cm Spurweite verlegt. Nun können die auf ihr rollenden Grubenhunte mit ihren Spurkranzrädern nicht mehr entgleisen.

Wegen der Probleme, die sich bei den immer tiefer abzuteufenden Schächten mit Ketten und Hanfseilen einstellen, installiert der Harzer Oberbergrat Wilhelm August Julius Albert im Treibschacht der Grube Caroline 1834 das von ihm entwickelte, aus Einzeldrähten zusammengedrehte Drahtseil. Die größten Schwierigkeiten bereiten die Kettengewichte, denn eine 200 Lachter (384 m) lange Kette wiegt etwa 1,5 t, trotz nach unten abnehmender Gliederstärke. Das ist das sechsfache Gewicht der eigentlich nur zu hebenden Erztonne!

Albert nennt für seine neuen „Drahtstränge" folgende Vorteile: „Keine Gefahr durch Verderben in der Schmiede wie bei Eysenseylen (Ketten), Leichtigkeit, Benutzung der wahren Kraft des Eisens, Wohlfeilheit". Seine robusten und leichtgängigen Stahlseile revolutionieren im Handumdrehen nicht nur die Schachtförderung, sondern weitgefasste Industriezweige und auch den Baggerbau. Um die Jahrhundertwende kosten Stahlseile für den Löffelbaggerbetrieb lediglich etwa ein Drittel der bislang verwendeten Ketten – bei gleicher oder gar längerer Lebensdauer.

Nun beginnt auch der weltberühmte Kupferabbau in den Weiten Arizonas, der die zukünftige Tagebautechnik ebenfalls prägen wird. 1854 fördern Amerikaner erstmals bei Ajo Kupfererz, das mit Maultierzügen durch die Wüste bis zum Colorado transportiert und anschließend per Schiff um Kap Horn bis nach Swansea im britischen Wales zur Verhüttung gebracht wird. 1880 werden in Morenci in Arizona die ersten Verhüttungsanlagen errichtet. Bis zum Bau der Eisenbahnen bringen Karrenzüge, jeweils von bis zu zwölf Maultiergespannen gezogen und samt Wasserwagen über 30 m lang, pro Fahrt 18 t Erz über 400 km weit von Globe zur nächsten Bahnstation nach Bowie – ein Transport dauert samt Rückfahrt mindestens 16 bis 18 Tage. Großes Interesse an den riesigen Kupfervorkommen erwächst erst mit der zunehmenden Elektrifizierung der Industrie und Haushalte in den Ländern der westlichen Welt.

Schwimmende Riesen als Urahnen

Wegen der Größe und Mächtigkeit überwältigende Grab- und Baggermaschinen begegnen uns schon in früheren Jahrhunderten; sie dienen fast ausschließlich Fluss- und Hafenvertiefungen. Erst in der zweiten Hälfte des 19. Jahrhunderts verbreitet sich die Idee, schwere mechanische Baggermaschinen zur Freilegung von Bodenschätzen und zur Rohstoffgewinnung zu nutzen.

Die Entwicklung der ersten Grabmaschinen wird bereits im 15. Jahrhundert durch die Nassbagger eingeleitet, die durch menschliche oder tierische Muskelkraft, durch Wind- oder Wasserkraft angetrieben werden. Ein effektiver Antrieb steht jedoch erst mit der Erfindung der Dampfmaschine zur Verfügung. Die Dampfmaschine verbessert zunächst aber nur die untertägige Bergbautechnik, was sich bei der Konstruktion von Bohrmaschinen, Bohrhämmern, Kompressoren, Ventilatoren und Förderwinden zeigt.

In Europa entstehen nach der Erfindung der Dampfmaschine zunächst recht zögernd kontinuierlich arbeitende Baggermaschinen, während in der neuen Welt ab 1836 die vom amerikanischen Bauunternehmer William S. Otis entwickelten „Dampfschaufeln“ als kettenbetriebene Hochlöffelbagger vervollkommnet werden.

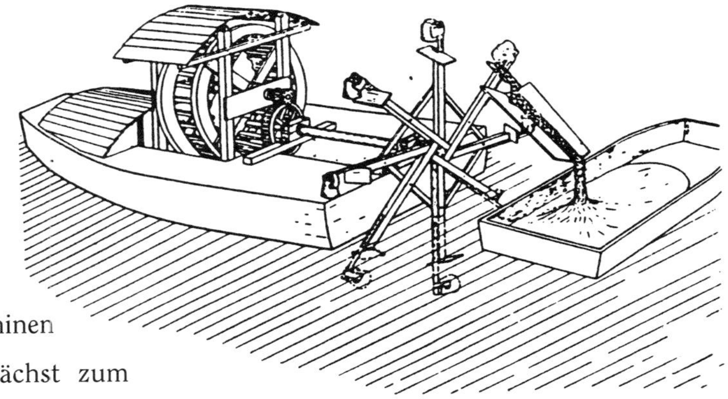

Bild 2: Einer der ersten Schaufelradbagger wurde in Lübeck eingesetzt, der späteren Geburtsstätte zahlloser LMG-Eimerketten- und -Schaufelradbagger: Ende des 18. Jahrhunderts baggerte die „Lübecker Schlammühle“, angetrieben durch ein Tretrad, die Trave aus.

Baggermaschinen werden zunächst zum Ausbaggern von Flüssen und Hafenbecken entwickelt. Vorläufer der Löffel-, Schaufel- und Eimerketten-Schwimmbagger lassen sich zumindest bis in das 17. Jahrhundert zurückverfolgen. Noch im 17. und 18. Jahrhundert finden sich als Grabmaschinen ausschließlich Nassbagger, deren Konstruktion auf Ideen Leonardo da Vincis fußt. So begegnen uns die ersten Schaufelradbagger auch auf dem Wasser – und fast 200 Jahre werden vergehen, bevor sie auf dem Trockenen im Tagebau eingesetzt werden können.

Eigenartige Fügung der Geschichte: Ab 1729 konstruiert der Wasserbaumeister Wilhelm Petrini schwimmende Schaufelradbagger zum Ausbaggern des bedeutenden Hanse-Hafens Lübeck (Bild 2). Von Lübeck aus werden später die weltbekannten Eimerketten- und Schaufelradbagger der LMG (Lübecker Maschinenbau-Gesellschaft) ihre Reise rund um den Globus antreten.

Der Franzose Martin Peltier baut ein „Radbaggerschiff mit Windmühlenantrieb“, das ab 1742 erfolgreich an der Wesermündung arbeitet, was zur Nachbestellung eines zweiten Windmühlen-Schaufelrad-Nassbaggers führt (abgebildet in „Faszination Baumaschinen – Erdbewegung durch fünf Jahrhunderte“).

Für größere Erdbewegungen auf dem Land fehlen hingegen im frühen 19. Jahrhundert sowohl Aufgaben als auch geeignete Fördermittel – der gebaggerte Aushub muss ja auch abtransportiert und anschließend verkippt werden. Tagebaue im heutigen Sinn sind unbekannt. Allenfalls vergleichsweise geringe, die Bodenschätze überlagernde Schichten lockeren Bodens können beiseite geräumt werden.

Die erste Hälfte des 19. Jahrhunderts ist das Pionierzeitalter für Baggermaschinen oder, wie sie damals und noch weit bis in unser Jahrhundert hinein hierzulande bezeichnet werden, „Excavatoren". Als brauchbarer Krafterzeuger steht in dieser Zeit die Dampfmaschine zur Verfügung. Erste Einsatzmöglichkeiten finden sich bei dem rasant fortschreitenden Bau von Eisenbahnlinien und beim Kanalbau, denn beides verlangt Erdbewegungen in einer bisher zu Lande nicht da gewesenen Größenordnung.

Sogar noch zu Beginn des 19. Jahrhunderts besteht kein großer Bedarf an Trockenbaggern, die sich auf dem Land fortbewegen können. Spitzhacke und Schaufel für härtere Böden und von Pferden gezogene primitive Scraper für weicheres Material reichen aus. Erst der Bau von Kanälen und der Beginn des Eisenbahnbaus in den 30er Jahren erfordern leistungsfähigere und gleichzeitig wirtschaftlich einzusetzende Trockenbagger.

Während Steinkohle schon früh in Gewerbe und Industrie zur Wärmeerzeugung genutzt wird, findet Braunkohle trotz ihres meist einfachen Abbaus bis zur Mitte des 19. Jahrhunderts fast nur in Haushalten und in der Landwirtschaft Verwendung, und auch dann nur in der Nähe der Abbaugruben. Dies ändert sich entscheidend durch die Erfindung des Brikettierverfahrens um 1860. Nun wird die Nutzung von Braunkohlenbriketts in Gebieten möglich, deren Versorgung mit Rohbraunkohle bis dahin an zu hohen Transportkosten scheiterte. Außerdem trägt das rasant wachsende Eisenbahnnetz maßgeblich dazu bei, Briketts schneller als je zuvor zu transportieren.

Die Nachfrage steigt enorm, so dass an effektiveren Methoden zur Braunkohlengewinnung gearbeitet wird. Bisher erfolgt die Abraumförderung ausschließlich von Hand in einfachster Form. Das Tagebaufeld wird dabei nicht nach Gründen der Zweckmäßigkeit angelegt, sondern der geringsten Abraummächtigkeit angepasst. Nach der Herstellung des ersten Einschnittes wird der Abraum über eine schiefe Ebene durch Zugtiere, später auch mittels Dampfhaspeln auf eine möglichst außerhalb des Grubenfeldes liegende Halde gehoben und, sobald es die Verhältnisse gestatten, um den Tagebau herum oder über hölzerne Brücken (Vorläufer der Abraumförderbrücken) in den ausgekohlten Tagebauteil verstürzt.

Bild 3: Mit 26 t Gewicht und 15 PS Dampfmaschinenleistung baggerte der erste LMG-Eimerkettenbagger von 1881 stündlich 90 m³ ab. Das einzig überlieferte Foto stammt aus einem 1899 in französischer Sprache erschienenen LMG-Katalog.

„Excavatoren" und „Holländer-Bagger"

Die Entwicklung des kontinuierlich arbeitenden Trockenbaggers hat ihren Ausgangspunkt in Frankreich, trotz der später über einen längeren Zeitraum üblich gewordenen Bezeichnung „Holländer-Bagger". 1827 wird dem Ingenieur Poirot de Valcourt in Paris, einem früheren Mitarbeiter von Oliver Evans, der 1804 im amerikanischen Philadelphia den ersten Dampfschwimmbagger der Welt baute, ein Patent für einen mit umlaufender Eimerkette ausgerüsteten Bagger erteilt. Allerdings wird die Eimerkette unten noch auf ein kleines Fahrgestell abgestützt, sie kragt demnach nicht frei aus. Immerhin ist aber schon an den kontinuierlichen Weitertransport des Baggergutes gedacht, und zwar mittels Plattenbandförderer. Ob nach den existierenden Plänen tatsächlich ein Bagger gebaut wird, bleibt im Dunkel der Geschichte verborgen.

Ab 1859 entwickelt der französische Bauunternehmer Alphonse Couvreux aus Paris den „Drague à élindes inclinées", also ebenfalls einen Eimerkettenbagger für die Tiefbaggerung mit rückwärts schneidender Kette. Erstmals wird eine frei auskragende, durch einen Flaschenzug heb- und senkbare, gelenkig am Rahmen angeordnete Eimerleiter realisiert, die sich dem Grabvorgang ideal anpassen kann (abgebildet in „Faszination Baumaschinen – Erdbewegung durch fünf Jahrhunderte").

Der erste Couvreux-Bagger wird ab 1860 beim Bau einer Eisenbahnstrecke in Frankreich eingesetzt. Ihm folgen sieben weitere für den Bau des Suezkanals und aufgrund der dortigen Erfolge noch viele weitere, die auch von unterschiedlichen französischen Firmen in Lizenz gebaut werden. Couvreux-Eimerkettenbagger arbeiten von 1869 bis 1875 bei der Donauregulierung in Wien, von 1877 bis 1879 bei Hafenbauten in Calais, von 1881 bis 1883 beim Durchstich Hoek van Holland sowie zunächst auch am Panamakanal.

Seit 1870 werden die „Excavatoren Couvreux'scher Bauart" von der holländischen Firma A. F. Smulders nachgebaut. Mindestens zwei derartige Eimerkettenbagger, bezeichnet als „Holländer-Bagger", sind 1890 in den deutschen Braunkohlengruben Treue und Concordia im Einsatz und baggern dort im Abraum in jeweils zehnstündigen Schichten beachtliche 3.000 m³ ab, also rund 300 m³/h.

Mehrere Eimerkettenbagger, auch unter Lizenz als „Typ Couvreux", werden zudem ab 1890 von Décauville in Frankreich hergestellt, einem Hersteller, der auch Feldbahnmaterial von Orenstein & Koppel verkauft. Zwischen 1909 und 1940 wird Décauville ein Verkaufsabkommen mit der zu O&K gehörenden LMG (Lübecker Maschinenbau-Gesellschaft) eingehen und außerdem Eimerkettenbagger des französischen Herstellers Normand d'Haille international anbieten.

Die LMG ist der erste deutsche Hersteller von „Excavatoren", der ebenfalls in Deutschland so genannten „Baggermaschinen". Die LMG erwirbt um das Jahr 1879 ein Patent der Firma Vering aus Hannover, die von 1878 bis 1883 am Travedurchstich nördlich von Lübeck arbeitet. Laut Bauantrag ist der Zuschlag für die „Trave-Correktion" an die Bedingung geknüpft, nicht vorhandenes Gerät bei einer in Lübeck ansässigen Maschinenfabrik zu erstehen. In dem Patent wird, zumindest von der baggertechnischen Anordnung her, das Couvreux-Prinzip praktisch ohne Änderungen übernommen. 1881 wird in Lübeck der erste LMG-Eimerkettenbagger gebaut, allerdings noch auf Basis der Couvreux/Vering-Konstruktion (Bild 3).

Baumaschinen werden für Braunkohle „zweckentfremdet"

Bisher werden alle Eimerkettenbagger als so genannte Hinterschütter gebaut – sie schütten den Abraum hinter sich auf Loren, die von Pferden gezogen werden, oder auf Waggons. 1884 entsteht bei der

Bild 4: Erste Bauart eines dampfbetriebenen „Lübecker Baggers" Type B als Tiefbagger mit an Ketten hängender Eimerleiter und offenen Eimern. Viele, viele Loren warten unter dem Durchfahrtor auf die Beladung, viele Arbeiter auf das Fertigzeichen des Fotografen ...

LMG der erste Eimerkettenbagger Type B, auch als „Lübecker Bagger" bezeichnet, der im Gegensatz zum Hinterschütter torartig über dem Förderzuggleis baut und so eine Durchfahrt ermöglicht (Bild 4). Er stellt eine entscheidende Verbesserung des Couvreux-Prinzips dar. Daher ist dies der erste wirklich eigenständig entwickelte LMG-Bagger. Insofern darf 1884 als das Geburtsjahr des

„Lübecker Baggers“ gelten, der den Namen der Stadt Lübeck als Standort dieser Baggerbauanstalt in der ersten Hälfte des 20. Jahrhunderts in der ganzen Welt bekannt werden lässt.

Der erste Einsatz eines Eimerkettenbaggers dieses Typs erfolgt 1885 beim Bau des Freihafens in Bremen. Im gleichen Jahr arbeiten mehrere LMG-Bagger beim Frankfurter Hauptbahnhof Niederrad und im Warnow-Hafen in Warnemünde, ab 1887 mehrere B-Typen bei den Ausschachtungen des Manchester-Schiffskanals und des Nord-Ostsee-Kanals. Wesentliche Impulse verdankt die Entwicklung der Eimerkettenbagger dem Bau des Suezkanals von 1863 bis 1868 und später des Nord-Ostsee-Kanals von 1887 bis 1895.

1888 knüpft die LMG die ersten Kontakte zu deutschen Braunkohlengruben, eine Verbindung, die in den kommenden Jahrzehnten weltweit die technische Entwicklung der kontinuierlich fördernden Trockenbagger prägen wird. 1890 nimmt in der Grube Luise bei Sandersdorf der erste „Lübecker Bagger“ im Braunkohlentagebau seine Arbeit auf, ein Hochbagger Type B mit Kurzeimerleiter und geschlossenen Eimern (Bild 5).

Bild 5: Der erste Eimerkettenbagger für die Abraumförderung konnte nur für die Hochbaggerung und nur für geringe Schnitthöhen genutzt werden. An einem 24-Stunden-Tag trug dieser Type B mit 40 PS starker Dampfmaschine etwa 2.000 m³ Abraum ab.

Im folgenden Jahr erteilt eine Braunkohlengrube im Rheinland einen Auftrag: Für die Gewerkschaft Brühl soll ein dampfgetriebener LMG-Hochbagger mit Kurzeimerleiter für 6 bis 8 m Abbauhöhe geliefert werden. Als Hinterschütter belädt der Bagger Pferdegespanne mit 1-m³-Abraumwagen.

Durch den Einsatz dieser Bagger bahnt sich der Übergang vom reinen Handbetrieb zum teilmechanisierten Tagebaubetrieb an. Das Dienstgewicht dieser Eimerkettenbagger liegt bei 50 t bis 70 t, die theoretische stündliche Förderleistung bei 180 bis 260 m³. Als Aufhängeorgane für die Eimerleiter werden zunächst Ketten verwendet, bis um das Jahr 1910 die ersten Drahtseile eingesetzt werden können. Die Eimerkettenbagger bewegen sich entlang der Abbaukante auf acht bis 16 Laufrädern auf Gleisrosten mit zwei bis vier Schienen. Als größte Transporteinheiten für die Weiterförderung des Abraums werden Kipploren mit 2,5 m³ Fassungsvermögen verwendet.

1897 wird erstmals die Dampfmaschine als Krafterzeuger durch den Antrieb mittels Elektromotor ersetzt. In diesem Jahr werden von der LMG die ersten elektrischen Eimerkettenbagger des Typs C mit Einmotorenantrieb als Hochbagger für Sandversatz an die Gräflich von Ballestrem'sche Güterdirektion nach Ruda in Oberschlesien und als Tiefbagger für die Zuckerfabrik Brühl geliefert. Etwas umständlich erfolgt die Abförderung des gebaggerten Materials dort mit „1-m³-Muldenkippern mit Pferdegespann“. In wenigen Jahren werden sämtliche großen Eimerkettenbagger ausschließlich elektrisch angetrieben sein.

Förderbänder und Abraumförderbrücken

Werden Abraummassen im großen Umfang abgebaggert, müssen sie „hinter" dem Bagger auf irgendeine Weise abtransportiert werden. Das bereitet zunächst größere Probleme als das eigentliche Baggern. Besonders bei den kontinuierlich fördernden Eimerkettenbaggern ist das gar nicht so einfach, denn jedes Umladen bzw. Abschütten auf diskontinuierlich arbeitende Pferdewagen oder Waggons unterbricht zwangsläufig den Förderstrom.

Deshalb konstruiert schon 1885 der Franzose Buette für seinen Bagger mit verschiebbarer Eimerleiter einen endlosen Bandförderer von 55 m Länge zum Aufschütten von Dämmen für den Panamakanal. Das Fördergerüst ist an den Bagger angekuppelt und haldenseitig auf einer Pendelstütze verschiebbar gelagert.

Er nutzt dabei ein 1883 Alexander Melville Clark zugesprochenes englisches Patent über die „Verwendung langer Gummiförderbänder in Verbindung mit Erdgrabemaschinen". Diese 1 m breiten und 8 mm dicken Gummiförderbänder werden durch drei Baumwolleinlagen verstärkt. Derartige Förderbänder werden noch vor Buettes Dammschütter 1884 auf vier 54 m langen Abraumförderern beim Bau des Seekanals zwischen Le Havre und Tancarvilel erfolgreich eingesetzt.

Bild 6: Vom „Abräumer Ludowici" der LMG scheint kein Bild mehr zu existieren, wohl aber von ähnlichen „Excavatoren mit Dampfantrieb und Gurttransporteur" zum direkten Verstürzen der Abraummassen. Dieses Förderband scheint aber noch recht fragil zu sein.

Die Entwicklung dieser Förderbrücken, ursprünglich für Bauaufgaben konzipiert, führt direkt zum so genannten Direktversturz des im Tagebau geförderten Abraumes. Direktversturz ist das direkte Verkippen des Abraums ohne Zuhilfenahme von Karren oder Loren, und dies ohne die Notwendigkeit, das verstürzte Material anschließend nochmals umzusetzen.

1894 unterbreitet die LMG der Gewerkschaft Roddergrube in Brühl den Vorschlag, den dortigen Braunkohlentagebau durch eine 55 m lange Brücke zu überspannen und den Abraum mittels eines Förderbandes in den ausgekohlten Teil zu verstürzen. Obwohl das Projekt dort letztlich nicht angenommen wird, baut die LMG 1897 für die Tongrube Ludowici in der Rheinpfalz eine ähnliche, nur etwas kleinere Direktversturzanlage (Bild 6). Sie darf als die erste kontinuierlich arbeitende Anlage dieser Art weltweit gelten.

Zunächst werden die Gummiförderbänder aber nur bei sandigen Böden genutzt. Mit Steinen durchsetzte Böden werden noch über lange Zeit mit langsamen, verschleißintensiven und große Baugewichte verursachenden Plattenbändern abtransportiert. Zum Durchbruch im Kohletagebau werden Förderbänder erst in der zweiten Hälfte der 20er Jahre kommen, parallel zur Entwicklung von Abraumförderbrücken und Bandabsetzern.

Mit dem Löffelbagger abbauen

Bislang erfolgt in den USA das Abräumen einer dünnen Abraumschicht ausschließlich per Hand, ebenso die Gewinnung von Kohle, die auf natürliche Weise freigelegt wurde oder deren Flöze bis an die Erdoberfläche heranreichen. Doch die Mechanisierung des Abbaus schlägt in den Vereinigten Staaten eine andere Richtung ein als in Europa...

Erste mechanische Hilfsmittel sind ab 1866 in Danville, Illinois, und ab 1876 in Pittsburg, Kansas, Pferde und Ochsen, die vor Pflüge und primitive, hölzerne und später eiserne Schürfkübel gespannt werden. Die Abraumgewinnung erfolgt dort im Sommer, die Kohlengewinnung im Winter – wenn sie dringend gebraucht wird. Die Kohle wird per Hand in kleine Wagen verladen und abtransportiert. Um die Jahrhundertwende folgen für den Tagebau einachsige Schürfanhänger, deren Schürfkübel nun nicht mehr stets über den Boden schleifen, sondern beim Transport des Abraums angehoben werden können.

Der weitaus wichtigere Schritt wird jedoch bereits mehr als 60 Jahre früher vollzogen: 1838 meldet der amerikanische Bauunternehmer William S. Otis seinen „Yankee Geologist“ zum Patent an (Bild 7). Dabei handelt sich um einen kettenbetätigten Hochlöffelbagger mit 1,1 m^3 fassendem Löffel, dessen Ausleger, wenn auch nur eingeschränkt, geschwenkt werden kann (siehe ausführlich in „Faszination Baumaschinen – Erdbewegung durch fünf Jahrhunderte“). Prinzipiell wird Otis' „Kranbagger“, wie er selbst ihn bezeichnet, bis in die 30er Jahre des 20. Jahrhunderts von zahlreichen Herstellern nachgebaut.

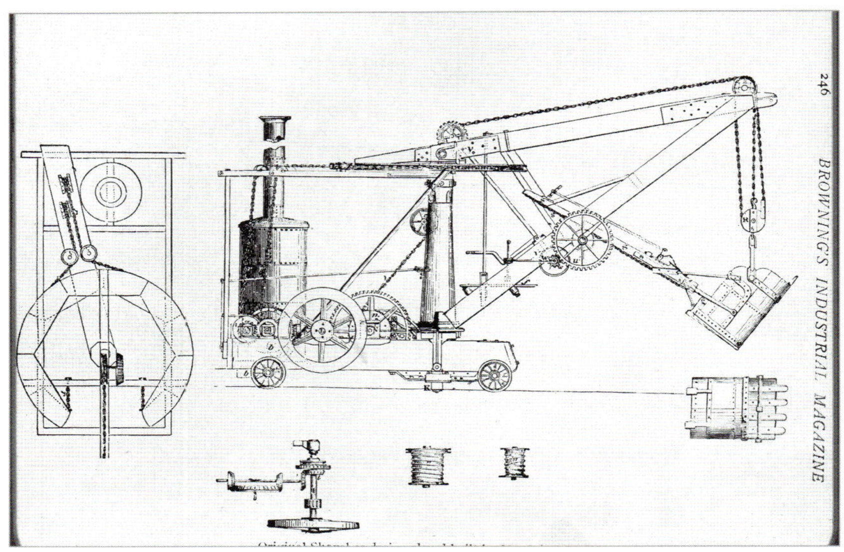

Bild 7: Zeitgenössische technische Zeichnung vom „Yankee Geologist“ des Bauunternehmers William S. Otis von 1838, des ersten dampfgetriebenen Hochlöffelbaggers für Baggerarbeiten auf dem Land und nicht im Wasser.

Hervorstechende Eigenschaften wie eigener Fahrantrieb, mittels Dampfmaschine angetriebene Hauptbewegungen für das Heben, Schwenken und den Löffelvorschub, Bauart von Löffel und Löffelstiel sowie ausschwenkbare seitliche Abstützungen werden über einen erstaunlich langen Zeitraum von den amerikanischen und einigen europäischen Baggerherstellern nahezu unverändert beibehalten. Je nach Einsatzbedingungen kann ein solcher Hochlöffelbagger in der 2. Hälfte des 19. Jahrhunderts 60 bis 120 Arbeiter ersetzen.

Die sich schon beim Eisenbahnbau und bei anderen Bauaufgaben bewährenden Otis-Bagger werden ab 1864 von John Souther & Co. in Massachusetts gefertigt; 1880 verlässt bereits der 500. Löffelbagger die kleine Fabrik. Eine Zweckentfremdung derartiger Bagger für die Gewinnung der auch in der Neuen Welt mehr und mehr benötigten Bodenschätze ist naheliegend.

1877 wird in Pittsburg erstmals versucht, den anstehenden, 2,4 bis 3,7 m mächtigen Abraum über einem 90 cm dicken Kohleflöz mittels eines Otis-Hochlöffelbaggers zu entfernen. Selbst für eine solche relativ geringe Abraummächtigkeit ist ein derartiger Bagger jedoch nicht geeignet, da sein Ausleger zu kurz und die Reichweite damit zu gering ist. Dennoch wird dort der Beweis erbracht, dass prinzipiell auch ein größerer Hochlöffelbagger einsetzbar und wirtschaftlich sein würde. Die beteiligten Hersteller winken jedoch ab, da ein solches Gerät technisch nicht machbar sei.

Einen bemerkenswerten Schritt vollzieht 1884 das englische Bauunternehmen Whitaker Bros. aus Leeds mit der Konstruktion eines voll um 360° schwenkbaren Hochlöffelbaggers (Bild 8). Die findigen Mechaniker montieren einen Löffelstiel an den Ausleger eines um 360° schwenkbaren Eisenbahn-Dampfkranes. Schon drei Jahre später folgt die englische Firma Wilson dieser Bauweise mit einem modifizierten 10-t-Dampfkran.

Bild 8: Der 9 t wiegende Dampf-Hochlöffelbagger von Whitaker Bros. war 1884 weltweit die erste uneingeschränkt um 360° schwenkbare Baggermaschine – eigentlich nur ein Dampfkran, an dessen Ketten ein 1,1 m^3 fassender Löffel hing, der vorschublos am Ausleger angelenkt war.

Der Hauptvorteil des voll schwenkbaren Oberwagens ist zunächst gar nicht während des Baggerns gegeben, sondern beim Vorrücken – der Bagger kann seine Fahrschienen oder -matten hinter sich aufnehmen, nach vorne schwenken und dort wieder ablegen. Außerdem vergrößert sich natürlich die mögliche Auslegerlänge, weil der Bagger nun ein schwereres Gegengewicht stets auf der gegenüberliegenden Seite mit herumschwenken kann. Dies ist bei Baggern, deren Ausleger nur um 180° schwenkt, bauartbedingt nicht möglich; sie müssen stattdessen sogar seitlich abgestützt werden. All diese Vorteile reduzieren die Größe der im Einsatz erforderlichen durchschnittlichen Baggermannschaft von sechs bis acht Mann auf drei.

Dennoch werden sich voll schwenkbare Bagger bis etwa 1910 nicht durchsetzen und sich auf kleinere Typen beschränken. Hersteller und Grubenbetreiber scheuen das Risiko allzu gewagter Experimente: Beim 360°-Bagger schwenken immerhin Dampfmaschine, Antrieb und Winden mit, was zu beträchtlichen Massenbeschleunigungen und -verzögerungen führt. Dies erfordert nicht nur kräftigere Antriebe, sondern auch anders gestaltete Kraftübertragungen. Des Weiteren verlangt ein 360°-Bagger eine sehr stabile Standbasis und damit einen großen Unterwagen. Dies bringt Probleme bei Fertigung, Bearbeitung, Transport und Montage. Schließlich ist eine 86 t wiegende „Railroad Shovel" auf Standardschienen wesentlich einfacher und schneller von Einsatz zu Einsatz zu bringen als ein vergleichsweise schwerer 360°-Bagger, der für den Transport in Komponenten zerlegt und am Einsatzort montiert werden muss.

Löffelbagger aus Holz

Im Jahr 1885 erfolgt in den USA ein weiterer Versuch des „mechanical stripping", der mechanisierten Abraumförderung, diesmal bei der Ortschaft Danville in einem alten Flusstal namens Missionfield (dieser Name wird uns in den Folgejahren noch mehrmals begegnen). Die Höhe des Abraums über der Kohle beträgt dort für damalige Verhältnisse beachtliche 3 bis 11 m. Da Löffelbagger bisher hauptsächlich für Erdarbeiten beim Eisenbahnbau konstruiert wurden und deshalb in der für diesen Einsatz erforderlichen Größe nicht existieren, greift man auf einen Schwimmbagger zurück, der von der Firma Marion gebaut wird (Bild 9).

Hochlöffel-Schwimmbagger weisen bereits zu dieser Zeit wegen der Notwendigkeit, in tiefen Gewässern zu baggern, im Vergleich zu ihren auf dem Land arbeitenden Verwandten einen größeren Aktionsbereich auf. Für den Einsatz auf dem

Bild 9: Vorläufer aller späteren Großlöffelbagger (amerik. „Stripping Shovels") war der vollständig hölzerne Marion-Schwimmbagger, der von Wright & Wallace für die Abraumförderung auf trockenem Land mit starren Rädern versehen wurde – Kurvenfahren und Wenden war nicht möglich.

Land kommt das Baggerungetüm allerdings ohne den dazugehörigen Schiffsrumpf zum Einsatz. An dessen Stelle werden Räder angebracht, die starr mit der Unterseite des hölzernen Rahmens verbunden sind.

Auch der eigentliche Bagger ist vollständig aus Holz gebaut. Er besitzt einen 15,2 m langen Ausleger, der ihn in die Lage versetzt, einen 6,1 m breiten Graben auszuheben, jedoch nur geradeaus, und den Abraum seitlich in den zuvor ausgekohlten Graben zu verkippen. Eine einzylindrige Dampfmaschine liefert die Kraft zum Bewegen des 0,6 m^3 fassenden Löffels.

Geschwindigkeit ist allerdings keine herausragende Eigenschaft dieses Baggers, weil seine Dampfmaschine gleichzeitig auch als Antriebsquelle für den Löffelvorschub und das Drehen des Auslegers dienen muss. Demzufolge wird eine Fördermenge von 300 m^3 – wohlgemerkt nicht pro Stunde, sondern pro zehnstündigem Arbeitstag – bereits als gewaltige, ja geradezu rekordverdächtige Leistung angesehen! Wenn die Maschine in Baggerrichtung fortbewegt werden soll, muss dies mit Hilfe mehrerer Flaschenzüge erfolgen, ein ausgesprochen mühsames und zeitaufwendiges Verfahren, besonders in Kurven.

Aus diesem Grund muss eine kreisförmige, genauer: eine spiralförmige Arbeitsweise gewählt werden. Dies ist die einzige Möglichkeit, die Maschine ständig, ohne zeitaufwendige Umsetzarbeiten, in Betrieb zu halten. Dabei umgibt der erste, äußere Schnitt eine Fläche von etwa 12 Hektar, und jeder weitere Kreis, dessen Herstellung jeweils etliche Monate erfordert, verringert den Durchmesser der verbleibenden „Abrauminsel“ in der Mitte. Bei einer auch nur gering ansteigenden Abraummächtigkeit kann wegen der zu geringen Reichweite des Löffels nicht verhindert werden, dass ein Teil der gerade freigelegten Kohle wieder zugeschüttet wird.

Durch die langsame Arbeitsweise des Baggers in der Lieferung der vereinbarten Kohlemenge zurückgeworfen, sieht sich der Betreiber veranlasst, zusätzlich zwei Bagger mit 0,9 und 1,1 m^3 großen Löffeln anzuschaffen, letzterer ist mit einem 19,8 m langen Ausleger ausgerüstet und wird von zwei Dampfmaschinen angetrieben. Beide Maschinen sind dem ersten Bagger im Aufbau sehr ähnlich. Nach nur wenigen Einsatzjahren zeigt sich jedoch, dass die Geräte den harten Bedingungen auf Dauer nicht gewachsen sind, und schon im Jahr 1890, nach unzähligen, letztlich erfolglosen Reparaturversuchen, werden alle drei Löffelbagger endgültig außer Dienst gestellt. Dessen ungeachtet ist dies der erste größere Einsatz von Löffelbaggern im Tagebau!

Schleppschaufeln arbeiten am Graben

Ein weiterer Baggertyp, der später im Tagebau wegen seiner bauartbedingt großen Reichweite Bedeutung erlangte entsteht 1884 – die „No. 15 steam shovel to work backwards“ (Dampfbagger zum Rückwärts-Arbeiten; siehe ausführlich in „Faszination Baumaschinen – Erdbewegung durch fünf Jahrhunderte“) der amerikanischen Firma Osgood. Der Bagger ist auf einem flachen hölzernen Rahmen montiert, der beim Umsetzen über das Erdreich rutscht und von Seilen gezogen wird. Um den Reibwiderstand zu reduzieren, wird die Unterseite durch zahllose Dampfstrahlen sozusagen „geschmiert“.

Der Bagger benötigt separate Führungsseile zum Ziehen, Heben und Auskippen des Kübels. Dennoch kann die Schnitttiefe durch den Baggerführer nur sehr unzureichend kontrolliert werden, bedingt durch die insgesamt recht komplizierte Bedienung. Die ersten Kübel werden vollständig aus speziell ausgewähltem harten Holz gefertigt, wobei die Schneidkanten handbearbeitet sind! Spätere Kübel werden schon aus Stahlplatten zusammengenietet. Erst etwa ein Vierteljahrhundert später wird John W. Page das Prinzip des Schleppkübels, so wie wir ihn heute kennen, entwerfen und sich patentieren lassen und damit den Siegeszug des Schleppkübelbaggers ermöglichen.

Bild 10: Die von Henry und William Butler in Missionfield eingesetzten Schleppschaufelbagger mit starren Auslegern waren ursprünglich zur Tongewinnung in Kansas entwickelt worden und später die ersten Maschinen dieser Art in der Abraumförderung.

Schon 1890 wird bei Danville im Missionfield erneut die Abraumförderung in Angriff genommen, also im gleichen Jahr wie die Außerdienststellung der hölzernen Löffelbagger, nun jedoch mit gänzlich andersartigen Maschinen. Dabei handelt es sich um drei Schleppkübelbagger, die mit horizontalen, 24,4 m langen Auslegern und etwa 0,6, 0,7 und 0,8 m^3 großen Schleppkübeln ausgerüstet sind (Bild 10).

Diese Schleppkübelbagger, im englisch-amerikanischen Sprachgebrauch als „Draglines“ bekannt, stehen im Gegensatz zu Hochlöffelbaggern oben auf dem Abraum. Sie verfügen über einen eigenen Fahrantrieb und können daher auf Schienen seitlich entlang des Grabens, den sie ausheben sollen, verfahren werden. Mittels des nicht schwenkbaren, sondern quer zur Fahrtrichtung starr angeordneten Auslegers und der verschiedenen Seile wird der Schleppkübel im Abstand von der halben Auslegerlänge auf den Boden des Grabens gesetzt. Durch das Heranziehen in Richtung des Baggers füllt er sich. Anschließend wird er angehoben, bis zum Auslegerende verfahren und dort über der Abraumhalde ausgekippt.

Ein derartiger Schleppkübel ist prinzipiell nichts anderes als ein einfacher, mit Zähnen an der Unterkante versehener rechteckiger Stahlkasten, der von insgesamt vier Drahtseilen mittels dreier Seiltrommeln bewegt wird, die ihrerseits durch eine Zweizylinder-Dampfmaschine angetrieben werden.

Jeder Abbaugraben ist am Boden etwa 6 m breit, so dass die Auslegerlänge ausreicht, um den Abraum weit genug hinter dem freigelegten Kohleflöz zu verstürzen. Wenn ausgekohlt, wird ein Streifen mit dem Abraum des nächsten Schnitts verfüllt. So entsteht erstmals das im ganzen 20. Jahrhundert für „Strip Mines" typische Sägeblattmuster, verursacht durch mehrere parallel zueinander verlaufende lange Abraumhalden.

Aufgrund des oftmals relativ weichen Untergrundes, auf dem die Schleppkübelbagger stehen, müssen die Schwellen der Schienen dicht an dicht verlegt werden, um ein Einsinken oder Abrutschen der Bagger zu verhindern. Bemerkenswert: Ein geübter Fahrer kann drei komplette Arbeitsspiele pro Minute durchführen, allerdings nur bei optimalen Einsatzbedingungen.

Die Einsatzbedingungen verschlechtern sich jedoch bei Missionfield zusehends. Die Mächtigkeit des Abraums nimmt zu, und immer härtere Bodenschichten, bis hin zu Fels, müssen abgetragen werden. Die beiden zu diesem Zeitpunkt noch verbliebenen Schleppschaufelbagger arbeiten nunmehr im Tandembetrieb: Einer wird zum Abtragen des Abraums eingesetzt, der andere verlädt die Kohle in Eisenbahnwaggons, deren Schienen direkt im Graben verlegt sind.

Dies ist, soweit bekannt, das erste Mal, dass Kohle mittels einer Maschine verladen wird. Der in der Folgezeit dort vermehrt auftretende felsige Abraum, der nur noch mittels aufwändiger Bohr- und Sprengarbeiten soweit aufzulockern ist, dass er vom Schleppkübel aufgenommen werden kann, bewirkt schließlich, dass der Einsatz der Schleppkübelbagger aus wirtschaftlichen Gründen nicht länger aufrechtzuerhalten ist.

Bild 11: Bis weit ins 20. Jahrhundert erfolgte der Transport von Abraum, Gestein und Bodenschätzen aus vielen Tagebauen mit Derrickkranen, an denen etwa 0,6 x 1,2 x 1,8 m große Behälter mit 1 bis 2 t Nutzlast hingen.

Ab 1888 erwägt der später weltbekannte amerikanische Baggerhersteller Bucyrus die Verwendung von Löffelbaggern speziell für die Abraumförderung. Die ersten sind die Dampf-Hochlöffelbagger Nr. 64, 65, 73 und 74, die mit besonders langen Auslegern in die Anthrazit-Abbaufelder Pennsylvanias geliefert werden. Drei Jahre danach baut Bucyrus einen wesentlich durchdachteren 60-t-Löffelbagger mit 14,6 m langem Ausleger und 1,3 m^3 fassendem Löffel zum Freilegen und Verladen von Phosphat in South Carolina.

Der Bagger verfährt auf Schienen, die auf dem zu gewinnenden Material verlegt werden. Außergewöhnlich ist ein am hinteren Ende der Maschine befindlicher zusätzlicher Auslegerarm von 13,7 m Länge. Mit seiner Hilfe kann der Inhalt eines zuvor per Hand beladenen Behälters auf einen Wagen geschwenkt und am Ende des Auslegers entleert werden.

Bald folgen umfangreichere Löffelbaggereinsätze im Eisenerz. Bucyrus liefert 1890 fünf Maschinen in die Abbaugebiete am Lake Superior, gefolgt von vier Baggern im Jahre 1892 für die ausgedehnten Mesabi-Eisenerzgebiete. Die Bagger reduzieren die Förderkosten einer Tonne Erz von 45 auf 15 Cent – ein Unterschied, der eine wahre Revolution im Erzabbau mit dramatischen Steigerungsraten bewirkt. 1892 werden aus Mesabi insgesamt 3.850 t Eisenerz abtransportiert, 1894 schon 1,62 Mio. t, und 1905 werden es erstaunliche 18,2 Mio. t sein. Damit deckt Mesabi annähernd 60 Prozent des US-amerikanischen Eisenerzbedarfes ab – dank der neuen Abbautechnik mit Löffelbaggern.

Abraumtransport per Kette

Um die abgetragenen Gesteins-, Erz- und Abraummassen bewegen und transportieren zu können, werden um die Jahrhundertwende in vielen Steinbrüchen und Festgesteintagebauen Derrickkrane verwendet, oft auch in Kombination mit Kabelkranen. Zunächst werden die Derrickkrane von Pferden betrieben, später von dampf- oder elektrisch getriebenen Winden (Bild 11). Im kanadischen Asbesttagebau Jeffrey ist der Arbeitstag dann beendet, wenn die auf 25 m hohen Stützen stehenden 21 Kabelkrane mit bis zu 608 m Spannweite 100 gefüllte Behälter gehoben und abtransportiert haben.

Die beschriebenen Fortschritte und Erfolge in der Baggertechnik und bei der maschinellen Gewinnung von Bodenschätzen sind nicht überall Standard. Im 19. Jahrhundert erfolgt in den europäischen Braunkohlengruben der Abbau des Abraums noch ausschließlich von Hand, meist in einfachster Form, abhängig von der Mächtigkeit des Deckgebirges. So wird der Abraum häufig, nachdem von Hand in von Pferden gezogene Karren geschaufelt, über eine schiefe Ebene aus dem Einschnitt herausbefördert und anschließend in den ausgekohlten Teil verstürzt. Auch die Kohlengewinnung erfolgt von Hand. Bei stärkeren Flözen wird oft der Schurren- oder Rolllochbetrieb gewählt, da die Kohle bei dieser Gewinnungsmethode größtenteils selbsttätig in den Förderwagen rutscht (Bild 12).

Bild 12: Groß angelegte Kohlengewinnung von Hand im rheinischen Braunkohletagebau Fortuna gegen Ende des 19. Jahrhunderts; hinter Feldbahn-Drehscheiben (rechts unten) verzweigten sich die Lorengleise fächerförmig in die dicht nebeneinander vorgetriebenen Rolllochschächte.

In der belgischen Kohlenbergbaulandschaft – pays noir (schwarzes Land) – begnügt man sich nicht mehr damit, einzelne Kübel- oder Förderwagen mit einem Hub zu fördern. Nun werden stattdessen bis zu acht Förderwagen in einem Förderkorb zusammengeschoben.

Bild 13: Vor der Umstellung auf die Großraumförderung mit Zahnrad-Lokomotiven und Waggons waren Kettenbahnanlagen – hier im deutschen Gruhlwerk – das einzig praktikable Fördersystem für nennenswerte Kohlenmengen aus der Gewinnung im Tagebau.

Für den Transport der Kohle werden Kettenbahnen konstruiert, die zunehmend die Grubenpferde verdrängen und den unzähligen „Schleppern" ihre mühselige Arbeit abnehmen. Kettenbahnen bewähren sich als Fördermittel, weil die Transportstrecken zu den Tagesanlagen nicht allzu weit und die zu überwindenden Höhenunterschiede meist groß sind. Eine typische Neigung für eine umfangreiche Kettenbahnanlage liegt bei 1:3,5 (Bild 13).

Mit dem Fortrücken der Tagebaue von den Brikettfabriken, vor allem im Niederlausitzer Revier, werden die Kettenbahnen im frühen 20. Jahrhundert immer länger – und ihr Betrieb dadurch immer schwieriger. Hinzu kommt, dass durch die Einführung der maschinellen Kohlengewinnung die Fördermengen stark anwachsen. Daher werden die durchschnittlich weniger als 1 m³ fassenden Förderwagen der Kettenbahnen schon bald nicht mehr ausreichen. Kurz vor dem Ausbruch des 1. Weltkrieges werden die meisten Kettenbahnen außer Dienst gestellt.

Durch die Dampfmaschine und den damit realisierbaren Bau immer größerer und leistungsfähigerer Fördermaschinen lässt sich in den Industrienationen der steigende Bedarf an Produkten der Montanindustrie bestens decken. Während die weltweite jährliche bergbauliche Gesamtproduktion in den ersten zwei Jahrzehnten des 19. Jahrhunderts „nur" etwa 17 Mio. t beträgt, steigt diese Zahl schon 50 Jahre später auf 225 Mio. t an.

Der Bergbau wandelt sich zu einem führenden Wirtschaftszweig, besonders in Deutschland, England, Frankreich, Russland und in den Vereinigten Staaten. Mit der Wende vom 19. zum 20. Jahrhundert entwachsen unsere Giganten endgültig den Kinderschuhen. Sie werden zwar noch nicht erwachsen, aber schon jugendlich und können sich deshalb zusehends darauf vorbereiten, den harten Anforderungen einer hochtechnisierten Konsumgesellschaft zu dienen…

II.

1900 bis 1919

Die ersten Baggergiganten

Im neuen Jahrhundert zeichnet sich in der westlichen Welt in allen Bereichen eine bahnbrechende, nie gekannte Technik- und Fortschrittseuphorie ab. Daher führen die Industrialisierung und die wachsenden Bedürfnisse der Bevölkerung zu einem stark ansteigenden Hunger nach Bodenschätzen und Energie. Dies lässt unsere Giganten schnell weiterwachsen, denn der Hunger will so wirtschaftlich und schnell wie irgend möglich gestillt werden.

Bei der Entwicklung der Tagebautechnik unterscheiden wir drei Abschnitte, und zwar den reinen, bald schon vergessenen Handbetrieb bis etwa 1890, die nun allerorten einsetzende Mechanisierung des Abbau- und Grubenbetriebes bis in die frühen 20er Jahre und danach die Einführung von Großbaggern mit der parallel verlaufenden Konzeption der im restlichen 20. Jahrhundert bekannten Großtagebaue.

Der in diesen Jahren aufkommende teilmechanische Betrieb bewirkt auch eine drastische Steigerung der Kohlenförderung. Wurden bis etwa 1885 im Handbetrieb noch pro Förderbetrieb täglich 1.000 bis 2.000 t Braunkohle gewonnen, steigert sich dies durch die neuen Großgeräte in den ersten beiden Jahrzehnten auf etwa 5.000 bis 10.000 t.

Bild 14: „Excavator Type ‚B' für Dampfantrieb und Tiefbaggerung mit geführter Eimerkette“, hieß es im LMG-Katalog zu den bewährten 125-t-Maschinen. Mit 120 PS Leistung wurden 300 bis 360 m³/h Förderleistung erzielt.

Überhaupt wird die Braunkohlengewinnung von nun an die Entwicklungsrichtung der kontinuierlich arbeitenden Tagebautechnik beherrschen – vergleichbar dem nordamerikanischen Kohlenabbau, der die Fortschritte der diskontinuierlich arbeitenden Tagebaumaschinen prägen wird.

Bild 15: Elektrisch angetriebener Doppelschütter als Hochbagger für 16 bis 18 m Abtragshöhe mit geführter Eimerkette mit Eimern von 0,7 m³ Inhalt und verschiebbarem, mit Ballast gefülltem Kontergewicht (links).

Die bei weitem größten zusammenhängenden und ergiebigsten Braunkohlevorkommen Europas liegen mit etwa 55 Mrd. t im Rheinischen Revier. Davon sind 35 Mrd. t für den Energiehunger unserer Zivilisation wirtschaftlich gewinnbar.

Eimerkettenbagger als Standardmaschinen

Während sich in England und in den Vereinigten Staaten bereits bei vielen Bau- und Bergbaueinsätzen Löffelbagger bewähren, wird in Deutschland die Technik der kontinuierlich fördernden Eimerkettenbagger perfektioniert und kurz nach der Jahrhundertwende schon weltweit exportiert.

Der Typ B der LMG muss bis kurz nach der Jahrhundertwende in Ermangelung vergleichbarer Wettbewerbsgeräte als die deutsche Baggerentwicklung schlechthin angesehen werden und repräsentiert allein stehend den deutschen Baggerbau. 1905 meldet der Geschäftsbericht der LMG nicht ohne Stolz die Auslieferung des 200. „Excavators“ (Bild 14). Der später gänzlich vergessene Ausdruck „Excavatorenbau“ wird sich in Deutschland noch bis weit in das 20. Jahrhundert halten.

Seit sich ab 1902 – das Pionierpatent für den Bagger mit Durchfahrt läuft ab – auch Orenstein & Koppel, die Maschinenfabrik Dresden-Übigau und ab 1905 die Maschinenfabrik Buckau R. Wolf mit der Herstellung großer Eimerkettenbagger beschäftigen, hört die LMG auf, allein den deutschen Großbaggerbau zu repräsentieren. 1908 nimmt außerdem die Weserhütte aus Bad Oeynhausen den Bau von Eimerkettenbaggern auf. Nach Kriegsende 1918 stellt die Friedrich Krupp AG aus Essen einen Teil des Schwermaschinenbaus auf die Herstellung von Tagebaugeräten um.

Ein wichtiger Fortschritt hinsichtlich der Tagebaulogistik und erreichbarer Förderleistungen ist der Bau so genannter Doppelschütter: 1908 nimmt bei Hürtherberg ein Eimerkettenbagger mit doppelter Zugdurchfahrt, ein Doppeltorbagger oder Doppelschütter, seine Arbeit auf. Mit diesem Bagger beginnt die Maschinen-

Bild 16: Der 630 t wiegende Doppelschütter der LMG für Tiefbaggerung war unter der Gegengewichtsfahrbahn mit einer Hilfseimerleiter (rechts) ausgerüstet, mittels derer das zum Vorrücken der Gleisanlage benötigte Gelände selbst und ohne Hilfsgeräte eingeebnet wurde.

fabrik Buckau R. Wolf mit dem Baggerbau. Die Doppelschütter erleichtern die Planung der Zugfolgen und den Wechsel zwischen den Zugbeladungen. Mussten Eimerkettenbagger mit nur einer Tordurchfahrt wie der Type B bis zum Eintreffen des nächsten Zuges die Förderung einstellen, kann nun unmittelbar auf den zweiten Zug gewechselt und daher wirklich kontinuierlich, ohne jegliche Unterbrechung, gefördert werden.

1909 wird von der LMG der „größte Bagger der Welt“ gebaut, ein Eimerkettenbagger in Doppelschütterausführung für die Grube Marga der Ilse Bergbau AG mit einer theoretischen Förderleistung von 900 m³/h, einem Dienstgewicht von 240 t und drei Elektromotoren mit zusammen 335 PS Leistung. Der Riese bewegt sich auf 26 durch Blattfedersätze abgestützte Schienen-Laufrädern (Bild 15).

Rückblickend lohnt sich ein kurzer Vergleich der Förderleistungen: Um 1900 erbrachten Eimerkettenbagger kaum mehr als 200 m³/h. Runde zehn Jahre später rechnen Betreiber der größten Gruben schon mit annähernd 1.000 m³/h Abraumförderung, und weitere zehn Jahre später wird sich die Kapazität schon auf 1.800 m³/h steigern. Dies entspricht einer Steigerung von 400 Prozent in der ersten und 80 Prozent in der zweiten Dekade.

Ab 1918 beginnt das Zeitalter der Großraumförderung, im Braunkohlentagebau einhergehend mit der Einführung des Schrägaufzuges und der Zahnradbahn. Dadurch lassen sich große Höhenunterschiede auf relativ kurzer Strecke überwinden und so Kohlemassen aus tiefer werdenden Tagebaugruben gut abfördern.

Der erste „Gleisgroßtiefbagger“ mit 65 m langer Eimerleiter ist ein 1919 auf der Grube Friedrich Ernst der Halleschen Pfännerschaft bei Senftenberg von der LMG errichteter Doppelschütter mit 40 m Schnitttiefe (Bild 16). Bei diesem Eimerkettenbagger werden erstmals Abstützbedingungen, Großportal, Raumfachwerk und Abstützung der Fachwerkstragkörper frei von allem Herkömmlichen entwickelt.

Die immer schwerer werdenden Eimerkettenbagger verlangen eine stets ausgeklügeltere Ausbildung der Abstützungen

Bild 17: Ohne Raupenketten war es nicht leicht, immense Baggergewichte ohne allzu hohen Bodendruck sicher abzufangen und in den Untergrund zu leiten. Die Schienenfahrwerke und genieteten Stahlkonstruktionen verlangten eine ausgewogene Statik und noch mehr Know-how.

Bild 18: Eine außergewöhnliche Konstruktion war der „Kohlenhauer" von Hilgers auf der Grube Grefrath der Rhein A.G. für Braunkohlenbergbau. Die Kohleloren wurden dort durch eine Kettenbahn bewegt.

Bild 19: Als „Kohlenförderapparat, arbeitend auf dem Gruhlwerk in Kierberg bei Cöln a. Rh." wurde dieser seltsame Bagger 1909 im Gesamtkatalog der LMG bezeichnet. Der „Braunkohlenbagger Type Bergmann II" erbrachte eine „garantierte stündliche Leistung von 300 Wagen à 6 HL".

und Fahrwerke. Bei den frühen Baggern waren die Achsen fest montiert. Um eine gleichmäßigere Verteilung des Baggergewichtes auf die einzelnen Achsen zu erreichen, versucht man es zunächst mit Blattfedern. Nach dem Scheitern dieses Versuches werden zum Erreichen eines Druckausgleiches Schwingen in Verbindung mit Drehgestellen vorgesehen, in denen jeweils mehrere Achsen vereinigt sind (Bild 17). So wird die gleichmäßige Verteilung des Baggergewichtes auf drei Drehgestelle und damit eine statisch bestimmte Dreipunktlagerung erreicht.

Eiserner Bergmann und Kohlenhauer

Nach 1900 wird versucht, nicht nur den Abraum, sondern auch die Braunkohle maschinell zu gewinnen. Bislang wurde angenommen, dass die im Vergleich zum losen Abraum wesentlich härtere Kohle nicht maschinell gelöst werden könnte.

Die Versuche zum maschinellen Lösen und Gewinnen hoher Kohlestöße setzen 1902 ein. Sie münden schließlich in dem um 1905 nach einem Patent von Hilgers in mehreren Exemplaren gebauten Kohlenhauer. Von dem oben auf dem Kohlenflöz auf Schienen verfahrbaren Führungswagen wird mit Hilfe einer Seilwinde der an einem Drahtseil befestigte eigentliche Kohlehauer an dem Kohlenstoß auf- und abbewegt (Bild 18).

Der Kohlenhauer ist mit einer motorisch angetriebenen rotierenden Trommel ausgerüstet, die nach außen hin mit Reißzähnen bestückt ist. Die Zähne lösen die Kohle, die am Fuß des Stoßes von einem Eimerketten-Hochbagger aufgenommen wird. Die Schnitttiefe dieser Fräse ist über eine Spindel verstellbar. Ein Vorteil der Anlage ist, dass jetzt hohe Kohlenflöze maschinell abgebaut werden können. Von Nachteil ist, dass zwei komplette Gleisfahrbahnen mit entsprechenden Stromzuführungen benötigt werden.

Auf der Grube Grefrath bleibt ein Kohlenhauer bei einer durchschnittlichen Leistung von 160 m³/h gelöster Kohle immerhin über 16 Jahre im Einsatz. Obwohl dieser Maschine nur ein begrenzter Erfolg beschieden ist, führt ihr technisches Konzept dennoch direkt zum späteren Kratzbagger hin.

Bild 20: Der größte Schrämbagger wurde von der LMG für die Grube Vereinigte Ville zum Abbau mächtiger Braunkohlenflöze geliefert. Die maximale Abtragshöhe konnte 35 m betragen; der Arbeiter unten zwischen den Gleisen veranschaulicht die Höhe.

Gute Erfolge stellen sich auch mit dem „Eisernen Bergmann“ ein, einem neuartigen Schrämkettenbagger, auch Kratzbagger genannt, der ab 1907 auf dem Gruhlwerk Braunkohle bei bis zu 15 m Arbeitshöhe abträgt (Bild 19). In standfester, aber zum Teil stark mit Holz durchsetzter Kohle erzielt die unter einem Winkel von 60 bis 70° arbeitende Schrämleiter gute Förderleistungen von bis zu 75 m^3/h.

Der gemeinsam von Bergrat Gruhl und der LMG konzipierte Bagger arbeitet wie ein Eimerketten-Hochbagger, jedoch mit dem Unterschied, dass die Kohle durch Zähne losgerissen wird und am Fuß der Leiter mit einer Eimerkette weitertransportiert wird. Verwendet wird der „Eiserne Bergmann“ zunächst für die Kohlerippen, die beim Rolllochbetrieb stehen geblieben sind.

Die bald entstehende Baureihe dieser bei LMG „Braunkohlenbagger“ genannten Maschinen enthält die Typen Glückauf, Bergmann und Gnom. In den nächsten Jahren gelangen sogar noch wesentlich größere Schrämbagger zum Einsatz, deren bis zu 36 m hohe Schrämleitern in Fachkreisen zunächst erhebliche Sicherheitsbedenken hervorrufen (Bild 20). Der Betrieb erweist sich dann aber erfreulicherweise als problemlos.

Die Verwendung von Eimerkettenbaggern für die eigentliche Kohlengewinnung setzt erst 1909 in der Grube Vereinigte Ville im Rheinland ein. Zu den nötigen Modifikationen an derartigen Baggern zählen verstärkte Eimer und Eimerzähne für 16 m Schnitttiefe. Ab 1910 werden auch die in Deutschland noch recht ungewohnten, von Menck & Hambrock und O&K gebauten Löffelbagger zur Kohlengewinnung eingesetzt, jedoch nie in solchen gigantischen Dimensionen wie im amerikanischen Tagebau.

Bei den Schräm- und Kratzbaggern handelt es sich um reine Kohlengewinnungsgeräte. Sie setzen, um wirtschaftlich arbeiten zu können, ein ungestörtes Kohlenflöz von großer Stärke voraus. Bereits seit den 30er Jahren werden bei Neubeschaffungen die universelleren Eimerkettenbagger bevorzugt. Dennoch verbleiben größere Schräm- und Kratzbagger bis in die 60er Jahre im Einsatz.

Der Humboldt-Autoschaufler

Das Prinzip des Schaufelrades wurde bereits von Leonaro da Vinci beschrieben; fortan wurden Schaufelradbagger in unterschiedlichen Versionen nur für die Nassbaggerei gebaut. Ein praxistauglicher Schaufelradbagger für den Landeinsatz wird von der Maschinenbau-Anstalt Humboldt in Köln-Kalk im Jahr 1916 fertig gestellt. Zuvor wurde das Schaufelrad-Patent eines George Eugene Schwandner von der Maschinenbau-Anstalt Humboldt erworben und in diesem Bagger praktisch angewendet. Die neuartige Fördermaschine ist auf Schienen verfahrbar und weist bereits relativ große Dimensionen auf. Sie wird an die Bergwitzer Braunkohlenwerke nach Bitterfeld geliefert (Bild 21).

Der Anlass, einen solchen Bagger zu bauen, ist vermutlich mit den Materialschwierigkeiten zu erklären, die die Kettenschaken der Eimerkettenbagger bereiten. Leider aber führt der Bergwitzer Großversuch nicht zum Erfolg, da die allgemeine Konstruktion des Schaufelradbaggers nicht ausgereift ist, noch weniger die schaufelradspezifischen Teile. So muss der Bagger 1923 verschrottet werden.

Der Schaufelrad-Gedanke wird für etliche Jahre in stark reduzierter Größe nur in den kleinen „Autoschauflern“ fortleben, mit denen sich Humboldt nun begnügt. Sie finden lediglich als Hilfsgeräte zum Beseitigen von Zwischenmitteln auf den Kohlenflözen Verwendung. Später wird Humboldt den Schaufelradbaggerbau gänzlich aufgeben und die Schwandner-Patente an die ATG (Allgemeine Transportanlagen-Gesellschaft) in Leipzig verkaufen. Damit wird der Aufstieg des Schaufelradbaggers zum universellen Fördergerät beginnen.

Bild 21: Der erste, 1916 von der Maschinenbau-Anstalt Humbold gebaute Schaufelradbagger war als schwenkbarer, elektrisch angetriebener Eintorbagger konstruiert, bewährte sich aber nicht. Mit seinem Schaufelrad von 6 m Durchmesser konnte der Bagger bis zu 400 m³/h Abraum abtragen.

Erst rund 30 Jahre nach der breiten Einführung des Baggers im Kohlentagebau werden nun auch auf der Kippenseite erste Schritte zur Mechanisierung unternommen: Die LMG 1915 baut nach einem Patent von Uihlein den ersten Absetzer, der mit einer kurzen Kratzleiter den Abraum über die Kippenkante schiebt. Anderenorts sind bislang nur Handkippen mit Versturzhöhen von 5 bis 10 m in Betrieb.

Das Gewicht des „Lübecker Absetzapparates“, einem im umgekehrten Sinne arbeitenden Bagger, beträgt 27t mit einer Leistungsfähigkeit von etwa 1.500 m³ in acht Stunden. Aller Anfang ist jedoch schwer: „Eine mit Absetzapparat arbeitende Kippe ist so lange sehr vorteilhaft und günstig, wie der Apparat ohne Störung läuft. Dass Störungen vorkommen, ist bekannt, und in Zeiten der Störung ist eine derartige Kippe nicht verwendbar, also für den Betrieb vollkommen ausgeschaltet. Im allgemeinen müssen wir nachgerade bei Absetzapparaten versuchen, die bisherigen Fehler durch Verbesserungen zu beseitigen“, heißt es zu diesem Thema in der Fachzeitschrift „Braunkohle“.

Allerlei neue Baggerversuche

Zur Jahrhundertwende stoßen wir im amerikanischen Missionfield, das uns bereits aus dem vergangenen Kapitel bekannt ist, erneut auf bemerkenswerte Baggerentwicklungen. Der offensichtlich doch als technischer Erfolg angesehene Einsatz der Schleppkübelbagger ermutigt den Betreiber, für den in dieser Zeit stolzen Betrag von 30.000 Dollar einen weiteren, im Aufbau gleichen, aber wesentlich größeren Schleppkübelbagger zu bauen.

Dieser Bagger ist im Jahr 1900 einsatzbereit. Zeitgenössische Berichte sprechen von einem „wahren Giganten", der einen 41,1 m langen Ausleger besitzt, was die Anordnung eines Gegengewichtes von allein 23 t Gewicht verlangt. Den jeweiligen Erfordernissen entsprechend kann der Bagger mit einem 1,5 m³ großen Schleppkübel für Erdreich, Fels oder Kohle ausgerüstet werden.

Während des Einsatzes stellt sich bald heraus, dass das hohe Gewicht des Baggers immer wieder Schienen und Schwellen tief in den Boden einsinken lässt, besonders die nahe der Grabenkante liegenden. Dies führt zu ständiger Furcht, der mächtige Bagger könne in den Graben abrutschen. So sind umfangreiche Sicherungsarbeiten notwendig. Zudem ist der spezielle Felskübel nicht in der Lage, härteres Gestein zu lösen – dies muss nun wie früher mittels Sprengungen vorgelockert werden. Daran ändern auch Versuche mit Messern oder Aufreißern nichts, die an dem Schleppkübel befestigt werden. So wird auch dieser Bagger, obwohl für das Verladen von Kohle hervorragend geeignet, bereits im Jahr 1904 stillgelegt.

Im gleichen Jahr steht – wiederum im Bereich des Missionfields – die Gewinnung von Kohle an, die von etwa 11 m teils felsigem, in jedem Fall schwierig zu lösendem Abraum überlagert ist. Aufgrund der vorangegangenen negativen Erfahrungen mit Schleppkübelbaggern entschließen sich die Betreiber George W. Prutsman und George E. Truner, einen weiteren Versuch mit einem Hochlöffelbagger zu unternehmen (Bild 22).

Bild 22: Viel versprechend war 1904 der riesige Dampf-Löffelbagger mit integriertem 32-m-Förderbandausleger zur Freilegung von Kohlenflözen; nach vielen Versuchen galt er zwei Jahre später als „theoretischer Erfolg, aber praktischer Fehlschlag".

Direkt an diesen Bagger angelenkt ist ein 32 m langer Bandausleger, den der Bagger über eine Schurre direkt beschickt. Man hofft, auf diese Weise die relativ hohe Förderleistung eines mit einem kurzen Ausleger versehenen 1,5-m³-Baggers mit der großen Reichweite eines Absetz-Auslegers kombinieren zu können. Wie schon die „Schwimmbagger" ist auch diese Maschine vollständig aus Holz gebaut; vier Dampfmaschinen sorgen für den Antrieb. Der Transport des Baggers, der sich über vier Schienen-Drehgestelle abstützt, kann nur relativ mühselig mit

Bild 23: „Vulcan No. 1 Revolving Shovel" auf Eisenbahn-Drehgestellen beim Baggern von Abraum. Wie so oft bereiteten das Vorrücken des Baggers und der einigermaßen stabile Unterbau mit Holzbohlen und Schienen endlose Probleme.

Hilfe von Flaschenzügen bewerkstelligt werden. Leider kann die starre Vierpunkt-Lagerung Bodenunebenheiten nicht ausgleichen, sondern leitet sie in Form von Spannungen direkt über den Rahmen in den Bagger weiter – mit entsprechenden Folgen hinsichtlich vieler erforderlicher Reparaturen.

Der Einsatz des Baggers erfolgt wie zuvor bei den Schleppkübelbaggern in langen, parallelen Streifen, wobei der Abraum jeweils auf den vorherigen Streifen verstürzt wird. Sobald ein Kohlestreifen freigelegt wird und der Bagger den Rand des Abbaufeldes erreicht hat, muss er, da er nicht gewendet werden kann, über die volle Länge des Grabens zurückgezogen werden, bevor mit dem Abbau eines neuen Streifens begonnen werden kann. Dieser Vorgang beansprucht jeweils volle zwei Wochen. Die in dem Graben freigelegte Kohle muss aufgrund ihrer Festigkeit als Fahrbahn für den Bagger herhalten und kann infolgedessen erst nach Beendigung des Transportes abgebaut werden. Als weiterer einsatztechnischer Nachteil stellt sich heraus, dass der Bagger beim Freilegen der Kohle oft dazu neigt, sich selbst zuzuschütten. Eine Verlängerung des Auslegers bewirkt keine grundlegende Verbesserung.

All diese negativen Betriebserfahrungen, verbunden mit immens hohen Reparaturrechnungen, insbesondere bedingt durch den recht häufig erforderlichen Wechsel des Fördergurtes, führen bereits nach etwa zwei Jahren zur Stillsetzung des Baggers. Auch ein zwei Jahre später erfolgter vollständiger Umbau, bei dem alle Holz- durch entsprechende Stahlteile ersetzt werden, kann nichts mehr an der prinzipiellen Einschätzung der Maschine als „theoretischem Erfolg, aber praktischem Fehlschlag" ändern.

1907 werden nahe Lily in Kentucky für die Gewinnung eines Kohlenflözes bei einer Abraumschicht von 1,8 bis 3,7 m Mächtigkeit zwei dampfgetriebene Löffelbagger der Vulcan Steam Shovel Co. eingesetzt (Bild 23). Der voll um 360° schwenkbare Bagger, der Abraum in Karren verlädt, bewegt sich auf Eisenbahnschienen und besitzt einen 1,9 m^3 fassenden Löffel, dessen Stiel an einem 8 m langen Ausleger angelenkt ist. Der mit einem 1,1-m^3-Löffel zur Kohlengewinnung eingesetzte „Little Giant"-Bagger rollt dagegen auf überdimensionalen Eisenrädern. Leider verläuft der Einsatz beider Bagger ebenfalls nicht sonderlich erfolgreich, dauert er doch nur wenige Monate. Übrigens sind wenig

Bild 24: Die „Wilson Long Jib Shovel" war 1900 mit 21,3 m langem Ausleger und 1,1 m³ großem Löffel der erste Großlöffelbagger der Welt und damit der Vorläufer aller späteren „Stripping Shovels".

später Versuche an gleicher Stelle mit einem kleinen Monighan-Schleppschaufelbagger, den wir bald näher kennen lernen werden, ähnlich negativ.

Als Zwischenbilanz aus den beschriebenen, insgesamt wenig erfolgreichen Versuchen ist festzustellen, dass nach wie vor eine Maschine mit eigenem Fahrantrieb, die die Grabkraft und Reichweite der Bagger-Bandausleger-Kombination mit der Fähigkeit verbinden kann, den Abraum in jeder beliebigen Richtung abzutragen und zu verstürzen, noch immer nicht verfügbar ist. Mehr noch: Die wenigen Hersteller, die schon voll schwenkbare Bagger oder Eisenbahnkrane fabrizieren, halten weiterhin den Bau eines entsprechend großen und robusten Baggers schlicht für technisch nicht machbar.

Löffelbagger wachsen rasant

„Die Heimat der Kranschaufler ist Amerika. Sie wurden dort zuerst beim Bau des Panamakanals verwendet, da Eimerkettenbagger in dem festen, oft felsigen Boden versagten. Später wurden besonders in England sogenannte Drehscheibenbagger mit vollständig im Kreise drehbarem Oberteil und großer Spurweite gebaut. Von England kam die Kenntnis der Drehscheibenbagger nach Deutschland", erfahren wir aus einer „Beschreibung der Kranschaufler" von der Carlshütte aus dem schlesischen Altwasser bei Waldenburg.

Während ab der Jahrhundertwende nur wenige europäische Firmen wie Ruston, Menck & Hambrock, O&K sowie die Weserhütte und die Carlshütte Löffelbagger in normalen Größen herstellen, bauen in den Vereinigten Staaten bereits zahlreiche Firmen derartige Bagger. Zwei Hersteller treiben dort die Größenentwicklung der Löffelbagger rasant voran – obwohl sie sich zunächst regelrecht weigern, derartig gewagte Konstruktionsschritte zu unternehmen.

Genau zur Jahrhundertwende erblickt der bis dahin größte Löffelbagger nicht wie vielleicht erwartet in Amerika, sondern in England das Licht der Welt. Er wird aber die weitere Entwicklung in den Vereinigten Staaten durchaus beeinflussen. Zum Abbau von Eisenerz in Northamptonshire und Oxfordshire konstruiert die seit 1887 für den Bau von 360°-schwenkbaren Baggern bekannte Firma John H. Wilson & Co. aus Liverpool zwei etwa 64 t schwere Löffelbagger, die mit zwei außergewöhnlich langen Auslegern versehen werden (Bild 24).

1908 entwickelt der in diesem Eisenerztagebau angestellte Ingenieur A. R. Grossmith einen anderen Großlöffelbagger mit 24,4 m langem Ausleger und 2,3 m^3 fassendem Löffel. Alle drei Bagger bewähren sich und werden bis Ende der 20er Jahre fleißig Erz freilegen.

In den Vereinigten Staaten ist man, wie wir bereits feststellen konnten, um die Jahrhundertwende keineswegs so weit. Zwar hatten sich dort die Eisenbahnbagger („Railroad Shovels“) auch schon beim Abbau von Eisenerz bewährt, wo die Dicke der Erzschicht im Verhältnis zur Dicke der überlagernden Abraumschicht sehr groß war. Doch diese Methode ist im Kohlentagebau mit dem dort vorliegenden umgekehrten Verhältnis der Dicken von Bodenschatz und Abraum unwirtschaftlich.

Ein möglicher Lösungsansatz zur Kostensenkung zeichnet sich in der Entwicklung eines großen Baggers ab, der die gesamte Abraumschicht gewinnen und das Erdreich gleichzeitig endgültig, ohne nochmaliges Umsetzen, verkippen könnte. Denn „Railroad Shovels“ sind wegen der zu geringen Länge ihres Auslegers nicht in der Lage, ein genügend breites Kohlenflöz freizulegen und den Abraum weit genug entfernt abzusetzen. Außerdem wird die mögliche Baggerhöhe bei dieser Bauweise auf ungefähr 3,5 m beschränkt.

Nach längerem Zögern und viel Überzeugungsarbeit seitens des potentiellen Kunden erklärt sich die amerikanische Marion Steam Shovel Co. 1910 schließlich bereit, halbwegs entgegen der eigenen Überzeugung einen um 360° schwenkbaren Löffelbagger in den erforderlichen Dimensionen zu bauen – allerdings ohne jegliche Garantien bezüglich der Leistungsfähigkeit des Baggers. In Ermangelung irgendwelcher Erfahrungen für die Preiskalkulation für einen dergestalt riesigen Bagger schlägt Marion vor, den Preis der Einfachheit halber aus einem festgelegten Betrag pro „pound“ (Pfund) des Baggergewichtes zu berechnen.

Das so entstehende „Model 250“, wie es von Marion bezeichnet wird, arbeitet mit einem 2,4 m^3 großen Löffel, der mittels eines 12,2 m langen Löffelstiels zwischen den Holmen eines 19,8-m-Auslegers angelenkt ist. Der Bagger wiegt fast 140 t, bei weitem ein Weltrekord (Bild 25). Eine der wichtigsten Neuerungen ist der hydraulisch bewirkte Höhenausgleich der vier Schienendrehgestelle untereinander. Hierdurch ist es erstmals möglich, eine weitere gravierende Schwachstelle aller bisherigen Bagger zu vermeiden, nämlich das gefürchtete Verwinden des Rahmens mit den daraus resultierenden Beschädigungen bis hin zum Brechen. Bislang ist dies während des Baggerns und beim Verfahren auf Gleisen kaum zu umgehen, weil die Gleise stets auf dem von Natur aus unebenen Kohlenflöz verlegt werden.

Bild 25: Schwerster Löffelbagger weltweit war 1911 der 140 t wiegende Marion Modell 250, erster der so genannten „Stripping Shovels“. Wegen mangelnder Erfahrungen wurde der Kaufpreis in Pfund Baggergewicht berechnet.

Der Einsatz des „Model 250“ erfolgt im Frühjahr 1911 im Missionfield, dessen schwierige Abbaubedingungen in den Jahren zuvor mehreren anderen Baggern letztendlich zum Verhängnis geworden waren. Allen negativen Vorhersagen zum Trotz bewährt sich der 250 und wird so zur weltweit ersten echten „Stripping Shovel“ überhaupt. Die freigelegte Kohle wird allerdings nach wie vor per Hand in kleine Karren verladen, die von Maultieren gezogen werden.

Bis zum Frühjahr 1913 arbeitet der 250 nahezu störungsfrei, dann überschwemmt der Hochwasser führende Ohio den Abbaugraben, in dem der 250 fleißig ist. Über Wochen steht der Bagger fast bis zur Auslegerspitze im Wasser, erst im Herbst kann der Abraumbetrieb wieder aufgenommen werden. Von nun an verläuft der Einsatz ohne weitere nennenswerte technische oder einsatzbedingte Probleme überaus zufriedenstellend – auch in finanzieller Hinsicht.

Bild 26: So sah Bucyrus' – etwas kleinere – Antwort auf den sehr erfolgreichen Marion 250 aus: Das dampfbetriebene „Model 150-B“ wog 124 t und trug an einem 18,3 m langen Ausleger einen 1,9 m³ fassenden Löffel, um 3 bis 10,6 m mächtige Abraumschichten abtragen zu können.

Zur gleichen Zeit, als das „Modell 250“ in Betrieb geht, versucht die Bucyrus Co., einen Minenbetreiber in Kansas von den Vorzügen eines kombinierten Einsatzes von „Railroad Shovel“ und Schleppschaufelbagger für das Freilegen von Kohle im Tagebau zu überzeugen. Da sich die Nachricht vom erfolgreichen Einsatz des Marion 250 schnell verbreitet, erkennt der potentielle Kunde jedoch die betrieblichen Vorzüge eines einzelnen Baggers mit entsprechender Reichweite und bestellt eine „Stripping Shovel“ bei Marion.

Dieser Rückschlag, verbunden mit der Erkenntnis, dass ein derartiges Großgerät im Gegensatz zur bisher vorherrschenden Auffassung technisch sehr wohl machbar sei, lässt die Ingenieure von Bucyrus nicht ruhen. Innerhalb eines Zeitraumes von weniger als einem Jahr kann Bucyrus seine erste „Stripping Shovel“ vorstellen (Bild 26). Der Bagger wird im Januar 1912 in Kansas übergeben. Wenig später wird auch der größere Typ 175-B mit einer Auslegerlänge von 22,8 m und 2,7 m³ großem Löffel präsentiert, einsetzbar für Abraumhöhen bis zu 12,2 m.

Bei beiden Baggern wird der Höhenausgleich zwischen den vier auf Schienen laufenden Drehgestellen, der zur Vermeidung von übermäßigen Rahmenbelastungen unverzichtbar ist, mechanisch über eine Dreipunkt-Lagerung mittels eines Ausgleichsbalkens, des „Schwinghebels", vorgenommen. Der Drehkranz kann über mehrere, durch Drehen per Hand in ihrer Länge verstellbare Spindeln waagerecht ausgerichtet werden. Obwohl Bucyrus die vergleichsweise große Einfachheit und Robustheit dieser Konstruktion ins Feld führt, übernimmt man dennoch bei späteren Geräten das Marion-System der Abstützung mittels Hydraulikzylindern, das in der Folge ausnahmslos bei allen Großlöffelbaggern zur Anwendung kommen wird.

An dieser Stelle sollten wir als Vorgriff auf die folgenden Jahrzehnte einen weiten Blick in die Zukunft wagen: In der Tat beginnen mit dem Bau dieser ersten „Stripping Shovels" die Wechselbeziehungen zwischen der Bucyrus Co. und der Marion Steam Shovel Co. Die hieraus erwachsende Rivalität zwischen den beiden Unternehmen wird über viele Jahrzehnte andauern. Sie führt, ja treibt geradezu die beiden Hersteller wechselseitig zu immer neuen technischen Fortschritten und Höchstleistungen im Baggerbau, insbesondere bei der Konstruktion von Tagebau-Großgeräten. Erst 1997 wird diese markante Wettbewerbssituation durch die Übernahme von Marion durch die Bucyrus Inc. ihr endgültiges Ende finden.

Bild 27: Je nach gewünschtem Grabradius 24,3 oder 27,4 m lange Ausleger mit beachtlichen, weil 4,6 oder 6,1 m³ großen Löffeln bot das „Model 300" von Marion. Die beiden Gleise für die vier abstützenden Drehgestelle waren von Mitte zu Mitte 7,9 m voneinander entfernt.

Bei der Rückkehr zum Kohlentagebau des frühen 20. Jahrhunderts bemerken wir, dass die „Stripping Shovels" beider Hersteller in den folgenden Jahren bezüglich ihrer Größe und Leistungsfähigkeit weiter beträchtlich wachsen, praktisch parallel zueinander und verbunden mit wichtigen technischen Verbesserungen. So erscheint 1915 das Marion Modell 271 als erste elektrisch angetriebene „Stripping Shovel" mit 27,4 m langem Ausleger und 3,8 m³ fassendem Löffel. 1916 folgt das Bucyrus Modell 225-B mit ähnlichen Abmessungen. Auch diese Maschine kann wahlweise mit elektrischem Antrieb versehen werden. Im nächsten Schritt konstruieren Marion-Ingenieure das mächtige „Model 300", angetrieben von zwei Dampfmaschinen (Bild 27).

Elektrische Antriebe setzten sich im Bergbau nur zögernd durch. Zwar wurde schon 1884 die erste elektrische Fördermaschine in Betrieb genommen, aber noch nach der Jahrhundertwende werden die meisten neuen Maschinen mit Dampfantrieb ausgestattet. Erst die Einführung verbesserter Regel-, Steuerungs- und Sicherungseinrichtungen lässt Elek-

Bild 28: Ein mit Seilen verspannter hölzerner Derrickkran, an dessen Schwenkausleger anstelle des Hakens ein eigenartiger Schleppkübel hing, war der von John W. Page konstruierte Urahn dieser Baggergattung, der „Dragline".

troantriebe für Fördermaschinen aller Art interessant erscheinen.

1907 liefert die Carlshütte den ersten elektrisch betriebenen „Kranschaufler" für das Steinkohlenwerk Vereinigte Glückhilf-Friedenshoffnung in Hermsdorf zum Abgraben einer alten Spülhalde. „Der billigeren Anschaffungskosten wegen wurde für den Schaufler Einmotorenantrieb, und zwar durch Drehstrom, gewählt. Die Betriebsergebnisse zeigen, dass die Bedenken gegen die Verwendung von Drehstrommotoren für derartig stoßweise Belastungen, wie sie beim Kranschaufler auftreten, nicht zutreffen. Die Leistung beträgt 90 m^3 je Stunde bei einer Schnitthöhe von 7 m", teilt die Carlshütte mit.

Im Jahr 1919 verbessern Bucyrus und Marion ihre elektrisch angetriebenen Bagger durch den Einbau einer Ward Leonard Steuerung. Für Bucyrus ist dies mit dem Modell 225-B, für Marion mit dem Modell 300-E der Fall. Diese Steuerung vereinigt die Wirtschaftlichkeit des elektrischen Antriebs mit einer bisher nur von der Dampfmaschine her bekannten Elastizität, die diese Art der Steuerung speziell für den Baggereinsatz mit seinen plötzlich auftretenden Stoßbelastungen interessant macht. Dieser Vorteil beruht darauf, dass einerseits das Drehmoment des Elektromotors über dessen gesamten Umdrehungsbereich praktisch konstant bleibt und dass er gleichzeitig seine Umdrehungszahl ständig der aktuell durch das Arbeiten des Baggers jeweils vorgegebenen Belastung anpasst. Fast alle in den Folgejahren gefertigten „Stripping Shovels" sind mit diesem elektrischen Antrieb anstelle des Dampfantriebes ausgerüstet.

Bild 29: Beim 2-Seil-Schleppkübelbagger von Heyworth-Newman hing ein mit 1,9 m^3 Inhalt recht großer Schürfkübel an einem 26 m langen Ausleger. Der Bagger ist einer der Vorläufer der späteren Schreitbagger (Walking Draglines) von Bucyrus-Erie.

Die hängende Schaufel

Bei vielen Bau- und Bergbaueinsätzen ist es unumgänglich, dass Bagger „nach unten" arbeiten, besonders bei der Förderung aus feuchten, schlammigen Gruben. Tieflöffelbagger sind jedoch noch unbekannt, und die üblichen Löffelbagger graben die Erdmassen nur oberhalb ihres Standplanums ab. Kein diskontinuierlich arbeitender Bagger kann bislang zufrieden stellend unter seinem Standplanum arbeiten, abgesehen von Greiferbaggern, die wegen der mangelnden Eindringkraft der Greiferschneiden für die meisten Tagebaueinsätze völlig ungeeignet sind.

Deshalb konstruiert der Amerikaner John W. Page, Mitinhaber eines Bauunternehmens, 1904 für den Bau des Hennepin-Kanals in Illinois einen ebenso neuartigen wie trickreichen Schleppkübel (Bild 28). Bei der Entwicklung, die ein Patent wert ist, hat Page einen von Pferden gezogenen Schürfkübel vor Augen – warum sollten Baggerseile nicht das Pferd ersetzen und der Kübel nach der Füllung nicht am Seil hängend zur Seite geschwenkt werden? Das Programm der daraus später entstehenden Page-Schleppkübelbagger wird in ferner Zukunft vom Baggerbauer P&H übernommen werden.

Bild 30: Beim immerhin 150 t schwere Modell J von Menck & Hambrock wurden dank eines „Patent-Gleisvorstreckverfahrens" vier bis sechs Arbeiter eingespart; die Dauer für das Vorrücken reduzierte sich von zehn bis 15 auf weniger als eine Minute.

Als nächster greift der Bauunternehmer James O. Heyworth 1909 diese Idee auf. Sein dampfgetriebener Schleppkübelbagger wirkt sehr professionell und weist beachtliche Dimensionen auf (Bild 29). Umständlich ist die Fortbewegung auf Kufen und Rollen. Die Rechte an diesen Baggern werden 1910 von Bucyrus aus South Milwaukee aufgekauft und begründen dort später den Bau der riesigen Schleppkübelbagger.

Beweglicher auf Raupen und Füßen

Mühsam ist das unentwegt erforderliche Vorrücken der Gleise „unter" den schwer lastenden Baggern. Neue Lösungen werden dringend gesucht. Zur Vermeidung der Nachteile des Transportes auf Schienen wurden schon ab 1890 vereinzelte

Bild 31: Schwerer dampfgetriebener Schleppschaufelbagger von Bucyrus 1919 bei einem Einsatz in Arkansas; anstelle von Schienen bewegt sich der Bagger ausschließlich auf Gleitkufen und Holzrollen.

Bagger mit großen Stahlrädern ausgestattet, doch dies beinhaltete die Gefahr des Einsinkens und Umkippens auf weichen Böden. Das Bergen versackter Großbagger gestaltet sich meist äußerst schwierig.

Die deutsche Firma Menck & Hambrock ersinnt für den 150 t schweren Eisenbahn-Löffelbagger Modell J mit 3 bis 4 m^3 Löffelinhalt 1909 ein „Patent-Gleisvorstreckverfahren", das das Umsetzen der Gleisstücke und damit auch das Vorrücken des Baggers beträchtlich beschleunigen soll (Bild 30). Der gesamte Bagger wird bei diesem Verfahren mit vier Stützen maschinell etwas angehoben. Anschließend ziehen dampfbetriebene Kettenwinden kurze Gleisroste unter dem angehobenen Bagger nach vorne, dann wird der Bagger wieder abgesenkt.

Eine andere, vielleicht noch mühsamere Methode als das Bewegen von Großbaggern auf Gleisen wird in den Vereinigten Staaten unter der Bezeichnung „Skid and Roller“ (Gleitkufe und Rolle) entwickelt: Bei diesem System werden hölzerne Bohlen quasi als Schienenersatz verlegt. Auf den Bohlen wird der Bagger bewegt, indem abgeschälte Baumstämme zwischen den Bohlen und der ebenen Unterseite des Rahmens abrollen. Diese müssen nach Durchlauf ständig durch eine Hilfsmannschaft wieder von hinten nach vorne transportiert werden (Bild 31). Immerhin ist es auf diese Art und Weise möglich, schwere, nicht schienengebundene Geräte umzusetzen.

Bild 33: Erster Monighan-Schreitbagger, ausgestattet mit dem „Martinson Tractor“. Der Bagger bewegte sich stets nach hinten, also rückwärts von der Abbaukante fort.

Eine weitere Neuheit dieser Jahre wird Baggern aller Art zwar nicht gerade Flügel verleihen, aber sie doch wesentlich mobiler werden lassen – Raupenketten. Die vom Caterpillar-Vorläufer Benjamin Holt 1904 in Kalifornien für Lokomobile (Dampfschlepper) entwickelten Raupenketten bewähren sich bestens bei Maschinen aller Art. Zunächst weniger in Europa, umso mehr in den USA finden Raupenketten rasant Freunde in den verschiedensten Branchen.

Bild 32: Der erste Bagger auf Raupenfahrwerken nach Holt-Bauweise – später Caterpillar – war der Bucyrus Class 14 mit 18,3 oder 24,4 m langen Auslegern und 0,9 bis 1,5 m^3 fassenden Schleppschaufeln.

1912 werden erstmals Raupenketten auf Basis des Typs Holt an einem Bucyrus-Schleppschaufelbagger Class 14 installiert (Bild 32). Wegen des großen Gewichtes von 60 bis 80 t werden gleich vier kettengetriebene Raupenfahrwerke vorgesehen. Der Bagger wird wahlweise mit Dampfmaschine, Benzin- oder Elektromotor angeboten. Bald folgen Anwendungen bei kleineren, schon um 360° schwenkbaren Löffelbaggern. Denn die Vorteile der Raupen gegenüber Gleisen und „Skid and Roller“ sind schnell ersichtlich, nämlich wesentlich bessere Beweglichkeit und geringerer Bodendruck. Leider sind Bagger mit Raupenfahrwerken jedoch 30 bis 40 Prozent teurer. Dennoch werden um 1919 schon die meisten Schleppschaufelbagger mit Raupenketten ausgeliefert.

Aber schwere, mit Raupenketten ausgerüstete Bagger neigen während des Transportes wegen ihres hohen Bodendruckes immer noch dazu, in nassem oder sandigem Untergrund einzusinken. Das innovative Fortbewegungssystem besteht aus einer Vielzahl von mechanischen Einzelteilen, die ständiger Wartung bedürfen. Auf der anderen Seite sind Bagger, die mittels der immer noch häufig vorzufindenden „Skid and Roller“-Vorrichtungen oder per Schiene umgesetzt werden, bei weitem nicht so manövrierfähig und erfordern zudem den Einsatz einer ganzen Hilfsmannschaft am Boden. So bleibt man nach wie vor auf der Suche nach einem besser auf Großbagger zugeschnittenen Fortbewegungssystem.

Bild 34: Absetzerähnlicher Schrägförderer, auf dem zwei Förderwagen auf Gleisen verfahren. Ein Dampf-Löffelbagger beschickt unter Ausnutzung seines größtmöglichen Schwenkwinkels den Aufnahmetrichter, unter dem einer der Wagen wartet.

1913 stellt ein junger Ingenieur namens Oscar Martinson, der bei der Monighan Machine Co. angestellt ist, seine Erfindung, später „Martinson Tractor“ genannt, vor. Sie besteht aus einer Grundplatte als Basis für den Schleppschaufelbagger und aus zwei pontonartigen „Schuhen“, jeder an einer Seite des schwenkbaren Baggeroberwagens angeordnet und mit einem Exzentergetriebe gekoppelt. Die beiden Exzenterscheiben sind mittels einer quer durch den Bagger verlaufenden Welle miteinander verbunden.

Während der Arbeit ruht und schwenkt der Bagger auf einer mächtigen Grundplatte. Zu Beginn des Schreit-Zyklus setzen die Schuhe durch Drehung der Exzenterscheibe auf dem Boden auf. Bei weiterer Drehung der Scheibe wird der Monighan-Schleppschaufelbagger samt der Platte, auf der er steht, hinten angehoben und anschließend nach rückwärts bewegt, wobei die Vorderkante der Platte über den Boden schleift (Bild 33). Danach wird die Platte wieder abgesenkt und die Schreitschuhe werden nach hinten bewegt. Ein weiterer Schreit-Zyklus kann beginnen. Ein Wechsel der Schreitrichtung ist jederzeit auf überaus einfache Art möglich, indem der Bagger-Oberwagen samt der beiden Schreitschuhe in die gewünschte Richtung gedreht wird.

Sicherlich wegen der recht merkwürdig wirkenden Fortbewegungsweise bürgert sich für diesen Bewegungsvorgang die Bezeichnung „Schreiten“ ein. Einen mit einer derartigen Schreitvorrichtung versehenen Schleppschaufelbagger bezeichnet man als Schreitbagger (engl. „Walking Dragline“). Die Vorteile sind so offenkundig, dass sich dieses Fortbewegungssystem binnen kurzem bei Schleppschaufelbaggern durchsetzt, zunächst auf großen Erdbaustellen wie auch beim Deich- und Kanalbau. Dort ist vor allem der konkurrenzlos niedrige Bodendruck der Schreitbagger von ausschlaggebender Bedeutung.

Gewinnen, Transportieren und Verkippen mit einem Gerät

Mit dem Aufkommen der leistungsfähigen Dampfbagger, die in zunehmenden Tiefen weit unten in den Gruben fleißig sind, stellt sich ein neues Problem: Wie können die abgebauten Massen auf optimale Weise an die Oberfläche gebracht werden? Als einzig praktikable Lösung bietet sich die Gleisförderung an – doch mit Schienen, schweren Waggons und Lokomotiven lassen sich kaum nennenswerte Steigungen überwinden.

Dies führt im Festgesteintagebau zu dem über viele Jahrzehnte bekannten Bild der „Amphitheater“: Die Gleise führen unter recht geringer Neigung in immer größeren Spiralen aus dem Grubeninnern an die Erdoberfläche. Die terrassenartig angelegten Rampen werden in einem halben Jahrhundert auch von Muldenkippern gerne befahren werden, denn nach dem Entfernen der Gleistrassen stehen vorzügliche Fahrtrassen zur Verfügung.

Wer bietet Lösungen für den Abtransport der gebaggerten Abraummassen, wer hat Ideen für kürzeste Materialwege zum Verstürzen des Abraumes? Wir stoßen auf die Urahnen der Absetzer, auf einen eigentümlichen Schrägförderer. Nach den letztendlich als gescheitert zu bezeichnenden Versuchen mit einem Absetzgerät mit Bandförderung, das im Jahr 1904 gebaut worden war, wird in den USA erst 1915 ein nächster Erfolg versprechender Versuch unternommen, Abraum mittels einer Förderbrücke zu transportieren, um auf diese Art die Reichweite des Gewinnungsgerätes zu vergrößern. Dabei handelt es sich um einen Schrägförderer, auf dem auf zwei nebeneinander liegenden, mit einem Winkel von 18° nach oben führenden Gleisen zwei Förderwagen unabhängig voneinander jeweils mittels einer Seilwinde verfahren werden (Bild 34).

Die horizontale Reichweite der Anlage, ausgehend von dem Aufnahmetrichter, beträgt 45,7 m, die Auskipphöhe 15,8 m. Die Anlage steht auf vier Eisenbahn-

Bild 35: Ein „Whitacker Crane Navvy“ lädt vorne Eisenerz in Bahnwaggons, dahinter füllt ein Ruston-Dampfbagger einen „Wagon Transporter“ von Ruston zum Direktversturz des Abraumes. Für den weiteren Abbaufortschritt mussten insgesamt jedesmal vier Gleisführungen vorgerückt werden.

Bild 36: Mehr als 1,5 km lang und fast 0,5 km breit war der Fushun-Kohletagebau in der chinesischen Mandschurei, aus dem die Kohle des 60 m (!) mächtigen Flözes mit zu Zügen gekoppelten Waggons an Kettenbahnen zur Oberfläche befördert wurde.

schienen und kann im Bedarfsfall mit Hilfe eines Drahtseiles und einer Seilwinde verfahren werden. Das Auskippen eines der 3,8 m^3 fassenden Wagen am Auslegerende erfolgt zwangsläufig, indem zwei Hilfsräder an der Hinterachse durch Befahren von speziellen Schienen soweit angehoben werden, bis der Wagen fast senkrecht steht.

Das Beladen übernimmt ein bereits damals als veraltet angesehener, noch kettenrasselnder Eisenbahn-Dampfbagger mit einem Schwenkwinkel von 180° und einem Löffelinhalt von 1,9 m^3. Die Aufgabe der Förderanlage ist das seitliche Verkippen einer etwa 6 bis 9 m starken Abraumschicht über einem Kalksteinlager, das von der Diamond Portland Cement Co. in Ohio abgebaut wird.

Unter günstigen Arbeitsbedingungen können innerhalb von zehn Stunden 2.200 m^3 Abraum gefördert werden. Nicht weniger als elf Arbeiter werden ständig benötigt: drei zum Bedienen des Baggers, einer zum Bedienen der Förderanlage und die restlichen sieben zum Verlegen der Schienen, auf denen die beiden Geräte sich fortbewegen, aber auch zum Transportieren beider Geräte.

Dennoch wird der mindestens neunjährige Einsatz des Absetzers in dem Steinbruch als wirtschaftlich sehr erfolgreich beschrieben. In einem zeitgenössischen Bericht aus dem Jahr 1924 werden Gründe angeführt, die den Einsatz eines derartigen Absetzers in Verbindung mit einem kleinen Löffelbagger, beide allerdings auf Raupenunterwagen montiert, auch im Kohlentagebau als wirtschaftlich durchaus sinnvoll erscheinen lassen. Und dies nicht zuletzt deshalb, weil die Möglichkeit des Aufbaus einer großen „Stripping Shovel" mit der erforderlichen Reichweite auf Raupenfahrwerke als technisch nicht realisierbar eingeschätzt wird. Nur gut ein Jahr später weiß man es besser…

Eine ähnliche Anlage, ein „Wagon Transporter", wird von Ruston in England entwickelt und ist ebenfalls in Kombination mit Löffelbaggern normaler Größe einzusetzen. Ein solcher „Wagon Transporter" wird mittels Dampfmaschine oder Elektromotoren angetrieben und bewegt sich auf Schienen – neben Bagger- und Waggonschienen ist dies die vierte stets nachzurückende Gleisführung im Tagebau (Bild 35). Umständlich ist zudem das Ausbalancieren mittels Spindeln, besonders das der langen Auslegerseite, über die die gefüllte Lore bis zum Auslegerende mit einem Seil gezogen wird.

Die Bodenentleerer-Lore ist zur einfacheren, zügigen Beladung etwa 25 Prozent größer als der Löffelinhalt des Baggers. Ein Abkippzyklus soll sogar etwas schneller als ein Arbeitsspiel des Baggers sein, damit dieser nicht auf die Rückkehr der geleerten Lore zu warten hat. So werden stündlich bis zu 90 m^3 verstürzt – mehr als mit langarmigen „Stripping Shovels", da kleinere Bagger kürzere Spielzeiten haben. Werden sich die „Transporter" auf breiter Basis durchsetzen? Nein – schlaue Baggerkonstrukteure werden bessere Lösungen ersinnen.

Zu Beginn der 20er Jahre wird der „Transporter" anstelle des Lorensystems auch mit Förderband angeboten, wobei das Lorensystem zwar schwerer ist, doch als wesentlich robuster gilt. Dennoch sind die Förderband-Transporter erste Absetzer. In den Vereinigten Staaten baut Bucyrus einen sehr ähnlichen „Car Transporter".

Bis kurz vor Beginn des 1. Weltkrieges werden zur Förderung der Kohle aus dem Tagebau ausschließlich Kettenbahnen verwendet (Bild 36). Die Förderwagen werden dabei in bestimmten Abständen per Hand unter eine endlos umlaufende Kette geschoben und in sie eingehakt. Die Kette ruht in einer Führung auf jedem Förderwagen. Fortschrittliche Bahnen arbeiten anstelle von Ketten mit Seilen und automatischen Einklinkvorrichtungen an den Förderwagen.

Wegen der bei zunehmenden Grubentiefen wachsenden Längen der Kettenbahnen und der nun erfolgenden Einführung der maschinellen Kohlengewinnung ist dieses Förderverfahren aber bald nicht mehr wirtschaftlich. So werden die Bagger zwar sehr viel leistungsfähiger, die vernünftige Abförderung der Massen hinkt jedoch noch hinterher. Und bis zu wackeren Muldenkippern oder gar richtig betriebsfähigen Förderbandstraßen werden wir uns noch einige Zeit gedulden müssen…

III. Kabelbaggerkrane und Brückenkabelbagger

20er Jahre

Die im Tagebau eingesetzten Maschinen können nun schon wahre Berge abtragen, um zu den Schätzen zu gelangen, die die Tiefen unserer Erde verborgen hält. Durch die Leistungen der Giganten gewinnt beispielsweise Braunkohle zunehmend an Bedeutung. Die Braunkohlenförderung des Deutschen Reiches übertrifft 1922 mit 138 Mio. t erstmals die Steinkohlenförderung, was bis auf wenige Ausnahmen im 20. Jahrhundert so bleiben wird.

Nicht nur der Rohstoffbedarf der westlichen Welt wächst in diesen Jahren drastisch an, sondern auch der konstruktive und technische Aufwand, diesem Rohstoffbedarf auch weiterhin zu genügen. So recht zufrieden ist man noch längst nicht mit den Abbaumethoden und Förderleistungen der vorhandenen Bergbaumaschinen.

Doch die schlichte Vergrößerung der Maschinen reicht keineswegs mehr aus: Neue, besser den unterschiedlichen Abbaubedingungen entsprechende Maschinenkonzepte sind gefragt. Gute Lösungsansätze lassen sich aber nicht so ohne weiteres finden, denn gänzlich neue Abbau- und Fördermaschinen, die im rauen Gelände und harten Einsatz gewaltige Materialmengen beständig und ohne große Störungen abbauen können, lassen sich nicht einfach aus dem Boden stampfen.

Der direkte Weg zur Kippe

Eine bemerkenswerte Veränderung der Tagebautechnik bewirkt die Entwicklung der Abraumförderbrücke. Ihre Arbeitsweise besteht darin, dass der Tagebau mit einer Brücke überspannt wird, über die mit einem Förderband die von den Baggern gelösten Abraummassen unmittelbar in den ausgekohlten Teil des Tagebaus zum Versturz gebracht werden. Ein Transport des Abraums um die Grube herum, sei es per Bahn oder später auch per Bandanlage, ist nicht erforderlich; es kann vielmehr immer der kürzeste, weil direkte Weg gewählt werden.

Bereits im Jahr 1894 schlug die Lübecker Maschinenbau-Gesellschaft (LMG) den Bau einer Förderbrücke in einem Tagebau im rheinischen Revier, der Gewerkschaft Roddergrube in Brühl, vor. Die Förderbrücke sollte eine Reichweite von 45 m haben und den Abraum mittels eines Gummiförderbandes in den ausgekohlten Teil des Tagebaus verstürzen. Das Projekt gelangte damals nicht zur Ausführung, eilte somit dem ersten Praxiseinsatz um exakt 30 Jahre voraus!

Erst 1924 wird das Konzept der Abraumförderbrücke verwirklicht, als eine von der Allgemeinen Transportanlagen-Gesellschaft (ATG) aus Leipzig gebaute Förderbrücke in der Grube Agnes der Plessaer Braunkohlenwerke in der Niederlausitz in Betrieb geht. Die Brücke weist eine Stützweite von 125 m und eine Ausladung des Abwurfauslegers von 45 m auf. Ihr Einsatzgewicht liegt bei 580 t. Die Plessaer Brücke wird erst mit dem Auslaufen des Tagebaus im Jahr 1958 außer Betrieb gesetzt, also nach 34 Jahren!

Bild 37: 1927 baute die ATG für die Grube Erika der Ilse Bergbau AG bei Schwarzkollm eine weitere Förderbücke für 900 m³/h Förderleistung, jetzt schon mit 150 m Stützweite, 60 m Auslegerlänge und 980 t Dienstgewicht.

Die Erstellung dieser Brücke und ihr erfolgreicher Betrieb müssen als mutige Pioniertat im Hinblick auf die Erbauerfirma, aber auch auf den Betreiber gewertet werden. Übrigens wird die ATG einige Jahre später durch die Mitteldeutschen Stahlwerke, Abteilung Lauchhammer-Werk, übernommen werden. Nach dem 2. Weltkrieg wird Lauchhammer zur westdeutschen Demag und zur ostdeutschen Takraf gelangen. Ganz allgemein bringt die Anlage ein starkes psychologisches Moment mit sich, da sie die noch vorhandene Scheu vor dem Einsatz von Großgeräten riesiger Ausmaße im Tagebau mit einem Schlag beseitigt (Bild 37).

Eine andere von der ATG gelieferte Förderbrücke, die 1926 in der Grube Alwiner Verein bei Halle in Betrieb geht, ist als Doppelbrücke auf drei Fahrwerken gebaut. Die Brücke besitzt eine Gesamtförderweite von 185 m und ein Betriebsgewicht von 650 t. Diese Brücke ist bemerkenswert, weil bei ihr die Art und Weise der Beförderung der Abraummassen durchaus eigenartig gelöst ist. Denn während über die Hilfsbrücke ein Förderband verläuft, ist in der 120 m langen Hauptbrücke eine Wagenförderung mit zwei Kippkübelwagen von je 8 m³ Inhalt installiert, die auf nebeneinander liegenden Gleisen und im Pendelverkehr fahren und von Seilen gezogen werden.

Der Grund für diese Bauweise liegt darin, dass man sich trotz der guten Erfahrungen in Plessa noch nicht dazu durchringen kann, die im Zwischenmittel (d.h. zwischen den Kohlenflözen) anstehenden, stark klebenden Tonmassen mittels Gurtbandförderern zu bewegen. Doch die theoretische Förderleistung der Anlage von 500 m³/h wird oftmals nicht erreicht, da Ton sich in den Kübeln festsetzt, was Pausen zu seiner Beseitigung erzwingt. Außerdem setzen erhebliche Stöße, verursacht durch die Wagen, dem Bauwerk zu. Daher wird einige Jahre später die komplette Wagenförderung durch ein Förderband ersetzt.

Im rheinischen Braunkohlenrevier kommen lediglich drei dieser gewaltigen und eindrucksvollen Konstruktionen zum Einsatz, und zwar die Förderbrücken von Hürtherberg (1932 bis 1958), Zukunft (1932 bis 1942) und Neurath (1926 bis 1933). Die Brücke Neurath erreicht bei einer Stützweite von 160 m und einer Gesamtlänge von 210 m eine Förderleistung von 800 m³/h. Ein Krupp-Eimerkettenbagger ist dort unmittelbar in die Brücke eingebaut, der damit seinen Teil zu dem Gesamtgewicht der Brücke von 1.160 t beiträgt.

Die Brücke Hürtherberg ist sogar als Meilenstein zu betrachten, denn sie wird erstmals mit großen Raupenfahrwerken ausgerüstet, die sich hervorragend bewähren. Insbesondere die Brücken Zukunft und Neurath kommen aber leider wegen der schwierigen und ungleichmäßigen Abraumverhältnisse nur auf eine relativ kurze Betriebszeit (Bild 38).

Aufgrund der günstigen Erfahrungen folgen innerhalb von wenigen Jahren weitere Anlagen mit zunehmend größeren Dimensionen und Förderleistungen. So wird 1929 mit der Abraumförderbrücke Friedländergrube, die eine Gesamtlänge von 275 m und ein Gewicht von 4.850 t aufweist, eine Stundenleistung von bis zu 4.750 m³ erzielt. Zehn Jahre später fördert die 5.600 t wiegende Brücke Böhlen 2 über eine Gesamtlänge von 505 m – mehr als einen halben Kilometer! – durchschnittlich 4.400 m³ pro Stunde. Diese Förderbrückenanlage wird, mit verlängertem Abwurfausleger, auch noch zum Ende des 20. Jahrhunderts im mitteldeutschen Braunkohlerevier in dem Tagebau Zwenkau erfolgreich eingesetzt werden!

Eimerkettenbagger drehen und wenden sich

Aus der Sicht des Jahres 2000 befinden wir uns in tiefster Vergangenheit. Dies darf uns aber nicht darüber hinweg täuschen, dass Eimerkettenbagger nun eine altbewährte, recht betagte Maschinengattung darstellen – die ersten schwimmenden stammen aus dem 17. Jahrhundert, die ersten dampfgetriebenen sind nunmehr schon über 60 Jahre alt.

Bild 38: Schlimm ist es, wenn hunderte von Tonnen Stahl aus der Bahn und ins Rutschen geraten: Hier eine Havarie der schienengeführten Förderbrücke Louise durch eine plötzliche Böschungsrutschung unmittelbar hinter dem Eimerkettenbagger.

Auch bei der Lübecker Baggerbauanstalt LMG bemüht man sich um modernere Konstruktionen. Ab 1921 ersetzt der neue Eimerkettenbagger Type E II den inzwischen seit über 30 Jahren weltweit bewährten Type B. Es bleibt jedoch der deutschen Maschinenfabrik Buckau R. Wolf aus Magdeburg vorbehalten, um 1922 den an langer Strosse arbeitenden schwenkbaren Eimerkettenbagger für wahlweise Hoch- oder Tiefbaggerung zu entwickeln. Der nicht schwenkbare Eimerkettenbagger hat den großen Nachteil, dass er am Strossenende die Hälfte der Baggerbreite nicht abzubaggern vermag.

Bild 39: Ein vergleichsweise „kleiner", bis zur Auslegerspitze immerhin aber 21 m hoher elektrischer LMG-Eimerkettenbagger des Typs A wurde zum ersten Abraumbagger mit dem später verbreiteten Dreiraupenfahrwerk umgebaut.

Bild 40: Nach Bubiag-Patenten von der Maschinenfabrik Buckau R. Wolf erbauter schwerer Verbund-Doppeltorbagger für die Friedländergrube in der Lausitz mit je einer Eimerkette für den Hoch- und Tiefschnitt.

Ein weiterer Nachteil der Eimerkettenbagger ist das bislang unumgängliche, stets mühsame und zeitraubende Gleisrücken, das viele Arbeitskräfte und Hilfsgeräte verlangt. Deshalb folgt 1926 an einem umgebauten A-Bagger der LMG auf der Vereinigten Ville die erste Ausführung eines lenkbaren, raumbeweglich abgestützten Dreiraupenbaggers (Bild 39).

Dieser Bagger ist nicht nur gleichbedeutend mit der Loslösung der Eimerkettenbagger vom Gleisrost, sondern – was viel bedeutender ist – auch der Schlüssel zur weiteren Entwicklung großer gleisloser Bagger auf statisch bestimmten Drei-Punkt-Raupenfahrwerken. Die gleichmäßige Verteilung des Baggergewichtes auf drei Drehgestelle ist als so genannte Dreipunktlagerung nämlich statisch bestimmt.

Die immer schwerer werdenden Eimerkettenbagger verlangen eine gute Ausbildung der Abstützungen und Fahrwerke (Bild 40). Bei den ersten Baggern waren die Achsen fest montiert. Um eine gleichmäßigere Verteilung des Baggergewichtes auf die einzelnen Achsen zu erreichen, werden zunächst Versuche mit Blattfedern angestellt. Nach dem Scheitern der Versuche werden Schwingen zum Erreichen eines Druckausgleiches vorgesehen, dies in Verbindung mit Drehgestellen, in denen jeweils mehrere Achsen vereinigt werden.

Die zunehmenden Deckgebirgsmächtigkeiten erfordern immer größere Geräte. So vermag ein im Jahr 1929 für einen Tagebau in der Niederlausitz von der LMG gebauter Eimerketten-Tiefbagger erstmalig 40 m senkrechte Schnitttiefe bei einer Leistung von 900 m^3/h zu bewältigen. Das Dienstgewicht dieses Gerätes beträgt 630 t.

Kaum jemand kennt Schaufelradbagger

Nach dem Verkauf der Schaufelradbagger-Patente durch die Maschinenbau-Anstalt Humboldt an die ATG nach Leipzig wird 1920 dort die Konstruktion solcher Bagger fortgeführt. Der Oberwagen des ersten Gerätes ist bereits schwenkbar. Das Einsatzgewicht von 130 t wird über sechs Achsen auf der Ausleger- und sechs Laufräder auf der Ballastseite auf drei Schienen verteilt.

Ein im Grundaufbau dem ersten ATG-Bagger ähnelnder, ebenfalls von der ATG gebauter Schaufelradbagger ist im Tagebau Treue III zur Kohlegewinnung eingesetzt. Bei diesem Gerät ist der schwenkbare Oberbau jedoch nicht auf ein Portal aufgesetzt, sondern bereits auf ein Zweiraupenfahrwerk, das dem Bagger eine ungleich höhere Mobilität im Vergleich zu einem schienengebundenen verleiht. Die Baggereimer sind zum Losbrechen der harten Kohleschichten mit Zähnen bestückt (Bild 41).

Um 1930 wird im Tagebau Kraft II in der Niederlausitz ein zugleich als Absetzer ausgebildeter Schaufelradbagger in Betrieb genommen. In diesem Fall ist der Bagger-Oberwagen mit dem eintorigen Unterwagen starr verbunden. Dafür ist der auf der Ballastseite des Baggers installierte 20 m lange Bandausleger um 180° schwenkbar. Das Dienstgewicht der Anlage beträgt 120 t, sie läuft auf drei Schienen und 22 Rädern (Bild 42).

Das Schaufelrad an dem 16 m langen Ausleger hat einen Durchmesser von 5,6 m. Sein Einsatz erfolgt als Absetzer, indem er von Abraumzügen verkipptes Material mit Hilfe des Schaufelrades aufnimmt und über das Abwurfband in den ausgekohlten Teil des Tagebaus verstürzt. Das nach dem regelmäßig durchgeführten Rücken der Baggergleise in Kipprichtung jeweils erforderliche Nachführen der Kippe führt zu so großen Leistungseinbußen, dass das Gerät schließlich außer Betrieb gesetzt werden muss.

Bild 41: Auf ein Zweiraupenfahrwerk aufgebauter Schwenk-Schaufelradbagger, der zur Kohlegewinnung im Tagebau Treue III eingesetzt war. Die Kohle wurde über ein Abwurfband in Großraumwagen gefördert, die von einer Elektrolokomotive gezogen wurden.

Bild 42: Dies ist vermutlich die erste Anwendung des Prinzips des kontinuierlichen Direktversturzes mittels Schaufelradbagger. Da ein Schwenken des Schaufelradauslegers konstruktiv bedingt nicht möglich war, konnte die Materialaufnahme ausschließlich durch ständiges Befahren der parallel zur Kippe verlegten Gleise erfolgen.

Nach der Außerdienststellung des Bergwitzer Schaufelradbaggers lebt der Gedanke des Eimerrades in den 20er Jahren nur in den von der Maschinenbauanstalt Humboldt hergestellten Schaufelrad-Kleingeräten, Autoschaufler genannt, fort. Die Maschinen sind immerhin schon mit einem Raupenfahrwerk ausgerüstet und auch um 360° schwenkbar.

In erster Linie sind die Autoschaufler zum Aufnehmen von losen, auf Halde liegenden Schüttgütern konzipiert. Vereinzelte Versuche im Tagebau, beispielsweise beim Aufnehmen einer geringmächtigen Abraumschicht zwischen zwei Kohleflözen, verlaufen bei einer durchschnittlich erzielbaren stündlichen Förderleistung von nur 70 bis 80 m³ nicht so Erfolg versprechend, dass eine Weiterentwicklung der Autoschaufler sinnvoll erscheinen würde. Über den Status eines Tagebau-Hilfsgerätes kommen sie nicht hinaus, und so scheinen Schaufelradbagger zu dieser Zeit für den Tagebau nicht geeignet zu sein.

Mehr und weiter baggern mit dem Kabelbagger

Wir haben auch in diesem Jahrzehnt von dem einen oder anderen Versuch erfahren, der übertägigen Förderung neue Impulse zu verleihen. Dazu zählt zweifellos auch der Kabelkran, ein Fördergerät, das eigentlich viel versprechend erscheint. Doch wie werden die an der Laufkatze hängenden Kübel gefüllt?

Bei kleinen Kabelkranen geschah dies früher in Handarbeit. Das Beladen kann auch durch einen separaten Bagger oder durch einen direkt mit einem der Krantürme verbundenen Eimerkettenbagger erfolgen. Anschließend wird der Kübel, wie beim üblichen Kabelkran, mit den Hubseilen angehoben und per Laufkatze auf dem Tragseil verfahren. Doch trotz der theoretisch möglichen großen Förderweiten kommen derartige Anlagen nur im Ausnahmefall zum Einsatz. Ihr Betrieb und das Vorrücken erweisen sich als zu aufwändig.

Bild 43: Maschinenturm des Bleichertschen Kabelbaggers mit hängender Hubschwinge und schrägem Fuß für die Grube Stadt Görlitz bei Kohlfurt; der Kübel fasste 4 m³.

Anders sieht es mit dem Kabelbagger aus, der dem Kabelkran auf den ersten Blick in seinem prinzipiellen Aufbau sehr ähnelt. Der Kabelbagger vereinigt die Gewinnung und die anschließende Förderung des Abraums oder der Kohle. Der Tagebau wird dazu von an fahrbaren Türmen befestigten Drahtseilen überspannt, die sich, in Unterscheidung zum Kabelkran, anziehen oder lockern lassen. Auf den Tragseilen verfährt eine Laufkatze, an der ein durch Änderung der Seilspannung heb- und senkbarer Schürfkübel befestigt ist. Der dient sowohl zur Gewinnung als auch zur Förderung des Baggergutes.

Innerhalb des Arbeitsbereiches des Kabelbaggers kann der Kübel an jede beliebige Stelle gebracht werden. Daher können auch unterschiedliche Materialien wie Abraum und Kohle gewonnen werden. Für große Förderleistungen kommt der Kabelbagger jedoch nicht in Betracht, da die Förderung diskontinuierlich erfolgt.

Der Kabelbagger fand bereits in den 90er Jahren des 19. Jahrhunderts in den Vereinigten Staaten Verwendung beim Bau von Flussdeichen, vereinzelt sogar zur Abraumbewegung in Tagebaubetrieben. 1925 wird die erste derartige Anlage in Deutschland eingesetzt, gebaut von Bleichert & Co aus Leipzig. Der Schürfkübel besteht aus einem flachen, mit einer

Bild 44: Maschinenturm und Gegenturm des riesigen Brückenkabelbaggers mit fast 0,25 km Gesamtlänge bewegten sich nicht mehr auf Gleisrosten, sondern auf je vier Raupenfahrwerken.

Schneide versehenen Schrappkasten mit einem Inhalt von 2 m³. Zum Schürfen werden die Tragkabel mittels Flaschenzügen herabgelassen.

Bereits der zweite Bleichertsche Kabelbagger ist aber mit einer als Hubschwinge bezeichneten Einrichtung ausgerüstet, durch die das Tragseil wesentlich schneller abgesenkt und nach dem Schürfvorgang wieder angehoben werden kann (Bild 43). Das Schürfen erfolgt – vergleichbar einem Schleppschaufelbagger („Dragline") – mit Hilfe eines Zugseiles, das über eine separate Laufkatze ebenfalls mit dem Tragseil verbunden ist.

Eine besonders ungewöhnliche Konstruktion begegnet uns im Tagebau Vereinigte Ville in Gestalt eines ebenfalls von Bleichert gebauten Brückenkabelbaggers, der zwischen 1929 und 1952 eingesetzt wird. Dabei handelt es sich eigentlich um einen normalen Kabelbagger, bei dem aufgrund der spezifischen Verhältnisse in diesem Tagebau lediglich auf den Gegenturm verzichtet werden muss. Insofern dient die leichte Brückenkonstruktion in erster Linie dazu, den Gegenturm zu ersetzen und gleichzeitig am Ende des frei auskragenden Auslegers den Umlenkpunkt für die Zugseile zu bilden, was die Tragseile ersetzt.

Die Entfernung zwischen den beiden Abstützpunkten beträgt 149 m, die Auslegerlänge 100 m, so dass sich für den Brückenkabelbagger eine Gesamtlänge von 249 m ergibt (Bild 44). Mit dem mächtigen, da 8 m³ fassenden Kübel wird bei etwa 30 Arbeitsspielen pro Stunde eine Tagesförderleistung von mehr als 4.000 m³ erreicht. Das Gesamtgewicht des Brückenkabelbaggers beträgt 735 t.

Kabelbagger werden in den kommenden Jahren im Braunkohlentagebau einige Verbreitung finden. Bleichert speziali-

siert sich auf Kabelbagger mit 0,5 bis 14 m³ Kübelinhalt und Spannweiten von bis zu einem halben Kilometer. Stündlich können von einem 8 m³ fassenden Kübel durchschnittlich bis zu 220 m³ umgesetzt werden (Bild 45).

Raupenketten für „Stripping Shovels"

In den USA beginnt in diesem Jahrzehnt die Ära der legendären „Stripping Shovels", der riesigen Hochlöffelbagger. Das Zeitalter dieser größten jemals gebauten Löffelbagger wird jedoch schon nach wenigen Jahrzehnten in den 60er und 70er Jahren zugunsten der Schreitbagger wieder enden.

Eine überaus wichtige Neuheit, die von Bucyrus bereits Jahre zuvor speziell für die Verwendung an kleineren Baggern weiterentwickelt und anschließend erfolgreich erprobt worden war, findet 1925 Anwendung bei Tagebau-Großgeräten: der Anbau von Raupenketten an Stelle des Gleisfahrwerkes, von Bucyrus zunächst am „Dragline"-Modell 320-B praktiziert (Bild 46). Dadurch wird das Verlegen von Schienen endlich überflüssig und die Mobilität der Maschine beträchtlich erhöht. Wenig später folgt Marion mit dem Modell 350-E.

Obwohl früher sogar Raupen-Umbausätze für von Bucyrus und Marion hergestellte „Railroad Shovels" ausgeliefert wurden, wird es trotz der unbestreitbaren einsatztechnischen Vorteile des Raupenfahrwerkes noch einige Jahre dauern, bis es sich insbesondere auch bei „Stripping Shovels" endgültig durchsetzt. Denn vorerst wird der Aufbau von Großgeräten auf Gleisfahrwerke als die wirtschaftlichere Lösung angesehen, wohl auch aufgrund der noch aus der Vergangenheit vorhandenen Infrastruktur vom Schienenmaterial bis hin zu den im Rücken der Gleise geübten Arbeitskräften. Und schließlich verteuert allein der Anbau von Raupenfahrwerken ein Gerät um bis zu 40 Prozent!

Bild 45 A und B.: „Kabelbagger mit auf Gleiskettenfahrzeugen fahrbaren Türmen von 24 und 34 m Höhe, Kübelinhalt 8 m³, Spannweite 420 m", informierte Bleichert Ende der 20er Jahre. Der Arbeiter bezeichnete dem weit blickenden Baggerführer mit einer großen Signalkelle die Einsatzstelle für den Schürfkübel.

Bild 46: Erster Großbagger auf Raupen war der Schleppkübelbagger 320-B von Bucyrus. Beim Baggern hatten die vier Raupenfahrwerke beachtliche Kräfte in den Boden zu leiten und dem Bagger einen sicheren Stand zu gewährleisten.

Bucyrus „Stripping Shovels“ des Modells 320-B werden, neben ihrer Verwendung in Kohlentagebauen, auch in den Eisenerzgruben in Minnesota eingesetzt. Dort arbeiten sie jedoch nicht in der Abraumbeseitigung, sondern verladen das in großen Mächtigkeiten anstehende Eisenerz in Eisenbahnwaggons (Bild 47). Dabei kommt ihnen die überragende Reichweite zugute, verglichen mit den noch im Einsatz befindlichen älteren Eisenbahnbaggern oder mit anderen Hochlöffelbaggern.

Bild 47: Wie gut der Baggerführer beim Schwenken – mit Löffelhub und -vorschub bis zum Anschlag – wohl zielen konnte, um die oben „unsichtbar“ stehenden Bahnwaggons mit 6,1 m³ pro Löffelfüllung präzise beladen zu können?

1928 bringen sowohl Bucyrus als auch Marion Löffelbagger mit 9,2 m³ Löffelinhalt zum Einsatz. Das Modell 5480-E von Marion verfügt erstmals über einen Löffelstiel, der innerhalb des Auslegers angelenkt ist. Der Löffelvorschub erfolgt bei dieser Konstruktion über Zahnstange und Ritzel (Bild 48).

Bild 48: Nur für ein Jahr sollte er der weltgrößte Bagger bleiben, der 930 t wiegende Marion 5480-E mit 9,2 m³ Löffelinhalt. Interessant ist der freiliegende Zahnradantrieb des rechten Raupenpaares.

Das Bucyrus-Modell 750-B weist als Besonderheit zwei Hubseilpaare am Löffel anstelle der bisher üblichen, mittig am Löffel angelenkten Umlenkrolle auf. Durch diese Neuerung wird eine Lösung für das altbekannte Problem der übermäßigen Beanspruchung des Löffelstiels durch Torsion gefunden, falls beim Füllvorgang beispielsweise nur eine Ecke des Löffels auf Fels trifft. Die unliebsame Folge war dann allzu häufig ein Verbiegen des Baggerauslegers oder gar ein Brechen des Löffelstiels.

Eine weitere, stark ins Auge fallende Neuerung wird ebenfalls an einem Bucyrus 750-B verwirklicht, der bereits einen Löffelinhalt von 12,2 m³ besitzt. Dabei wird das Löffel-Hubwerk mit einem speziellen Gegengewicht verbunden, das in einem Gerüst auf dem rückwärtigen Teil des Bagger-Oberwagens beweglich angeordnet ist. Beim Absenken des Löffels wird das Gewicht zwangsläufig angehoben (Bild 49).

Bild 49: Ein Bagger mit Förderturm? Nein, der Bucyrus 750-B verlud Kalkstein mit Hilfe eines Gegengewichtes, das entsprechend der Hubbewegungen des 12,2-m³-Löffels auf- und abstieg.

Bild 50: Konzipiert war der Marion 5600 für das Bewältigen einer Abraumhöhe von bis zu 97 ft ≙ 30 m. Die Monatsleistung lag bei 270.000 m³. Der Zug im Vordergrund wird von einem anderen Bagger mit Kohle beladen.

Die durch diesen Vorgang gespeicherte kinetische Energie wird während des Grabvorganges und beim anschließenden Anheben des Löffels durch das Absenken des Gewichtes wieder abgegeben. Das Gewicht des Löffels wird auf diese Weise kompensiert. Durch die nun mögliche Einsparung an zu installierender Hubleistung ist die Verwendung kleinerer Elektromotoren möglich, die ihrerseits vom Stromverbrauch her günstiger sind. Alternativ kann, falls erwünscht, ein größerer Löffel vorgesehen werden. In jedem Fall ergibt sich eine höhere Förderleistung durch Verkürzung der Arbeitstakte.

Das System bewährt sich im Einsatz und wird auch, in optisch ansprechenderer Form, von Marion für einige Bagger übernommen. In den 40er Jahren – mit der Einführung einer verbesserten Generation von Elektromotoren – wird sich schließlich eine Entlastung des Hubwerkes durch ein Gegengewicht als nicht mehr erforderlich erweisen.

Bereits 1929 kommt als vorläufiger Höhepunkt im Bau immer größerer „Stripping Shovels" ein Marion 5600 in dem zu jener Zeit größten Kohletagebau der Vereinigten Staaten, der Fidelity No. 11 Mine der United Electric Coal Companies in Illinois, zum Einsatz. In der Fachliteratur wird er kurz und bündig, aber durchaus treffend als „Riesenbagger" bezeichnet (Bild 50).

Der Riese ist für einen 15,3 m³ fassenden Löffel ausgelegt, obwohl er zunächst nur mit einem 11,5 m³ großen Löffel ausgerüstet wird. Der Ausleger ist mit 36,6 m ungewöhnlich lang, der Löffelstiel mit 25 m ebenso. Das hohe Einsatzgewicht von 1.590 t führt bei den nur vier Raupenpaaren während des Baggerns zu örtlichen Bodendrücken von bis zu 8 kg/cm². Eine derart hohe Belastung des Untergrundes ist nur zu verkraften, weil der Bagger ausschließlich auf dem harten und sehr tragfähigen Kohlenflöz steht und verfährt.

Bild 51: Die erste „Stripping Shovel" von Ruston & Hornsby war dampfgetrieben, bewegte sich auf Schienen und erbrachte in einem Eisenerztagebau beim englischen Corby eine tägliche Förderleistung von annähernd 2.000 m³.

Dieser Großbagger, der übrigens der einzige seines Typs bleiben wird, markiert jedoch erst den Beginn eines gegen Ende der 20er Jahre noch nicht vorstellbaren Größenwachstums der „Stripping Shovels" bis hin zu den Giganten der 50er und 60er Jahre – all dies bedingt durch die ständige Herausforderung, Kohle trotz ansteigender Abraumdicken möglichst kostengünstig gewinnen zu müssen.

Bild 52: Trotz des gigantischen Erscheinungsbildes gab Ruston & Hornsby für die elektrisch angetriebene „Stripping Shovel“ No. 300 mit 7,6 m³ Löffelinhalt ein Dienstgewicht von „nur“ 345 t an.

Nur vier Jahre später – wir greifen etwas vor bis in das nächste Jahrzehnt – erfordern betriebliche Notwendigkeiten den Umbau dieses Löffelbaggers in einen „Dragline“, der an seinem 54,9 m langen Ausleger einen Kübel mit einem Volumen von 15,3 m³ schwenkt. Dadurch wird der Bagger 1933 nicht nur zum bei weitem größten „Dragline“, der sich im Einsatz befindet. Sein Kübelinhalt als Raupen-Schleppschaufelbagger wird – man staune – erst 1989 durch den Marion 305-M, ein 18,4-m³-Gerät, überboten!

Noch dürfen wir unseren Rekordbagger nicht verlassen: 1937 wird der Marion 5600 wieder in eine „Stripping Shovel“ umgebaut, diesmal mit einem 19,9 m³ großen Löffel ausgerüstet. Als kleiner Ausblick sei außerdem noch der Hinweis gestattet, dass dieser Bagger, allerdings mit einem vollständig abgeänderten Oberbau, noch einmal in den 50er Jahren unsere Wege kreuzen wird.

Auch Europäer mögen „Stripping Shovels“

In den 20er Jahren gesellen sich neben Bucyrus und Marion für einige wenige Jahre auch die englische Firma Ruston & Hornsby und Menck & Hambrock aus Hamburg-Altona zum kleinen Kreis der Hersteller von „Stripping Shovels“. Die Ruston-Konstrukteure sind mutig und bauen 1924 einen 317 t wiegenden, schienengeführten Dampfbagger mit 5,7 m³ großem Löffel (Bild 51).

Da sich die englischen Großbagger bestens bewähren, werden bald schon größere Typen mit anderen Antrieben wie Öl- oder Elektromotoren entworfen. Die „Long Jib Shovel“ (Langer-Ausleger-Bagger) No. 300 von 1928 fährt zwar immer noch auf Schienen, trägt aber schon einen mehr als mannshohen, 7,6 m³ fassenden Löffel an einem 27,4 m langen Ausleger (Bild 52). Diese „Stripping Shovel“ wird im australischen Braunkohlentagebau eingesetzt.

Bild 53: Nur drei Laufrollen – inklusive Umlenkrolle und Antriebsturas – hatte jedes der beiden Raupenfahrwerke des 235-t-Baggers von Morgårdshammar, dessen Gesamtbild verblüffend dem Modell J von Menck ähnelte.

Nachdem Menck & Hambrock schon 1922 mit dem Modell J rund 170 t schwere Löffelbagger in schwedische Eisenerzgruben lieferte, versucht sich wenige Jahre später die damals recht bekannte schwedische Maschinenbaufirma Morgårdshammar ebenfalls an schweren Löffelbaggern. Größter ist um 1927 ein Zweiraupenbagger mit 235 t Einsatzgewicht und 3 m³ Löffelinhalt (Bild 53).

Bild 54: Nach zwei Einsatzjahren wurde der Löffelinhalt des Menck KRA aufgrund hervorragender Baggerleistungen 1929 auf 6,5 m³ erhöht – das sind beachtliche 30 Prozent mehr als ursprünglich vorgesehen!

Die Siegerkrone dieses Jahrzehntes für den größten europäischen Löffelbagger erhält jedoch weder eine englische noch eine schwedische, sondern die deutsche Firma Menck & Hambrock. Mit 490 t Einsatzgewicht, 5 m³ Löffelinhalt und vier Elektromotoren mit 1.250 PS Gesamtleistung ist der Menck KRA ein Meilenstein des europäischen Baggerbaues (Bild 54). Ursprünglich sollte der Bagger als Nachfolger des Modells JRA einfach Modell K heißen, doch aus unbekannten Gründen erhält er nach seiner Fertigstellung die Bezeichnung KRA.

Für das Fahrwerk wählten die Menck-Konstrukteure weder zwei Raupen noch vier Raupenpaare wie bei den großen amerikanischen Baggerbrüdern, sondern vier pendelnd aufgehängte Einzelraupen. Leider verlässt nur ein KRA das Menck-Werk, der jedoch – ungeachtet seines um 30 Prozent vergrößerten Löffels – bis 1969 in einem Steinbruch bei Wiesbaden wacker seine Arbeit versehen und während einer 42-jährigen Dienstzeit mehr als 30 Mio. t fördern wird.

Bild 55: Mit 14 m Schnitthöhe und 15 m Reichweite zählte der O&K Typ 32, auf 1,2 m breiten Raupen stehend, zu den größten Baggern seiner Zeit. Ohne Umbau konnte er durch das Senken des Auslegers auch 4 m unter Planum arbeiten.

Auch Orenstein & Koppel versucht sich an Großbaggern. 1927 erscheint der Type 32, der schwerste je von O&K gebaute Dampfbagger. Die 135 t wiegende Maschine bringt am 3 m³ fassenden Löffel eine sehr hohe Reißkraft von 32 t auf, weshalb der genietete Ausleger eine große Stabilität aufweist (Bild 55).

Wo bleiben die „Draglines“?

Seit der Verwendung von „Draglines“, den Schleppkübelbaggern, in den Tagebauen der Butler Brothers – wir erinnern uns – ist es um diese Baggergattung ruhig geworden, zumindest die Anwendung im Tagebau für das Abgraben von Abraum-Deckschichten betreffend. Erst gegen Ende der 20er Jahre wird der Gedanke wieder aufgegriffen, dass große,

Bild 57: Mit robusten Seitenkippmulden und widerstandsfähiger Hartgummibereifung sollten kettengetriebe Mack-Lkw im amerikanischen Zinkabbau bei Knoxville den schienengebundenen Transport ersetzen.

nunmehr entsprechend dem technischen Fortschritt auf vier Raupenlaufwerken mit jeweils zwei Einzelraupen verfahrbare „Draglines“ vorteilhaft für Abraumarbeiten eingesetzt werden können (Bild 56).

Dies gilt besonders für Tagebaue, in denen die zunehmende Abraummächtigkeit dem Einsatz von „Stripping Shovels“ wegen zu geringer Reichweiten beim Verstürzen des Materials Grenzen setzt. Als günstig erweist sich der gemeinsame Einsatz mit einer „Stripping Shovel“ im Tandembetrieb. Bei diesem Verfahren entfernt zunächst der „Dragline“, der auf dem Abraum steht und im Vorfeld des Löffelbaggers arbeitet, die oberen, weicheren Abraumschichten und verstürzt sie direkt weit in den bereits ausgekohlten Bereich der Strip Mine. Anschließend gräbt der Löffelbagger, der direkt auf dem Kohlenflöz steht, den verbliebenen, oftmals felsigen Abraum ab, verstürzt ihn ebenfalls seitlich und legt so die zu gewinnende Steinkohle frei.

Bild 56: Eine „Stripping Shovel“ Marion 5480-E öffnete den Abbaugraben, ein noch weiter reichender Schleppkübelbagger („Dragline“) verstürzte den restlichen Abraum über dem Kohlenflöz.

In einem Tagebau in Illinois, der 1928 seinen Betrieb aufnimmt, kommt auf diese Weise ein „Dragline“ mit einem 4,6 m^3 großen Kübel und einer Auslegerlänge von 45,7 m zum Einsatz. Die zugehörige „Stripping Shovel“ ist mit einem 9,2 m^3 fassenden Löffel an einem 27,4 m Ausleger ausgerüstet. Bei einer durchschnittlichen Abraummächtigkeit von immerhin schon 9,1 m bis 10,7 m erreichen beide Bagger gemeinsam eine beachtliche monatliche Förderleistung von bis zu 380.000 m^3.

Innerhalb des folgenden Jahrzehntes wird – was den Einsatz im Bergbau betrifft – der Schreitbagger den „Dragline“-Großbagger auf Raupenfahrwerken weitestgehend verdrängen. Wir lernten den „Martinson Tractor“, die seitlich am Baggeroberwagen angeordneten Schreitfüße, bereits im letzten Kapitel kennen. Bis daraus die im weltweiten Bergbau später so bewährten „Walking Draglines" entstehen werden, müssen wir uns noch gedulden – noch weiß kaum jemand um diese merkwürdigen schreitenden Baggermaschinen.

Erst eine Flutkatastrophe am Mississippi beeinflusst 1927 die Entwicklung der Schreitbagger maßgeblich. Zum Bau von Schutzdeichen und Entwässerungsgräben scheinen Schreitbagger ideal zu sein. Die amerikanische Firma Monighan, die das Patent für das Schreitwerk vom Erfinder Martinson erwarb, kann im Wettbewerb mit mehreren Herstellern herkömmlicher „Draglines" für diese Bauvorhaben viele Schreitbagger verkaufen.

Bild 58: Die 60-t-Akkumulator-Lokomotiven wurden durch ein äußerst pfiffiges System mit Strom aufgeladen, nämlich durch einen Kabelrollenwaggon vom Elektrobagger während der Zugbeladung.

Auf diese Weise erlangen die Monighan-Schreitbagger größere Bekanntheit. Vor dem Auslaufen der Schreitwerk-Patente bemüht sich Monighan unter der Geschäftsführung von Martinson um eine besser gesicherte Zukunft, tritt in Kontakt mit einem Bucyrus-Verkäufer, den er anlässlich der Verhandlungen nach der Mississippi-Flut kennenlernte – und verkauft sein Unternehmen 1931 an Bucyrus-Erie.

Parallel dazu baut auch die amerikanische Firma Page einige „Draglines" mit drei- und vierfüßigen Schreitsystemen, die mittels Zahnstangen und Ritzeln arbeiten. Diese Systeme heben den kompletten Bagger an und verschieben die Bodenplatte horizontal nach hinten. Nach dem anschließenden Absenken wird der Bagger auf der Platte nach rückwärts verschoben. Weil solche Schreitsysteme jedoch kaum mit dem von Martinson/Monighan entwickelten konkurrieren können, wird Page später eigene Schreitwerke mit Exzenterantrieb entwerfen.

„Truck Haulage" weist in die Zukunft

Der Zwang zu mehr Wirtschaftlichkeit führt auch zu ersten Versuchen, die Bahnwaggons und Lokomotiven, die als althergebrachte Transportmittel für die gewonnene Kohle dienen und die auf direkt in dem Gewinnungsgraben verlegten Schienen verfahren, durch nicht mehr gleisgebundene, sondern auf Gummireifen rollende Lastkraftwagen zu ersetzen (Bild 57).

1927 werden von der Pittsburg & Midway Coal Mining Co. bereits einige Lkw mit vergrößerten Mulden zur Aufnahme der relativ leichtgewichtigen Kohle eingesetzt. Ein Jahr darauf folgen die Vorläufer der aufgesattelten Bodenentleerer in Gestalt achträdriger „Strip-pit cars" der Firma Sanford-Day. Dies sind die zaghaften Vorläufer des späteren „Truck Haulage", der im übertägigen Bergbau so beliebten Transportmethode mit gigantischen Off-Road-Muldenkippern.

Bilder 59: In den 20er Jahren erwiesen sich Kettenbahnen wie die der Hasenclever AG in der Braunkohlengrube Elise II als zu langsam und unflexibel, denn die Gleis- oder Bandförderung bot deutliche Vorteile.

Der Vorteil des Kohletransportes per Lkw liegt darin, dass bei der Fahrt aus dem Abbaugraben wesentlich steilere und damit auch kürzere und mit weniger Aufwand zu bauende Rampen als beim Eisenbahnbetrieb befahren werden können. Auch die mit dem Verlegen und Rücken der Gleise verbundenen hohen Kosten entfallen durch die Lkw-Nutzung. Zudem ergeben sich durch die Flexibilität der gleislosen Förderung große betriebliche Vorteile.

Der erste Tagebau „ohne Dampf“

Eine weitere Möglichkeit zur Kosteneinsparung wird in dem Ersatz der Dampfkraft durch elektrischen Strom gesehen. Dies gilt nicht nur für die Gewinnungsgeräte, sondern beispielsweise auch für den Bahnbetrieb. So nimmt 1925 bei Colstrip, Montana, der erste vollständig elektrifizierte Tagebau in den USA seine Kohlelieferungen auf, übrigens in erster Linie als billiger Brennstofflieferant für die großen Dampflokomotiven der Northern Pacific Eisenbahngesellschaft. Bezüglich der Antriebsenergie eilt dieser Tagebau der Eisenbahn um Jahrzehnte voraus!

Zum Freilegen des dort stellenweise bis zu 8,5 m mächtigen Kohleflözes steht eine Marion 360 „Stripping Shovel“ mit einem 4,6 m^3 fassenden Löffel und einem 27,4 m langen Ausleger zur Verfügung. Der Bagger ist noch mit einem Gleisfahrwerk ausgerüstet. Der Einsatz erfolgt in der Art eines Universalbaggers, denn in

Abhängigkeit von den betrieblichen Notwendigkeiten wird die Hochlöffelausrüstung durch einen 47,3 m langen „Dragline"-Ausleger mit einem 4,6 m³ großen Schleppkübel ersetzt. Bei beiden Ausrüstungsvarianten liegt das Betriebsgewicht des Baggers bei 430 t.

Zum Antrieb der durch einen Löffelbagger Bucyrus 175-B mit Kohle zu beladenden 50-t-Eisenbahnwaggons finden seltsame elektrische Akkumulator-Lokomotiven Verwendung. (Bild 58). So kann auf die Stromversorgung über Oberleitung oder Stromschiene verzichtet werden. An der Verladestelle, die gleichzeitig Beladestation für den Akkumulator ist, befindet sich ein Eisenbahnwagen mit einer großen Kabelrolle, ein Kabelende mit einem Transformator am Bagger verbunden.

Nach der Ankunft eines leeren Kohlezuges wird das andere Kabelende über einen Stecker mit der Lokomotive verbunden. Die Gesamtbeladezeit für einen Zug mit zehn Waggons von ungefähr einer Stunde ist ausreichend, um in diesem Zeitraum den Akkumulator der Elektrolok für die nächste Fahrt bis zum Entladepunkt und zurück wieder aufzuladen.

In einem anderen Tagebau sind die Gleise nicht im Abbaugraben auf der Kohle verlegt, sondern auf dem gewachsenen Boden, der sich über dem nächsten abzubauenden Abraumstreifen befindet, nahe an der Abbaukante. Dies birgt den Vorteil in sich, dass beim Transport der Kohle keine Steigungen zu überwinden sind. Außerdem müssen die Schienen weitaus seltener gerückt werden. Allerdings ist ein zusätzlicher Kran erforderlich, um die in Kübel verladene Kohle auf Gleishöhe anzuheben und in die wartenden Eisenbahnwagen zu verkippen.

Ungeachtet aller technischen Probleme und vieler kaum zukunftsträchtiger Entwicklungen können wir in diesem Jahrzehnt aber gute Erfolge verzeichnen: So konnte die maximale stündliche Förderleistung in diesen zehn Jahren bei Eimerkettenbaggern von 1.800 auf 3.000 m³ und bei den großen Löffelbaggern von 200 auf rund 300 m³ gesteigert werden.

Und, was besonders wichtig ist, die immensen Abraummengen, die von den kontinuerlich fördernden Eimerketten- und Schaufelradbaggern auf den Weg gebracht werden, lassen sich nun auch vernünftig weitertransportieren. Denn bei den Förderbrücken wurden die bedeutendsten Fortschritte erzielt – ihre stündliche Förderleistung wurde von 300 auf 2.100 m³ erhöht. Damit werden die uns schon vertrauten Kettenbahnen bald der Vergangenheit angehören (Bild 59).

Ob dies für den Rohstoff- und Energiehunger einer moderner werdenden Hochkultur reichen wird? Oder werden die kommenden Jahrzehnte weitere Steigerungen erfordern? Wir wissen, dass es bald nicht nur um Erhöhungen der Förderraten gehen wird, sondern leider auch um ganz andere Probleme, die die Welt fast aus den Fugen geraten lassen…

IV.

30er und 40er Jahre

Runter von eingefahrenen Gleisen

Der immens anwachsende Energie- und Stromhunger unserer Zivilisation fordert den Tagebauriesen gewaltige Arbeitsleistungen ab. Wurden im deutschen Braunkohlentagebau 1923 noch insgesamt 170 Mio. m^3 Abraum bewegt, steigt diese Zahl bis 1943 schon auf 512 Mio. m^3 Abraum an. Dies mag darauf hinweisen, welche Bedeutung die Tagebauriesen in den zwei Jahrzehnten der 30er und 40er Jahre erlangen.

Im Braunkohlentagebau wachsen unsere Giganten, besonders Eimerkettenbagger, wesentlich schneller über die 2.000-t-Grenze hinaus als die Fördermaschinen im Festgesteintagebau. Dort tragen die nun mit Dieselmotoren oder mit von Stromkabeln gespeisten Elektromotoren angetriebenen Raupenbagger inzwischen schon 3 bis 7 m^3 große Löffel.

Wie gemächlich jedoch die allgemeine Mechanisierung in den Tagebau Einzug hält, mag das Beispiel des berühmten Steirischen Erzberges in Österreich veranschaulichen. Noch 1937 werden dort 2,3 Mio. t Verhau im Handabbau gewonnen – das sind immerhin noch 38,5 Prozent der Gesamtproduktion.

In diesen beiden Jahrzehnten wird die Weiterentwicklung der Tagebaugiganten durch einen Krieg gebremst, der insgesamt 55 Mio. Tote fordert. Deutschland hat 7,3 Mio. Tote zu beklagen, weitere 12 Mio. Deutsche befinden sich in Kriegsgefangenschaft. Dies und in Trümmern liegende Werksanlagen unterbinden jegliche intensive Konstruktion und Fertigung der Braunkohlebagger.

Welch wahnsinniges Rasen in kaum zehn Jahren Heimat und Familien zerfetzen würde, konnte zu Beginn der 30er Jahre niemand ahnen, und so entstehen zu jener Zeit mit viel Euphorie und Fortschrittsglauben neue, größere und leistungsfähigere Fördermaschinen. Dabei werden sich manche zunächst viel versprechenden Konzepte als Sackgasse erweisen, beispielsweise die technisch so interessanten Kabelbagger.

Turmhohe Kabelbagger

Kabelbagger, ein Maschinentyp, der ursprünglich bereits in den 90er Jahren des vergangenen Jahrhunderts für Deichbauarbeiten in den Vereinigten Staaten entwickelt wurde, finden nun Eingang in den amerikanischen Kohlentagebau. Das Prinzip ist identisch mit dem seines deutschen Verwandten; lediglich die Schwinge zum Heben und Senken des Tragseils findet bei den US-Geräten keine Anwendung. Die wenigen im Tagebau arbeitenden Kabelbagger werden von Bucyrus hergestellt.

Ein solcher Kabelbagger besteht aus einem fest abgespannten Mast und einem Bodenanker, die durch ein Seil miteinander verbunden sind. Auf dem Seil verfährt ein Schürfkübel, der durch ein Zugseil in Richtung des Mastes gezogen und auf diese Art gefüllt wird. Das Anheben erfolgt durch ein Straffen des Tragseils.

Nach dem Auskippen erfolgt die Rückfahrt des Kübels in Richtung des Ankerpunktes allein durch die Schwerkraft. Bucyrus nimmt wesentliche einsatztechnische Verbesserungen vor, beispielsweise durch die Anordnung von mobilen Türmen an beiden Seiten, die zunächst auf Schienenfahrwerken, später auf Raupenfahrwerken laufen.

Der Maschinenturm wird in einer Höhe von bis zu 40 m ausgeführt, der Gegenturm ist bis zu 10 m hoch. Auch ein Rückholseil wird vorgesehen, um das Arbeitsspiel zu beschleunigen. Nicht weniger als 14 dieser ungewöhnlichen Geräte mit einem beachtlichen Kübelinhalt von je 6,1 m^3 werden in den 20er und 30er Jahren bei Deichbauarbeiten an den Ufern des Mississippi eingesetzt. Bei einer Spannweite bis zu 250 m erreichen sie Förderleistungen von bis zu 500 m^3/h. Bemerkenswert ist, dass das Tragseil beim Anheben des Kübels gleichzeitig an beiden Türmen, ohne die Zuhilfenahme von Flaschenzügen, auf die Trommel je einer besonderen Winde gewickelt wird.

In den 30er und 40er Jahren erfolgen auch vereinzelte Einsätze im Kohlebergbau. Hierbei werden die beiden Türme so positioniert, dass ein Umsetzen des Abraums quer zum Verlauf des Abbaugrabens möglich ist. Relativ schnell wird es wieder still um diese Gerätegattung. Die Förderleistungen sind einfach zu gering, um Kabelbagger unter Tagebauverhältnissen auf Dauer wirtschaftlich betreiben zu können.

Geraten Eimerkettenbagger ins Abseits?

Das Standardfördergerät im europäischen Braunkohlentagebau bleibt in diesen beiden Jahrzehnten der Eimerkettenbagger – die langsam erwachende Konkurrenz durch Schaufelradbagger ist erst in den 40er Jahren zu spüren und wird durch das Wüten des 2. Weltkrieges stark gebremst. Immerhin kommen auch Eimerkettenbagger in den Genuss einer bedeutenden Neuerung (Bild 60).

Der Eimerkettenbagger üblicher Bauart hat den Nachteil, dass er infolge der Anordnung der Eimerleiter in der Mitte des Baggerhauses am Strossenende die Hälfte der Baggerhausbreite nicht abzubaggern vermag. Dieser Nachteil führt zum Bau des Eimerketten-Schwenkbaggers, dessen Oberwagen um 360° geschwenkt werden kann. So sind am Strossenende noch große Abraum- oder Kohlemengen abzutragen; es verbleibt also weniger Material.

1936 liefert die Friedrich Krupp A.G. einen Eimerkettenbagger mit einer Eimerleiter von 68 m Länge bei 1.400 l Eimerinhalt in die Niederlausitz. Dieser Bagger, dessen Betriebsgewicht rund 1.500 t beträgt, erbringt bereits eine Förderleistung von bis zu 50.000 m^3 pro

Tag (Bild 61). Im Jahre 1939 erreicht ein Eimerkettenbagger mit Eimern von 800 l Inhalt eine Förderleistung von stündlich 900 t Kohle.

Sechs Jahre später geht bei Bitterfeld ein von der Maschinenfabrik Buckau gebauter, sogar 2.220 t schwerer Eimerkettentiefbagger mit einer Höchstleistung von täglich 64.000 m³ in Betrieb. Die Eimerleiter dieses Großbaggers ist quer zur Fahrtrichtung verschiebbar. Dadurch kann der Abtrag der Baggerböschung in einer Breite von 6 m ohne das umständliche Rücken der Bagger- und Transportgleise erfolgen.

Bild 60: Eimerkettenbagger verließen die Gleise und wurden mit Raupenfahrwerken mobiler, so dieser Raupenschwenkbagger Type R VII der LMG für Abraumbaggerung im Hoch- und Tiefschnitt von jeweils 10,5 m Höhe oder Tiefe und für bis zu 540 m³/h Förderleistung.

Bild 61: Schwerste Maschinengewichte wie die 1.500 t des Doppeltor-Eimerkettenschwenkbaggers wurden weiterhin auf Schienen gestellt, wobei insgesamt vier Baggergleise und vier Gleise der Abraumzüge umständlich zu rücken waren.

Ein Mitte der 40er Jahre, also zu Kriegszeiten gebauter Buckau-Schwenkbagger für Hoch- und Tiefschnitt fördert 2.000 m^3/h gewachsenen Bodens im Dauerbetrieb. Sein Dienstgewicht liegt bei 2.650 t. Er rollt auf insgesamt 216 Schienen-Laufrädern, die das immense Maschinengewicht einigermaßen auf die Gleise verteilen sollen.

Schaufelradbagger sind variabler einzusetzen

Die Entwicklung des Schaufelradbaggers zum Großgerät wird 1930 eingeleitet (Bild 62). Basis für diesen Entwicklungssprung ist der Gedanke von Konstrukteuren der ATG, die nun als Mitteldeutsche Stahlwerke firmieren, einen Ausleger mit angebautem Schaufelrad dergestalt an eine Abraumförderbrücke anzuhängen, dass der Schaufelradausleger mittels einer Laufkatze in Brückenlängsrichtung beliebig verfahren werden kann.

Der wirtschaftliche Vorteil dieser Konstruktion liegt darin, dass nun Abraum und Kohle abwechselnd mit dem gleichen Gerät gewonnen werden können, indem das Schaufelrad horizontal und vertikal den Erfordernissen entsprechend bewegt wird. Die in der Brücke laufende Bandanlage kann zu diesem Zweck umgesteuert werden. Dadurch kann einerseits der über den Schaufelradausleger zugeführte Abraum zum Verstürzen nach der Halde und andererseits die gleichfalls vom Radausleger zugeführte Kohle nach den oben auf dem Deckgebirge fahrenden Kohlezügen hin befördert werden.

Aufgestellt wird diese Anlage in der französischen Braunkohlengrube der Societé des Lignites d'Hostens. In diesem Tagebau sind nur verhältnismäßig geringe Massen zu lösen und zu transportieren. Unter derartigen Bedingungen bewährt sich diese neuartige Schaufelradbagger-Brückenanlage sehr gut und lässt das Schaufelradbagger-Prinzip schlagartig bekannter werden.

Der Schaufelradbagger wird also, verglichen mit anderen Fördermaschinen, erst sehr spät zur Einsatzreife gebracht, erstaunlicherweise genau 50 Jahre nach der Einführung des Eimerkettenbaggers. Dessen ungeachtet erfährt der Schaufelradbagger aber in überraschendem Tempo ganz beträchtliche Leistungssteigerungen. Bald schon wird der Schaufelradbagger als „Baggertyp der Zukunft“ bezeichnet, denn er kann unter schwierigen geologischen, tektonischen und klimatischen Bedingungen zur Gewinnung wie auch zur Verladung eingesetzt werden.

Zeitgenössisch wird der Schaufelradbagger so beschrieben: „Die Angriffskraft der Dampfschaufel und die stetige Wirkung des Eimerbaggers vereinigt der Schaufelradbagger. Zwar nimmt die einzelne Schaufel längst nicht so viel Fördergut auf wie der große Löffel der Dampfschaufel, dafür wird aber der Betrieb nicht immer wieder durch Schwenken unterbrochen.“

Der Schaufelradbagger ist leichter als ein Eimerkettenbagger mit vergleichbarer Leistung. Auch der Verschleiß ist spürbar niedriger, da er nur an Schaufeln und Messern auftritt, nicht aber an der langen, endlos umlaufenden Eimerkette. Hervorragend eignen sich Schaufelradbagger für den schichtweisen, selektiven Abtrag des Baggergutes. Zudem bieten Schaufelradbagger den Vorteil, größere Kräfte als Eimerkettenbagger an den Schneiden der Grabgefäße aufzubringen.

Die endgültige Akzeptanz als Großbaggergerät gelingt dem Schaufelradbagger 1934 in Deutschland, und zwar im Braunkohlentagebau Agnes in Plessa. Unter den im Vergleich zum französischen Hostens deutlich schwierigeren Abraumverhältnissen in der Niederlausitz kommt der Schaufelradbagger dort nun in Form eines Verbundbaggers, unmittelbar angeschlossen an die bereits seit 1924 im Einsatz befindliche Abraumförderbrücke, zum Einsatz.

Diese Brücke ist ursprünglich – entsprechend der Leistung des angeschlossenen Lübecker B-Baggers – ausgelegt für eine stündliche Fördermenge von 560 m^3. Durch einige Umbaumaßnahmen und den Einsatz des Verbundbaggers wird die Förderleistung auf 1.800 m^3 gesteigert. Der Verbundbagger besteht aus zwei voneinander weitgehend unabhängigen Baggersystemen, die die Massen gleichzeitig im Hoch- und im Tiefschnitt gewinnen können.

Bild 62: Wie gut die Konstruktionen waren, beweist dieser 1.270 t schwere LMG-Schaufelradbagger aus dem Jahre 1938: Er wurde noch über 50 Jahre später – in den 90er Jahren – tagtäglich effektiv im polnischen Kohletagebau Turow für die Abraumbaggerung eingesetzt.

Der Schaufelradbagger an der Hochschnittseite fördert bei einer Abbauhöhe von 20 m stündlich 1.200 m^3, während an der gegenüberliegenden Tiefschnittseite die am gleichen Basisgerät angebrachte feste, das heißt nicht schwenkbare Eimerkette für eine Förderleistung von 600 m^3/h ausgelegt ist. Das Band des Schaufelrades und die Eimer des Eimerkettenteils führen das Baggergut einem gemeinsamen Aufgabetrichter zu. Der Schaufelradausleger, der ebenfalls nicht schwenkbar ist, besitzt einen Vorschub von 10 m. Das Betriebsgewicht des ganzen Baggers, der auf Schienen verfährt, beträgt 350 t.

Im gleichen Jahr liefert die LMG ihren ersten Schaufelradbagger an die Deutsche Grube Bitterfeld (Bild 63). In den 60er bis 80er Jahren wird die zu O&K und später zu Krupp Fördertechnik gehörende LMG weltweit Marktführer bei Schaufelradbaggern sein. Der erste LMG-Schaufelradbagger für 13 m Abtragshöhe wiegt 360 t, ist also ein schierer Zwerg gegen die schon bis zu 1.500 t schweren Eimerkettenbagger, und bewegt sich nicht mehr auf Schienen, sondern schon auf den wesentlich mobileren Raupenfahrwerken. Als theoretische Förderleistung werden 600 m^3/h erwartet.

Das Werk Lauchhammer (später Demag-Lauchhammer) der Mitteldeutschen Stahlwerke Riesa, bekannt durch die Konstruktion riesiger Abraumförderbrücken, nimmt Mitte der 30er Jahre ebenfalls den Bau von Schaufelradbaggern auf. Bei der LMG werden die Vorteile des Schaufelradbaggers gegenüber dem Eimerkettenbagger deutlich erkannt. Raupenfahrwerke sind dagegen noch anfällig, so dass viele Grubenbetreiber bei sehr hohen Maschinengewichten weiterhin die zwar aufwendig zu rückenden, aber im Betrieb sicheren Gleise bevorzugen (Bild 64).

Bild 63: Erster der später auf der ganzen Welt berühmten Lübecker Schaufelradbagger der LMG war die Bau-Nr. 896 von 1934. Eine Wechselschurre am unabhängig vom Schaufelradausleger schwenkbaren 16 m langen Verladeband ermöglichte die Waggonbeladung ohne jede Unterbrechung.

Ein 1937 von der LMG fertig gestellter Raupen-Schaufelradbagger, der Eisenbahnwaggons belädt, erreicht bei einem Betriebsgewicht von 1.400 t schon eine Leistung von bis zu 1.800 m^3/h (Bild 65). Zum Kriegsende befindet sich 1945 in der Grube Golpa bei Bitterfeld ein LMG-Schaufelradbagger mit einem errechneten Dienstgewicht von 6.100 t und einer projektierten Förderleistung von 3.000 m^3/h in der Montage. Dieser Baggerriese soll eine Abtragshöhe von 27 m und eine größte Schaufelradausladung von 55 m haben. Bei diesem Schaufelradbagger handelt sich bei weitem um den größten bisher konstruierten Bagger. Leider kann er nicht fertig gestellt werden.

Bild 64: Schwerer LMG-Schaufelradbagger von 1935 auf insgesamt 64 Schienenrädern. Die Gewichtsverlagerung durch den Vorschub des Schaufelradauslegers wurde durch zwei von Seilen gezogene, auf Rollen fahrende Kontergewichtswagen beiderseits des Hauptauslegers ausgeglichen.

Bild 65: Eine ausgeklügelte Vorschubeinrichtung gestattete bei dem 1.400 t wiegenden LMG-Baggerriesen eine Reichweitenveränderung des Schaufelradauslegers zwischen 19,5 m und 31,5 m, so dass Abraum in weiten Radien abzutragen war.

Die „kleineren“ LMG-Schaufelradbagger auf Raupenfahrwerken demonstrieren schnell ihre Vorteile gegenüber den schienengeführten Eimerkettenbaggern. Für die Kohleförderung besteht auch unmittelbar nach dem Kriegsende Bedarf, so dass ein 560 t schwerer LMG-Schaufelradbagger 1948 an die Preußische Elektrizitäts-AG in den Tagebau Borken geliefert wird. Stündlich fördert der Bagger mehr als 1.120 m^3 in Großraumwaggons auf Normalspurgleisen.

Bagger und Förderbrücke als Einheit

Bis Kriegsende im Jahr 1945 sind für den deutschen Braunkohlenbergbau 21 Abraumförderbrücken gebaut worden. Eine weitere geht noch im Herbst 1945 in Betrieb. Das Betriebsgewicht dieser Brücken liegt zwischen 300 und 9.500 t, ihre Förderleistung zwischen 300 m^3/h und 5.500 m^3/h gewachsenen Bodens (Bild 66).

Mit dieser letzten fertig gestellten Förderbrücke – eine weitere stürzt 1948 bereits kurz nach ihrer Inbetriebnahme ein – geht das Zeitalter der individuell für jede Grube konstruierten und gefertigten Brücken zu Ende. Stattdessen wird für den mitteldeutschen Braunkohlenbergbau in den 50er und 60er Jahren eine Baureihe von Einheits-Förderbrücken entwickelt, die in der Folge aufgrund der dort gegebenen günstigen geologischen Voraussetzungen für diesen Gerätetyp in relativ großer Stückzahl gebaut werden.

Wir erinnern uns an den Durchbruch der Schaufelradbagger im Jahre 1930, verursacht durch eine Förderbrücke mit Schaufelradausleger von der ATG für die französische Braunkohlengrube der Societé des Lignites d'Hostens.

Ein weiterer Verbundbagger, ausgerüstet mit einer schwenkbaren Hochbagger-Eimerleiter und einer festen Tiefbagger-Eimerleiter, fördert stündlich 1.600 m^3

Bild 66: Vom Lauchhammerwerk erbaute Abraumförderbrücke für die Grube Koyne mit stark eingeschobenem Teleskopträger und 115 m langem, abstützungsfreiem Abwurfausleger.

Bilder 67: Mehr einem gigantischen Gerüst als einem Abraumbagger glich die riesige ATG-Anlage mit Förderbrücke und mittels Laufkatze verfahrbarem Schaufelradausleger für 60 m (!) Abtragshöhe – die bei weitem größte Förderanlage der ersten Hälfte des 20. Jahrhunderts!

Abraum. Auch er ist direkt mit einer Abraumförderbrücke verbunden.

Im Jahr 1943 geht eine Förderanlage in Betrieb, die hinsichtlich ihrer Anordnung und Größe aus der Reihe der üblichen Förderbrücken herausragt. Es handelt sich um die Abraumförderbrücke Meuro-stolln mit einer Länge über alles von 340 m und einem Einsatzgewicht von 7.600 t (Bilder 67).

Beachtlich sind die bergbaulichen Parameter, denn das eingebaute Schaufelrad mit einem Durchmesser von 10 m und Schaufeln von 1.200 l Inhalt erreicht eine erstaunliche Abtragshöhe von 60 m und weist mit maximal 120 m ab Schienenkante bzw. 100 m ab Drehmitte bei einem Vorschub von 32 m die größte je von einem Schaufelradbagger erreichte Ausladung des Schaufelrades auf. Bei einer durchschnittlichen Förderleistung von 2.100 m^3/h erbringt die Anlage sogar an einem Tag dank günstiger Bodenverhältnisse eine viel beachtete Spitzenleistung von 70.000 m^3.

Erst nach einer gewissen Stabilisierung der Wirtschaft können zwei schon vor und während des 2. Weltkrieges geplante Förderbrücken in den Jahren 1949 und 1955 realisiert werden. Gleichzeitig wird mit diesen Anlagen die lange Phase beendet, in der für jeden Tagebaubetrieb eine spezielle, maßgeschneiderte Förderbrücke konzipiert und gebaut wurde. Daraus resultierte eine Vielfalt der Konstruktionsformen.

Bedeutende Tendenzen sind nun beispielsweise die Vergrößerung der Gurtbreite von 1.000 mm auf 2.200 mm, die Erhöhung der Gurtgeschwindigkeit von 1,5 auf 5 m/s und die sich daraus ergebende Steigerung der Förderleistung von 400 auf bis zu 5.500 m^3/h. Aufgrund ihrer starren Abwurfausleger müssen sich die Brücken während des Baggerns

Bild 68: Die mächtigen Raupenfahrwerke unterschieden den „Großgreiferkran der Unternehmerfirma Dr.-Ing. Joachim Rathjens" von einem herkömmlichen Hafenkran; mit Zweischalengreifer wurde ein Radius von 40 m Durchmesser bedient.

ständig parallel zur Abbauwand fortbewegen, um ein ordnungsgemäßes Verstürzen des Abraums zu erreichen.

Das hat zur Folge, dass diese Anlagen ausschließlich auf Gleisanlagen laufen und dass sich letztlich der Schaufelradbagger als Beschickungsgerät für eine Brücke nicht durchsetzen kann, sondern dieses Feld vollständig den Eimerkettenbaggern überlassen muss, die ihrerseits wie die Förderbrücken mit Schienenfahrwerken ausgestattet sind.

Was kann ein Großgreiferkran?

Ein ungewöhnliches Baggergerät taucht im Jahre 1948 im rheinischen Braunkohlerevier auf. Es erinnert eher an einen Hafenkran, wie er zum Entladen von Schüttgütern aus Schiffen verwendet wird, als an ein Tagebau-Fördergerät. Bezeichnet wird dieses Gerät, das sich auf Raupen fortbewegt und somit geländegängig ist, als „Großgreiferkran" (Bild 68).

Sein langer Ausleger kann das Fördergut bis zu 25 m über das Standplanum heben. Zwei derartige Geräte werden in auslaufenden Tagebauen zum Freilegen und Abbaggern von Rest-Kohlenpfeilern eingesetzt, die zuvor durch die eigentlichen Tagebau-Großgeräte nicht gewonnen werden konnten.

Die größte Ausladung des „Großgreiferkranes“ liegt bei 20 m; der Greifer besitzt einen Inhalt von 4 m^3. Das Betriebsgewicht ist mit 210 t erstaunlich gering für ein Gerät dieser Größenordnung. Bemerkenswert ist, dass beide Bagger ursprünglich bereits in den Nachkriegsjahren für die Trümmerräumung in Hamburg und Kiel erbaut und dort über mehrere Jahre erfolgreich eingesetzt wurden, bevor sie ihren „zweckentfremdeten“ Einsatz in der Braunkohle beginnen. Später werden im rheinischen Braunkohlenrevier statt der „Großgreiferkrane“ für die Auskohlung von Restlöchern wesentlich besser geeignete Schreitbagger mit Schleppkübeln genutzt.

Immer mehr Bagger schreiten

Allerhand Bewegung kommt in diesen beiden Jahrzehnten in die Entwicklung der Schreitbagger, wobei die wesentlichen Impulse von den Vereinigten Staaten ausgehen. Bucyrus-Erie erwirbt 1931 die Aktienmehrheit der Monighan Company, die ja bereits 1913 den ersten Schreitbagger baute. Trotz der Übernahme lebt das Prinzip des „Martinson Tractor“, des Schreitwerkes mit Exzenterantrieb, bis ins 21. Jahrhundert fort, wird es doch auch dann noch in jedem Bucyrus-Erie-Schreitbagger kleinerer und mittlerer Größe genutzt werden.

Durch den starken Einfluss von Bucyrus-Erie finden Schreitbagger nun zunehmend Eingang in den Tagebaubereich. Mehr noch, in diesem Jahrzehnt wandelt sich der Schreitbagger vom bloßen Hilfsgerät für die „Stripping Shovels“ zum unabhängig von diesen einzusetzenden Hauptgewinnungsgerät. Ein typisches Beispiel für diese Entwicklung stellt im Jahr 1937 der bemerkenswerte und durchaus auch als mutig zu bezeichnende Einsatz eines Bucyrus-Monighan-Schreitbaggers in dem Tagebau Old Glory No. 17 der Maumee Collieries dar (Bild 69).

Bild 69: Wegen der eingeschränkten Reichweite einer „Stripping Shovel“ gelangte 1937 dieser Urahn aller großen Schreitbagger („Walking Dragline“) zum Einsatz, ein Bucyrus-Monighan mit immerhin schon 9,2 m^3 fassendem Schleppkübel.

Dort begrenzt die Reichweite einer bereits seit vielen Jahren im Einsatz befindlichen dampfgetriebenen „Stripping Shovel“ des Typs Marion 300, ausgerüstet mit einem 5,3 m^3 großen Löffel, die Kohlengewinnung auf Geländebereiche, in denen die Abraummächtigkeit nicht über 12,2 m liegt. Mit dem absehbaren Erschöpfen der unter dieser Voraussetzung gewinnbaren Vorräte sieht sich das Grubenmanagement vor die Frage gestellt, den Betrieb entweder zu schließen oder in neue Maschinen mit den erforderlichen Betriebsparametern zu investieren.

Da eine auf dem Markt verfügbare „Stripping Shovel“ wegen der zu erwartenden Abraumhöhe von bis zu 18 m nicht wirtschaftlich eingesetzt werden kann, fällt die Wahl schließlich auf einen Schleppkübelbagger, der theoretisch sogar einen Graben mit einer Tiefe von bis zu 25 m auszuheben vermag. Dieser Bagger mit einem Kübelinhalt von 9,2 m^3, einer Auslegerlänge von 50,3 m und einem Einsatzgewicht von 606 t darf mit Fug und Recht als Urahn aller in den folgenden Jahrzehnten im Tagebau eingesetzten großen Schreitbagger gelten.

Ein in diesen Jahren schon relativ häufig im Tagebau anzutreffender Schreitbagger ist der Bucyrus 5-W, üblicherweise mit einem 3,8 m^3 fassenden Kübel und einem 35,6 m langen Ausleger ausgerüstet. Allein von diesem Baggermodell werden 79 Exemplare gebaut, die sich vereinzelt noch bis in die 70er und 80er Jahre des 20. Jahrhunderts im Einsatz befinden werden.

Wie wir wissen, konstruierte die US-Firma Page schon in den 20er Jahren eigene Schreitbagger mit drei- und vierfüßigen Schreitsystemen, die sich mit Zahnstangen und Ritzeln bewegten. Inzwischen werden neuere Page-Schreitbagger jedoch auch schon mit Exzenter-Schreitsystemen ähnlich wie die Bucyrus-Monighan-Bagger ausgestattet.

In Anbetracht der wachsenden Erfolge der Schreitbagger von Bucyrus-Monighan und Page baut Marion mit dem Modell 7200 im Jahr 1939 seinen ersten Schreitbagger. In Europa nimmt der englische Schwermaschinen- und Baggerhersteller Ransomes & Rapier im gleichen Jahr die Fertigung der „Walkers“ auf und wird bis in die 80er Jahre als einer der weltweit wenigen Hersteller großer Schreitbagger eine bedeutende Rolle spielen. Auf Basis von Bucyrus-Konstruktionen beginnt auch Ruston-Bucyrus, Schreitbagger zu bauen (Bild 70).

Alle fünf Hersteller – Bucyrus-Erie, Marion, Page, Ransomes & Rapier und Ruston-Bucyrus – bedienen sich in den 40er Jahren der Technik des Schreitsystems, das ursprünglich 1913 von Oscar Martinson entwickelt wurde. Nur die von Uralmasch in Russland erstmals ab Mitte der 40er gebauten Schreitbagger verfügen über andere Schreitsysteme, deren Schreitbewegungen meist durch große Hydraulikzylinder ausgeführt werden.

Trotz der Lizenzfertigung von 34 Bucyrus-Dampfbaggern in Leningrad von 1902 bis 1917 und weiteren Importen beginnt der Aufbau einer landeseigenen Baggerindustrie in Russland erst in den frühen 30er Jahren mit dem Bau von Universal-Dampfbaggern in Kirow bei Moskau und 3-m^3-Elektrobaggern in Swerdlowsk im Ural. Aus dem ersten Typ M-IVE von 1936 mit 3 m^3 Löffelinhalt werden später die berühmten Uralmasch-Schreitbagger entstehen. Bis zum Kriegsbeginn 1941 werden zwölf M-IVE-Bagger gebaut.

Bild 70: Der Einsatz der Schreitbagger mit ihren breiten Füßen an der Abbaukante will geübt sein: Im englischen Eisenerzabbau war dieser Schreitbagger von Ruston-Bucyrus abgeruscht. Hier war der Ausleger bereits abmontiert, und der Oberwagen sollte mit mehreren Winden in Normallage gekippt werden.

In den Nachkriegsjahren entwickelt sich der Baggerbau bei der Uralmasch AG intensiv. So erscheinen ab 1947 in rascher Folge die neuen Abbauseilbagger der Typen C-E3, EKT-4, EKT-4,6 sowie EKT-6 mit entsprechenden Löffelinhalten in Kubikmetern. Die Fertigung großer Schreitbagger beginnt bei Uralmasch 1949. Die beiden ersten Bagger ESch 14/65 hatten schon einen Schleppkübel von 14 m³ Inhalt und eine Auslegerlänge von 65 m – die praktische Typenbezeichnung weist wie bei allen anderen Uralmasch-Schreitbaggern darauf hin.

In den 40er Jahren werden die fern von Europa in den Vereinigten Staaten entwickelten Schreitbagger sehr viel leistungsfähiger. So ist der Bucyrus-Erie 1150-B aus dem Jahr 1944 mit einem 54,9 m langen Ausleger und einem immerhin schon 19,1 m³ großen Schleppkübel ausgerüstet. Der Marion 7400 ist als Schreitbagger für 7 bis 8 m³ Kübelinhalt ausgelegt, während das äußerlich sehr ähnlich erscheinende Modell 7800 standardmäßig wie der 1150-B mit einem 19,1 m³ fassenden Schleppkübel ausgestattet ist.

Ein 1150-B spielt nun im europäischen Kohlentagebau eine alle Zweifler schnell überzeugende Rolle. Die mechanisierte Förderung von Kohle beginnt in Großbritannien 1942 im großen Maßstab, wobei Tiefen von etwa 10 m und Abraum/Kohle-Verhältnisse von 5:1 zunächst das Maximum darstellen. Der größte Bagger im britischen Tagebau verfügt zu diesem Zeitpunkt über 3,8 m³ Löffelinhalt, doch 1949 gelangt das erste Großgerät zum Einsatz – kein englischer, sondern ein amerikanischer Schreitbagger leitet auch in Großbritannien die Ära der leistungsfähigen Tagebau-Großgeräte ein (Bild 71).

Bild 71: Der „Giant of Bedlington", ein Bucyrus-Erie 1150-B, war mit 1.100 t Einsatzgewicht und 19,1 m^3 Schleppkübelinhalt der größte diskontinuierlich fördernde Bagger Europas der Nachkriegszeit.

Da das Stromnetz zur Versorgung des energiehungrigen Baggerriesen nicht ausreicht, wird ein mobiles Stromaggregat aufgebaut, das mehrere Marinediesel antreiben. Aufgrund der sich bald abzeichnenden guten Einsatzresultate folgen drei weitere Schreitbagger 1150-B von Bucyrus-Erie und werden sämtlich über etwa 40 Jahre zuverlässig ihren Dienst in England versehen. Wie schon das nächste Jahrzehnt zeigen wird, stellt sich die britische Baggerindustrie umgehend auf solche „schreitenden Riesen" ein.

Der seltsame „Car Transporter"

Ein ungewöhnliches Absetzgerät nimmt 1934 in der Mark Twain Mine in Huntsville, Missouri, seinen Betrieb auf – ein von Bucyrus-Erie gebauter „Car Transporter". Erinnerungen werden wach an ein prinzipiell ähnlich aufgebautes Gerät aus dem Jahr 1915, das damals über einen Zeitraum von vielen Jahren gute Dienste in einem Steinbruch leistete (siehe auch Bild 35).

Die Aufgabe dieses Schrägförderers ist der Abtransport eines 4 m mächtigen Zwischenmittels aus dem Abbaugraben heraus, also einer Abraumschicht, die die beiden in diesem Tagebau abzubauenden Kohlenflöze voneinander trennt. Das Verkippen erfolgt auf den in einem vorhergehenden Arbeitsschritt von einer „Stripping Shovel" direkt umgesetzten Abraum, der das obere Kohlenflöz überdeckt.

Nach der ursprünglichen Planung war vorgesehen, dieses Zwischenmittel in einem zusätzlichen Durchgang ebenfalls mittels der „Stripping Shovel" zu gewinnen. Diese Verfahrensweise hätte jedoch eine zu große Reduzierung der Kohleproduktion des Tagebaus mit sich gebracht. Deshalb wird von Bucyrus-Erie ein spezielles Fördergerät entwickelt.

Der vom Bagger vollständig unabhängige „Car Transporter" besteht aus einer auf drei angetriebenen Raupen verfahrbaren Plattform, auf der ein bis zu einem Steigungswinkel von 45° einstellbarer

Förderausleger mit einer horizontalen kippenseitigen Ausladung von 38,1 m angeordnet ist.

Auf dem Ausleger verfährt ein Transportwagen, der durch ein Drahtseil bewegt wird. Der Antrieb der zugehörigen Seilwinde kann relativ schwach ausgelegt werden, da das Leergewicht des Wagens durch ein an dem A-Bock hängendes bewegliches Gegengewicht kompensiert wird.

Ein Arbeitstakt besteht aus dem Beladen des 3,1 m^3 fassenden Wagens durch einen Bagger mit dem gleichem Löffelinhalt, dem Auskippen der Ladung am Ende der Brücke durch ein automatisches Öffnen der Bodenklappe und der anschließenden Rückfahrt in die Beladeposition. Dies alles verläuft verblüffend schnell, die Taktdauer beträgt ohne die für das Beladen erforderliche Zeit nur vier Sekunden (Bild 72).

Der „Car Transporter“ kann den Einsatzbereich eines vorhandenen Standard-Löffelbaggers im Abraumbetrieb beträchtlich vergrößern, da durch seine Reichweite eine größere Abraumhöhe zu bewältigen ist. Weil aber andererseits die erzielbare Förderleistung einer derartigen Gerätekombination nicht sehr hoch ist, wird das Konzept eines dem Bagger nachgeschalteten Fördergerätes seitens Bucyrus-Erie nicht weiter verfolgt. So bleibt dieser auf Kundenwunsch konstruierte „Car Transporter“ im restlichen 20. Jahrhundert ein Einzelstück.

Bis zu 45 t im Baggerlöffel

Unsere Zeitreise führt uns nun zu einer in diesen beiden Jahrzehnten außerordentlich erfolgreichen Maschinengattung, den riesigen Hochlöffelbaggern, ebenfalls „Stripping Shovels“ genannt, die trotz der beginnenden Konkurrenz durch die Schreitbagger noch für mehre-

Bild 72: Der 1935 auf Kundenwunsch konstruierte „Car Transporter“ von Bucyrus-Erie, eine außergewöhnliche Maschine für den Abraumtransport, blieb ein Einzelstück.

re Dekaden ihre Vormachtstellung im Tagebau verteidigen werden.

In einer Kohlemine der Midland Electric Coal Corp. in Illinois geht 1933 ein Marion 5560 in Betrieb, der den mit einem Fassungsvermögen von 15,3 m³ größten bis zu diesem Zeitpunkt gebauten Löffel besitzt (Bild 73). Das Hubwerk dieser „Stripping Shovel" wird ebenfalls, wie schon in den 20er Jahren bei Bucyrus-Erie entwickelt, durch ein bewegliches Gegengewicht unterstützt (siehe auch Bild 49).

Bild 73: Bei einer Abraumstärke von 12 m konnte der Marion 5560 mit seinem 15,3 m³ fassenden Löffel einen 13,7 m breiten Graben über dem zu gewinnenden Kohlenflöz ausheben.

Als nächsten „größten Löffelbagger" setzt Bucyrus-Erie 1935 in der Bobolink Mine in Indiana den Typ 950-B in Betrieb, der bei einem Gewicht von 1.224 t mit einem 23 m³ – dies entspricht etwa 45 t – fassenden Löffel ausgestattet ist und bis zur Auslegerspitze 14 Stockwerke hoch ragt (Bild 74). Der zweigeteilte Ausleger mit einer Gesamtlänge von 32 m, der im Bereich der Löffelanlenkung mit dem A-Bock über Streben fest verbunden ist, kann dank dieser Konstruktion wesentlich leichter gebaut werden als vergleichbare kastenförmige Ausleger.

Weitere Verbesserungen gegenüber den Vorgängergeräten stellen der 19,5 m lange röhrenförmige Löffelstiel sowie der Seilvorschub dar, dessen Antrieb, ebenfalls aus Gründen der Gewichtseinsparung, erstmals nicht direkt an der Löffelstielführung, sondern auf dem Maschinendeck angeordnet ist. Die Reichweite des Löffels beträgt 32,3 m, die Auskipphöhe 21,3 m.

Im gleichen Jahr kommt eine weitere Marion 5560 „Stripping Shovel" in der Wilmington Mine in Illinois zum Einsatz. Dieser Bagger besitzt einen 24,4 m³ fassenden Löffel an einem 19,8 m langen Löffelstiel und einen Ausleger mit einer Länge von 31,7 m. Die installierte Motorleistung beträgt rund 3.500 PS. Die Abraumdicke liegt in diesem Betrieb bei 9,1 bis 16,8 m, die Stärke des Kohlen-

Bild 74: Insgesamt 30 Elektromotoren mit einer installierten Leistung von mehr als 2.500 PS sorgten bei der „Stripping Shovel" Bucyrus-Erie 950-B für schnelle Arbeitsspiele und so für eine tägliche Förderleistung von 27.000 m³.

Bild 75: Die „Stripping Shovel“ Bucyrus-Erie 1050-B basierte in der Konstruktion auf dem Vorläufer 950-B und gelangte ab 1941 in einem Kohletagebau in Illinois zum Einsatz; hier ein Einsatzfoto aus dem Jahre 1997.

flözes beträgt vergleichsweise bescheidene 0,9 bis 1,1 m.

Durch die Verwendung von hochlegierten Stählen und Aluminiumlegierungen als Werkstoffe ist nun schon der Bau von leichteren Löffeln möglich. Daher können an bereits länger im Einsatz befindlichen „Stripping Shovels“ die ursprünglich angebauten Löffel durch entsprechend größere ersetzt werden, was bei unverändert gebliebenem Baggergewicht für eine höhere Förderleistung sorgt. So ersetzt Bucyrus-Erie einen 12,2 m^3 durch einen 15,3 m^3 großen Löffel, Marion einen 9,2 m^3 durch einen 13 m^3 großen Löffel.

Der Bucyrus-Erie 1050-B aus den frühen 40er Jahren ist prinzipiell nur eine vergrößerte „Stripping Shovel“ 950-B. Viele der damaligen Neuerungen wie beidseitige Hubseile, mit einem Gegengewicht beaufschlagtes Hubwerk, zweigeteilter Ausleger und röhrenförmiger Löffelstiel begegnen uns auch an diesem Bagger (Bild 75).

Löffelvorschub mit dem Knie

Ende der 30er Jahre entwickeln Ingenieure des sich merkwürdigerweise immer noch Marion Steam Shovel Co. nennenden Herstellers (die längst überfällige Umbenennung in Marion Power Shovel Co. erfolgt erst 1946) eine völlig neue Vorschubkinematik für den Löffel ihrer „Stripping Shovels“, den so genannten Kniehebel-Vorschub.

Bei diesem System wird die Antriebsmaschinerie für den Löffelvorschub mit ihrem nicht unbeträchtlichen Gewicht vom Ausleger weg in den Bereich der Drehachse des Baggers verlagert. Zwei Zahnstangen, in die angetriebene Ritzel greifen, sind gelenkig mit dem Löffelstiel und mit einem Stützhebel verbunden, der seinerseits am Auslegerfuß angelenkt ist. Auf diese Art werden wesentlich größere Vorschubkräfte erreicht, und dies bei einem drastisch reduzierten Totgewicht im Ausleger selbst.

Der erste mit diesem neuartigen Vorschubsystem ausgerüstete Bagger, ein Modell 5561 mit einem Löffelinhalt von 27 m³, geht 1940 in der Tecumseh-Mine in Indiana in Betrieb (Bild 76). Er bewährt sich außerordentlich gut. Übrigens, der Tagebau wird in diesen Jahren auch in anderer Hinsicht von sich reden machen. Aber warten wir noch etwas ab…

Wegen der frappierenden Einsatzerfolge wird ab jetzt ausnahmslos jede neue Marion „Stripping Shovel" – mehr noch, in den 60er Jahren auf Wunsch der Kunden sogar zwei Bagger des Erzrivalen Bucyrus-Erie – mit dieser Kinematik ausgerüstet. Eine weitere Marion 5561 „Stripping Shovel", die 1944 in der Georgetown Mine der Hanna Coal Co. in Ohio zum Einsatz kommt, wird zum Jahreswechsel 1948/49 bereits mit einem immens großen Löffel von 34 m³ Inhalt ausgerüstet.

Bild 76: Für das Modell 5561 mit 1.630 t Betriebsgewicht entwickelten die Marion-Ingenieure ein völlig neues Vorschubsystem des Löffelstiels, bei dem Zahnstangen einen Stützhebel und den Löffelstiel bewegten.

Bild 77: Ab 1946 belud diese Bucyrus-Erie 550-B mit ihrem 8,4 m³ fassenden Löffel im chilenischen Kupfererztagebau Chuquicamata, später einem der größten der Welt, Bahnwaggons. Der Baggerführer konnte gewiss gut zielen…

In den 40er Jahren zählen große „Stripping Shovels" zu den beliebtesten Großfördergeräten. Sie werden nicht nur beim nord- und südamerikanischen „Strip Mining", dem streifenförmigen Kohlenabbau, sondern auch im terrassenförmigen Erztagebau eingesetzt (Bild 77).

Die Erfolge der „Stripping Shovels" veranlassen sogar die englische Firma Rapier, sich ebenfalls mit diesen Baggern zu beschäftigen. Zwischen 1934 und 1942 werden von Rapier 13 derartige Riesen mit den Typenbezeichnungen 5360 und später in verstärkten Versionen als 5361 gebaut (Bild 78). In ihrer Konstruktion basieren sie in starkem Maße auf der amerikanischen Marion 360, die schon 1923 ihre Arbeit aufnahm. Rapier fertigte zwischen 1925 und 1930 Bagger nach Marion-Lizenzen und durfte die dabei gesammelten Erfahrungen auch für die Konstruktion anderer Maschinen wie der „Stripping Shovels" nutzen.

Rare Schaufelradbagger für Direktversturz

In den 40er Jahren wird in den Vereinigten Staaten eine Maschinengattung entwickelt und letztendlich erfolgreich eingesetzt, die dort bisher unbekannt war und die sich beträchtlich von den üblichen Tagebau-Großgeräten unterscheidet. Es handelt sich um den Schaufelradbagger speziell zugeschnitten auf die amerikanischen Abbauverhältnisse.

Der in Amerika von den United Electric Coal Companies mit hohem finanziellen Aufwand für den eigenen Bedarf entwickelte Schaufelradbagger entsteht als Resultat der Suche nach Möglichkeiten, die immer größer werdenden Abraummassen über den Kohlenflözen noch wirtschaftlich gewinnen und verstürzen zu können.

Bild 78: Die einzigen englischen „Stripping Shovels" waren die über 600 t wiegenden, schienengeführten Rapier 5360 und 5361 mit 6,1 bis 8,4 m³ Löffelinhalt, die im Eisenerzabbau eingesetzt wurden.

Dem Konstrukteur der amerikanischen Schaufelradbagger, Frank F. Kolbe, schwebt eine Maschine vor, die große Massen an Erdreich und anderer nicht zu harten Bodenschichten kontiunierlich gewinnen kann, um auf diese Weise die

Bilder 79: Ein eigentümlicher Prototyp eines Schaufelradbaggers entstand 1944 auf Basis eines Marion 360. Das Schaufelrad hatte 6,1 m Durchmesser. Das Detailfoto veranschaulicht die Versuchsanordnung.

Zeiten, die große Löffelbagger und Schreitbagger durch die unumgänglichen Schwenkbewegungen vergeuden, einzusparen. Die gleiche Maschine soll das Baggergut anschließend so weit in den ausgekohlten Teil des Tagebaus verkippen, dass der verstürzte Abraum nicht mehr auf die im Graben freigelegte Kohle zurückrutschen kann.

Das Ergebnis ist nach allerlei Konstruktionsansätzen ein Schaufelradbagger, der in der Lage ist, die oberen, weicheren Bodenschichten aufzunehmen und mittels Gummi-Fördergurten über seinen langen, in der horizontalen Ebene starr mit dem Schaufelradausleger verbundenen Abwurfausleger zu verstürzen. Sämtliche nachfolgenden Schaufelradbagger dieser Bauart sind übrigens lediglich dafür ausgelegt, die oberen Abraumschichten zu gewinnen. Die direkt über der Kohle befindlichen, oftmals auch wesentlich härteren Abraumbereiche werden wie bisher mit einer „Stripping Shovel“ abgeräumt.

Zeitgenössischen Quellen können wir entnehmen, dass mit Beginn der Entwicklungsarbeiten im Februar 1943 anscheinend noch keine näheren Informationen über die bereits seit den 30er Jahren in Deutschland erfolgreich in Betrieb befindlichen Schaufelradbagger vorliegen. Dies ändert sich erst nach Kriegsende, im Verlauf des Jahres 1945.

Ein erster Versuchsbagger entsteht durch den Anbau eines vorschublosen Schaufelradauslegers an einem Marion 360. Weil noch kein Abwurfausleger angebaut ist, muss das durch die acht Schaufeln gebaggerte Material während der Versuche zu Beginn des Jahres 1944 über ein Leitblech auf die Böschung zurückgekippt werden (Bild 79).

Aufgrund der positiven Testergebnisse baut Bucyrus-Erie den Schaufelradbagger W-1, montiert auf den Rahmen des Versuchsbaggers (W steht für „Wheel", das englische Wort für Rad). Für eine optimale Gewichtsverteilung wird der Schaufelradausleger an der ehemaligen Baggerrückseite montiert, während der 61 m lange Abwurfausleger an der Vorderseite angelenkt wird. Das Gerät besitzt so eine Gesamtlänge von 93,9 m. Die Inbetriebnahme erfolgt im Sommer 1944 (Bild 80).

Bei diesem Schaufelradbagger ergeben sich allerdings gravierende Probleme, da sich die Schaufeln ständig zusetzen. Dies zwingt dazu, die Schaufeln alle vier bis fünf Minuten bei stillstehendem Rad zu reinigen. Hinzu kommen überaus starke Stoßbelastungen und in deren Folge auch Zerstörungen am Förderweg durch das Baggern übergroßer Steine.

Ein weiterer Schaufelradbagger, aufgebaut auf einer Marion 5480 „Stripping Shovel", wird wegen der Probleme mit dem Vorgängermodell erst mit über drei Jahren Verspätung im Sommer 1948 fertig gestellt und als W-2 bezeichnet. Dieser Bagger erreicht bei einem Gewicht von etwa 900 t und einer Gesamtlänge von 105,8 m schon eine Abwurfweite von 68,6 m ab Drehachse.

Der W-2 wird in der Buckheart Mine eingesetzt; der Betrieb erfolgt dank der inzwischen gewonnenen Erfahrungen

Bild 80: Das Betriebsgewicht des ersten amerikanischen Schaufelradbaggers W-1 lag bei 900 t. Die maximale Förderleistung war auf 750 m³/h konzipiert und damit auf das Fünffache des Baggers, auf dessen Grundrahmen der W-1 montiert wurde.

von Anfang an ohne große Störungen. Die Fortsetzung der Entwicklungsgeschichte dieser raren amerikanischen Schaufelradbagger für den Direktversturz wird uns in den folgenden Jahrzehnten weiter begleiten.

25 oder gar 30 t lasten im Anhänger

Während der Transport der Abraum- und Kohlemassen im europäischen Braunkohlentagebau vornehmlich mit Förderbändern und Bahnwaggons durchgeführt wird, werden beim Abbau von Steinkohle mit härteren Deckgebirgen und von Erzen mit felsigem Abraum andere Methoden gewählt.

Diese für alle Kettenfahrzeuge typischen Eigenschaften werden noch dadurch weiter verbessert, dass die Laufrollen der angetriebenen Ketten sich Bodenunebenheiten weitgehend anpassen können und daher immer die gesamte Kettenlauffläche für die Übertragung des Antriebsmomentes zur Verfügung steht. Treffend nennt Linn diese Eigenschaft „contour traction".

Im Einzelfall werden Linns auch als Antriebseinheiten für Seitenkipp-Sattelauflieger mit einer Tragkraft von immerhin 45 t (50 sht) eingesetzt (Bild 81). Allerdings sind die Linn-Halbkettenkipper aufgrund ihrer relativ geringen Geschwindigkeit nicht für Transporte

Bild 81: Linn-Halbketten-Zugmaschine mit 50 sht tragendem Sattelauflieger als Zweiseitenkipper. Interessanterweise rollte auch der Auflieger auf – selbstverständlich nicht angetriebenen – Ketten anstelle entsprechender Bereifung.

über längere Strecken geeignet und erzielen keine Zeitvorteile auf verkürzten Trassen. So werden die Höchstgeschwindigkeiten für das Linn-Modell 6-37 mit einer Nutzlast von 6,9 m^3 mit 12,7 km/h, für das 11,5-m^3-Modell L-37 mit 18,9 km/h und für den 19 m^3 fassenden Sattelauflieger Modell 37-T mit nur 10,8 km/h angegeben. Trotzdem erscheint noch 1946 eine Annonce, mit der für

Ab 1933 finden sich in amerikanischen Tagebauen für einige Jahre in größerer Anzahl Linn-Halbkettenfahrzeuge, ausgerüstet als Hinterkipper mit einer Tragfähigkeit von bis zu 20 t (22 sht). Verglichen mit Reifenfahrzeugen liegt ihr offensichtlicher Vorteil in der größeren Geländegängigkeit und Steigfähigkeit. Dadurch lassen sich die Weglängen aus tiefen Gruben stark verkürzen.

diese Halbkettenfahrzeuge geworben wird.

„Echte“ Muldenkipper als konventionelle Hinterkipper gesellen sich schon in den späten 30er Jahren als zukunftsträchtige Fahrzeuggattung zu den Baureihen vieler amerikanischer Hersteller (Bild 82). Bemerkenswert ist der Prototyp eines 36 t (40 sht) ladenden Euclid-Muldenkippers, ausgelegt zum Transport von felsigem Gestein in Erztagebauen, der 1946/47 in die Erprobung geht. Der Muldenkipper rollt auf Tandem-Hinterachsen und wird von einem 550 PS starken Cummins-Dieselmotor angetrieben.

Der Transport der Steinkohle von der Gewinnungsstelle aus erfolgt in den Vereinigten Staaten in zunehmendem Maß mittels des Sattelaufliegers, der sich aufgrund seiner mehr als doppelt so hohen Transportkapazität im Vergleich zu einem Kipperaufbau auf dem gleichen Fahrgestell hervorragend für diesen Verwendungszweck eignet.

Weitere Pluspunkte sind ein niedriger Schwerpunkt und die naheliegende Möglichkeit der Bodenentleerung, also der Entleerung nach unten in einen Abzugstrichter.

Neue Tagebaue werden bereits in der Planungsphase für dieses Transportsystem ausgelegt. 1935 kommen in der uns schon bekannten Bobolink Mine in Indiana erstmals Bodenentleerer von Austin-Western mit einer Transportkapazität von gehäuft 27 t (30 sht) zum Einsatz. Gezogen werden diese Bodenentleerer von White-Zugmaschinen mit einer Motorleistung von 140 PS (Bild 83).

Im Rahmen der bereits erwähnten Verlagerung der Kohlegewinnung im Tagebau Old Glory No. 17 der Maumee Collieries Co. wird 1937 in einem von einer wesentlich höheren Abraumschicht

Bild 82: In den späten 30er und frühen 40er Jahren entfernten sich schwere Muldenkipper wie dieser Mack Modell FC für 27 t Nutzlast (30 sht) immer mehr von der Bauweise konventioneller straßengängiger Lkw.

Bild 83: In der Bobolink Mine wusste man schon 1935, wie auffällige Fotos zu schießen sind: Eine Bucyrus-Erie „Stripping Shovel“ 950-B hob mit ihrem 23-m³-Löffel den damals weltgrößten Bodenentleerer-Sattelzug.

bedeckten Grubenbereich auch der bis zu diesem Zeitpunkt ausschließlich übliche Abtransport der Kohle per Bahn durch einen gleislosen Betrieb ersetzt. Ausschlaggebend dafür ist das schlechte Steigvermögen der Bahn.

Eingesetzt werden nun zwei allradgetriebene Walter-Zugmaschinen mit aufgesattelten Austin-Western-Bodenentleerern von 18 t (20 sht) Kapazität. Um Kohletransporte besonders über weite Entfernungen noch wirtschaftlicher zu gestalten, werden in der Buckheart Mine in Illinois im gleichen Jahr zwei Austin-Western-Bodenentleerer-Sattelauflieger mit einer Kapazität von je 23 t (25 sht) hintereinander gekuppelt, gezogen von einer Walter-Zugmaschine mit einer Motorleistung von 175 PS (Bild 84).

Die Walter-Zugmaschine ist mit damals sehr innovativen Selbstsperrdifferentialen ausgerüstet, um auch unter ungünstigen Bodenbedingungen die erforderliche Zugkraft über die Räder auf den Untergrund übertragen zu können. In einem weiteren Tagebau kommen neben

Bild 84: Auf fünf Achsen bewegte diese allradgetriebene Walter-Zugmaschine mit den beiden Bodenentleerern von Austin-Western immerhin eine Gesamtnutzlast von 46 t (50 sht).

Bild 85: 41 t Kohle, das sind 46 m³, fasste dieser Seitenentleerer-Sattelanhänger, gezogen von einem 200 PS starken Mack FC und beladen von einem speziellen Marion-Kohlenflözbagger mit Kniehebel-Vorschub des Löffels.

White-Zugmaschinen, gekoppelt mit Austin-Western-Bodenentleerern mit 18 t Nutzlast, auch „Trac Truk“-Hinterkipper von Euclid mit einer Nutzlast von 13,6 t (15 sht) zum Einsatz.

Das erste starre Muldenfahrzeug zum Kohletransport mit einer Tragfähigkeit von 27 t (30 sht) entsteht ebenfalls 1937 durch den Aufbau eines im Querschnitt W-förmigen Behälters auf ein durch das Hinzufügen einer zweiten Hinterachse verstärktes Lkw-Chassis von Mack, das werkmäßig eigentlich nur für die halbe Nutzlast ausgelegt ist.

Eingesetzt wird dieser Kohletransporter in der No. 11 Mine der Sunlight Coal Co. in Indiana. Man ist dort der Meinung, dass ein mit starrem Rahmen ausgerüstetes und damit vergleichsweise kürzeres Fahrzeug unter den im Kohletagebau herrschenden Bedingungen noch flexibler einzusetzen sei als ein Sattelzug. Durch das Öffnen von druckluftgesteuerten Klappen an beiden Seiten des Aufbaus wird die Kohle schnell entladen – wir haben hier weder einen Bodenentleerer noch Hinter- oder Seitenkipper, sondern einen echten „Seitenentleerer“.

In dem Tagebau transportieren zwei dieser 30-Tonner, unterstützt von acht 15-Tonnern der gleichen Bauart, aber nur auf zwei Achsen rollend, auf einer Rundstrecke von 6,5 bis 8 km zwischen Bagger und Kohlebunker in jeder Schicht um die 3.600 t Kohle. Ähnlich konzipierte „Seitenentleerer“, jedoch als Sattelanhänger, gelangen 1944 im Kohletagebau Tecumseh zum Einsatz (Bild 85).

Gegen Ende des Jahres 1937 werden im Eigenbau in den Schlossereien der Tiger und Mark Twain Tagebauen der Huntsville-Sinclair Mining Co. in Missouri Bodenentleerer mit einer Nutzlast von 36 t (40 sht) auf die Räder gestellt. Diese Sattelauflieger sind Umbauten aus noch fabrikneuen Bodenentleerer-Eisenbahnwaggons des Herstellers Sanford-Day, die ursprünglich in den gleichen Tagebauen für den Abtransport der Kohle per Schiene vorgesehen waren. Gezogen werden sie von Zugmaschinen des Typs Dart 350 mit Hercules-Benzinmotoren und mechanisch über ein Schaltgetriebe angetriebene Tandemachsen. Die einfache Transportentfernung in der Mark Twain Mine beträgt immerhin 11 bis 13 km.

80-t-Bodenentleerer als schwere Sattelzüge

Etwa ein Jahr später werden im Tiger-Tagebau zwei dieser Auflieger, davon einer modifiziert als Anhänger, hintereinander gekuppelt, so dass sich für die Tandem-Einheit nun eine Nutzlast von 72,6 t (80 sht) ergibt. Eine entscheidende Voraussetzung dafür ist die Indienststellung eines speziell für diesen Zweck von Dart konstruierten Zugfahrzeuges.

Dieser Dart 450E besitzt ein Eigengewicht von 15,9 t. Gegenüber dem Dart 350 wird der Antrieb auf zwei Motoren mit einer Leistung von zusammen 396 PS verdoppelt. Je ein an einem der Motoren angeflanschter Generator erzeugt den Strom, der die beiden Elektromotoren an den Tandem-Hinterachsen antreibt. Die Höchstgeschwindigkeit ist aus Sicherheitsgründen auf 51 km/h begrenzt.

Ihren vorläufigen Schlusspunkt findet die Größenentwicklung der Bodenentleerer mit einem 72,6t (80 sht) tragenden Sattelauflieger, der – ebenfalls im Eigenbau – zu Beginn des Jahres 1939 hinter derselben Dart-Zugmaschine 450E eingesetzt wird (Bild 86). Die Länge des Bodenentleerer-Sattelanhängers beträgt 10,7 m, die Breite 3,7 m und das Eigengewicht 15 t. So kommt der Zug beladen auf ein Gesamtgewicht von über 103 t.

Bild 86: Zwei Hercules-Motoren trieben den butan-elektrisch (statt der später diesel-elektrisch) angetriebenen Dart 450E, der einen 80 sht tragenden Bodenentleerer zog und damit 1939 das größte Muldenfahrzeug der Welt darstellte.

Das rasante Größenwachstum der Kohletransporter setzt sich in den 40er Jahren jedoch nicht fort. Vielmehr ist eine gewisse Konsolidierungsphase zu beobachten. Dennoch werden die nun heranrückenden 50er Jahre ganz im Zeichen luftbereifter Transportfahrzeuge stehen, abgesehen von den ins Gigantische wachsenden „Stripping Shovels“ und Schreitbaggern.

Vielfalt und Shovel-Truck-Teams

In der zweiten Hälfte des 20. Jahrhunderts üben die wirtschaftlichen Gegebenheiten, überwiegend die Preisentwicklungen der Rohstoffe und der stets schärfer werdende nationale wie auch internationale Wettbewerb, einen erheblichen Einfluss auf die Größenentwicklung unserer Giganten aus. Oft ist es nämlich nur mit Hilfe einer anlagen- und maschinenintensiven Gewinnung möglich, den betreffenden Rohstoff überhaupt zu wettbewerbsfähigen Preisen anbieten und verkaufen zu können.

Lag das Abraum-Kohle-Verhältnis in Deutschland um die Jahrhundertwende noch bei günstigen 1:1, so hat sich dies inzwischen auf 5:1 bis sogar 6:1 verschlechtert. Zur Stromerzeugung müssen demnach für jede Tonne Braunkohle 5 bis 6 t Abraum gebaggert, transportiert und abgelagert werden. Anfang der 50er Jahre spricht man bereits von einem bald schon vorherrschenden Verhältnis von 8:1.

Um die Braunkohle wirtschaftlich gewinnen zu können, werden noch leistungsfähigere Riesen benötigt. Bis in die 50er Jahre werden pro Betriebstag höchstens 40.000 t Braunkohle gefördert. Die Massenförderung der neuen gigantischen Schaufelradbagger, Bandstraßen und Absetzer, von denen wir gleich erfahren werden, steigert dies auf täglich bis zu 100.000 t Braunkohle. Der Stromhunger der Wirtschaftswunderzeit kann also gestillt werden!

Hinzu kommen die nach dem Krieg in den Ländern der westlichen Welt unentwegt steigenden Lohnkosten, die ebenfalls für das verbleibende 20. Jahrhundert die Entwicklung prägen werden: Lässt sich die Förderleistung von zwei oder drei Maschinen von nur einer erbringen, werden Lohnkosten anstelle von zwei oder drei Mitarbeitern eingespart – und zudem die Service- und Wartungsarbeiten entsprechend reduziert.

Besonders gravierend wirkt sich dies in den 50er Jahren beim Transport aus. Die Entwicklung der Förderbandanlagen beim europäischen kontinuierlich arbeitenden Tagebau sowie die der Muldenkipper und der sie beladenden Löffelbagger beim amerikanischen diskontinuierlichen Tagebau schreitet rasant voran.

Fördergurte erübrigen den Transport per Schiene

Erst in diesem Jahrzehnt wird sich die Bandförderung in vielen Tagebauen, besonders aber bei der Braunkohlegewinnung, auf breiter Ebene durchsetzen. Gegenüber dem Zugbetrieb überwinden Bandanlagen schwierige Ablagerungsverhältnisse und größere Höhenunter-

Bild 87: Für die Braunkohlenwerke Roddergrube A.G. baute die LMG 1959 den 1.400 t schweren Eimerketten-Schwenkbagger Nr. 1129 für 22 m Schnitthöhe und 22 m Schnitttiefe. Der Arbeiter zwischen linker Raupe und Eimerkette vermittelt ein Bild der Gerätegröße.

schiede leichter, verringern den Raumbedarf und die Aufschlussmassen und verkürzen die Transportwege, so dass bald schon in vielen Tagebaubetrieben Bandbetrieb vorherrschen wird.

Der Einsatz gigantischer Schaufelradbagger und das dadurch gegebene Problem, große Massen schneller und zügiger als je zuvor abfördern zu müssen, führen zur vehementen Weiterentwicklung der so genannten Fördergurte und Bandstraßen. Ähnlich ergeht es den Absetzern, die den gebaggerten und mittels Bandstraßen über weite Distanzen transportierten Abraum auf der Kippe verstürzen.

Die zunehmend ungünstigeren Lagerungsverhältnisse, die tiefer liegenden, aber im Tagebau noch abbauwürdigen Lagerstätten und das stetig schlechter werdende Abraum-Kohle-Verhältnis zwingen besonders im rheinischen Braunkohlenrevier, sich intensiv mit noch weitaus größeren Abbaumaschinen zu befassen.

Die größte „Wippe“

Lag die stündliche Förderleistung von Schaufelradbaggern 1935 noch bei rund 200 m³/h, steigerte sich diese um 1940 auf fast 2.000 m³/h und 1950 bereits auf etwa 5.000 m³/h. Bei Eimerkettenbaggern stagniert die Förderleistung hingegen bei rund 3.000 m³/h, denn in diesem Jahrzehnt laufen ihnen die Schaufelradbagger eindeutig den Rang ab (Bild 87).

In den 50er Jahren soll der neue Braunkohlentagebau Fortuna-Garsdorf aufgeschlossen werden. Dabei handelt es sich um den ersten wirklichen Tieftagebau im rheinischen Braunkohlenrevier, wird die maximal zu erreichende Teufe doch

Bild 88: Nahezu 20 Mio. Mark kostete 1955 der täglich mit seinen zwölf Baggereimern von je 3,6 m^3 Inhalt 100.000 m^3 fördernde LMG-Schaufelradbagger. Rechts schließt sich die Verbindungsbrücke zur raupenmobilen Verladeanlage an, unter der gerade zwei Abraumzüge stehen.

320 m betragen. Es ist weltweit der erste Tagebau dieser Größenordnung, in dem ausschließlich Schaufelradbagger für die Gewinnung von Abraum und Kohle eingesetzt werden sollen. Um die für diesen Einsatz erforderlichen Förderleistungen und Abbauparameter erreichen zu können, muss eine völlig neue Gerätegeneration entwickelt werden.

Im Jahr 1955 geht der erste dieser neuen Großschaufelradbagger in Betrieb. Es handelt sich um ein von der LMG in Lübeck gebautes Gerät mit einer Tagesleistung von 100.000 m^3 gewachsenen Bodens. Der neue Schaufelradbagger besteht aus drei Hauptteilen: dem eigentlichen Bagger, der Verladeanlage und der zwischen diesen beiden angeordneten Verbindungsbrücke (Bild 88).

Sein Schaufelraddurchmesser beträgt 16,5 m bei einer möglichen Abtragshöhe von 50 m im Hochschnitt. Die Gesamtlänge der Anlage in gestrecktem Zustand – das heißt bei ganz ausgefahrener Verbindungsbrücke – summiert sich auf 192 m, davon entfallen 70 m auf die Ausladung des Schaufelradauslegers. Der Bagger besitzt einen feststehenden Gegengewichtsausleger. Der Schaufelradausleger kann durch Betätigen von zwei Windwerken, die am Ende des Gegengewichtsauslegers untergebracht sind, gehoben und gesenkt werden.

Der insgesamt 70 m hohe LMG-Schaufelradbagger wird von 116 Elektromotoren mit 10.040 PS Gesamtleistung angetrieben. Das Betriebsgewicht liegt schon bei knapp 6.000 t, die auf dem Boden lasten und sicher verfahren werden müssen. Der Schaufelradbagger stützt sich auf

Bild 89: Welche Dimensionen der neue LMG-Bagger hatte, zeigt ein Blick auf den Grundrahmen mit seiner statisch bestimmten Dreipunktabstützung auf drei großen Raupenträgern mit je vier Raupenfahrwerken. Die Arbeiter innerhalb des späteren Drehkranzes wirken winzig.

zwölf Raupenfahrwerken ab, auf weiteren drei verfährt die Verladeanlage (Bild 89). Letztere ist eingerichtet für die doppelgleisige Weiterbeförderung des Baggergutes in schienengebundenen Großraumwagen.

Auch bei diesen normalspurigen Abraumwagen handelt es sich um eine Neuentwicklung. Bei einem gestrichenen Fassungsvermögen von 96 m^3 und einem Eigengewicht von 60 t weisen sie eine Nutzlast von 180 t auf. Die Wagen sind als Seitenkipper konzipiert, das Kippen erfolgt durch Druckluft. Sie rollen jeweils auf acht Achsen. Ein aus acht bis zehn Wagen bestehender Zug kommt auf ein Zuggewicht von weit über 2.000 t.

Bild 90: Die gewaltige Krupp-Absetzanlage samt Eimerketten-Aufnahmegerät (ganz links) und damit starr verbundenem Bandabsetzer rollte auf 256 Laufrädern, davon 192 Räder unter dem Absetzer.

Entsprechend leistungsfähige Elektrolokomotiven ziehen die mit Abraummaterial beladenen Züge um den Tagebau herum auf die Verkippungsseite, wo der bereits ausgekohlte Bereich des Tagebaus wieder verfüllt werden soll. Selbstverständlich muss die dazu erforderliche Absetzanlage hinsichtlich ihrer Förderleistung auf das Gewinnungsgerät abgestimmt sein.

Bild 91: Ob dies die größte Wippe der Welt war? Beim Krupp-Bagger von 1956 für 110.000 m³ tägliche Förderleistung bildeten der Schaufelrad- und der Ballastausleger eine riesige Wippe.

Zunächst wird das zu verstürzende Abraummaterial aus den Transportwagen in einen speziell angelegten Kippgraben verkippt. Ein schienengebundenes Eimerketten-Aufnahmegerät, das mit dem Absetzer über eine Bandbrücke fest verbunden ist, entnimmt das Material aus dem Graben. Die Eimerkette ist mit 4,5-m³-Eimern bestückt und für eine stündliche Fördermenge von 5.700 m³ ausgelegt. Die starre Verbindung durch die Bandbrücke bedingt zwangsläufig, dass das Eimerkettengerät sich ständig in Abhängigkeit von dem Arbeitsfortschritt des Absetzers weiterbewegen muss. Dies wiederum bedingt, dass auch der Kippgraben von Zeit zu Zeit umgesetzt, das heißt neu angelegt werden muss – wahrlich ein recht zeitaufwendiges Unterfangen.

Der Bandabsetzer, ebenso wie das Eimerketten-Aufnahmegerät von Krupp gebaut und auf Schienen laufend, weist bei einer installierten Kapazität von 100.000 m³ pro Tag ein Gewicht von knapp 3.000 t auf (Bild 90). Die waagerechte Ausladung des Abwurfauslegers beträgt 92 m, alternativ dazu die maximal mögliche Kipphöhe 35 m. Der Schwenkbereich des Auslegers ist auf 240° beschränkt.

Im Verlauf des Jahres 1956 geht ebenfalls im Tagebau Fortuna ein Krupp-Schaufelradbagger in Betrieb, dessen Förderkapazität bereits bei 110.000 m³ pro Tag liegt. Gegenüber dem LMG-Bagger ist der schwenkbare Oberbau dieses Gerätes konstruktiv vollständig anders aufgebaut. Schaufelrad- und Ballastausleger sind in einer so genannten Wippe zusammengefasst und ruhen gemeinsam in einem Kipplager, das im Turm des Baggers gelagert ist. Über Abspannvorrichtungen sind sie miteinander verbunden (Bild 91).

Der Grundgedanke dieser Bauweise liegt darin, durch ein genaues Auswiegen der Wippe in leerem Zustand, das heißt durch entsprechende Regulierung der Ballastfüllung, eine Minimierung der für das Heben und Senken des Schaufelradauslegers erforderlichen Kräfte und damit auch der zu installierenden Motorleistung zu erreichen. Diese ergeben sich im Wesentlichen nur noch aus den am Schaufelrad während des Betriebes angreifenden Kräften und aus der Masse der Bandbeladung des Auslegers. Die Höhenverstellung des Schaufelrades erfolgt über ein Windwerk, das sich relativ nahe an dem Lagerpunkt der Wippe befindet. Die sonstige Auslegung und die technischen Hauptdaten des Krupp-Baggers sind mit denen des LMG-Gerätes vergleichbar.

Bei einem zweiten von Krupp hergestellten Bandabsetzer mit einer Auslegerlänge von 100 m und der gleichen Förderleistung, der kurz nach dem Krupp-Schaufelradbagger in Betrieb geht, sind das nunmehr mit einem Schaufelrad ausgerüstete Aufnahme- und das Absetzgerät konstruktiv und auch örtlich vollständig voneinander getrennt. Nur der Absetzer muss noch parallel zur Kante der Kippe verfahren; das jetzt mit einem Schaufelrad ausgerüstete Aufnahmegerät und der zugehörige Kippgraben befinden sich ortsfest seitlich vom Tagebau.

Die fördertechnische Verbindung zwischen beiden Geräten erfolgt jetzt über eine auf der Kippenstrosse aufgebaute rückbare Bandanlage, und die Übergabe des Fördergutes vom Transportband auf den Absetzer vollzieht sich über einen Bandschleifenwagen. Da als weiteres Novum dieser Absetzer Raupenfahrwerke besitzt, müssen erstmals auf der Verkippungsseite keinerlei Gleise mehr verlegt und gerückt werden, weder für die Absetzgeräte noch für die Züge. Dieser Umstand stellt einen immensen Kostenvorteil, verbunden auch mit betrieblichen Vorteilen, dar.

1957 wird im Tagebau Fortuna ein dritter Bagger der 110.000er Klasse, diesmal wieder gebaut von der LMG, in Dienst gestellt. Dieser Schaufelradbagger ist in der Lage, neben der unverändert gebliebenen Abtragshöhe von 50 m im Hochschnitt zusätzlich auch 20 m im Tiefschnitt abbaggern zu können. Er wird aus diesem Grund als Hoch-Tief-Schaufelradbagger bezeichnet.

Im Tiefschnitt muss allerdings die Drehrichtung des Schaufelrades geändert werden, was wiederum ein relativ zeitaufwendiges Umdrehen der Fördereimer bedingt. Weiterhin muss, um Abraum oder Kohle bei einem Förderwinkel von bis zu 40° überhaupt auf einer Bandanlage aufwärts transportieren zu können, im Schaufelradausleger eine Steilfördereinrichtung installiert werden. Diese besteht aus einem Deckelband, das mit der gleichen Umlaufgeschwindigkeit wie das Hauptband läuft. Durch mit Federn vorgespannte Gummireifen wird es auf das Transportband aufgedrückt. Bei Hochbaggerstellung wird das Deckelband mechanisch abgehoben. Die technischen Hauptdaten dieses Gerätes sind gegenüber den ersten beiden Baggern weitgehend unverändert geblieben.

Bei dieser Baggeranlage ist beim Beladeteil schon eine mögliche spätere Umstellung der Förderung von Zug- auf Bandbetrieb vorgesehen. In den Folgejahren gehen im Tagebau Fortuna noch weitere drei Schaufelradbagger der 110.000-m^3-Leistungsklasse in Betrieb, deren Betriebsgewicht sich durch inzwischen vorgenommene Verbesserungen und Verstärkungen auf 7.200 t erhöht.

Fortsetzung beim Direktversturz

Bei geringeren Stärken des Kohlenflözes und einer relativ hohen Abraummächtigkeit stellt bekanntlich der den Tagebau umfahrende Zug- oder Bandbetrieb nicht unbedingt die wirtschaftlichste Lösung dar. Bei der Planung des Abbaus eines Braunkohlefeldes bei Arjuzanx in Südfrankreich, das ein sehr ungünstiges Abraum-Kohle-Verhältnis aufweist, wird sowohl die amerikanische Tagebaumethode des Abbaus durch diskontinuierlich arbeitende Schreitbagger als auch die deutsche Tagebautechnik mit kontinuierlich arbeitenden Geräten erwogen.

Schließlich entscheidet man sich aufgrund von betrieblichen Vorteilen in Anlehnung an den Förderbrückenbetrieb für eine Kombination von Schaufelradbagger und großem Bandabsetzer. Mittels dieser beiden von Krupp hergestellten Geräte ist es möglich, nach dem Prinzip des Direktversturzes den Abraum auf direktem Weg quer über den gesamten Abbaubereich zu transportieren und in den bereits ausgekohlten Bereich zu verstürzen (Bild 92).

Bild 92: Ein Musterbeispiel für den kontinuierlichen Direktversturz auf dem kürzesten Weg über den Tagebau hinweg war die Krupp-Anlage von Arjuzanx. Der Aufschluss des Tagebaus wurde 1959 mit diesen Geräten durchgeführt.

Dabei stehen alle Geräte auf der Kohle, was höhere Bodendrücke zulässt. Der Schaufelradbagger ist für eine maximale Abtragshöhe von 30 m ausgelegt. Auf ihm stützt sich eine im Mittel 53 m lange ausziehbare Verbindungsbrücke ab, die an ihrem anderen Ende auf einem 40 m langen, entgegen der Förderrichtung auskragenden Ausleger des auf Raupen verfahrbaren Absetzers verlagert ist.

Der Absetzer kann prinzipiell geschwenkt werden, dies natürlich nur im Rahmen der Beweglichkeit der Brücke und der Stellung von Bagger und Absetzer zueinander. Die horizontale Reichweite des Abwurfauslegers bei der maximal möglichen Kipphöhe von 48 m beträgt beachtliche 113 m.

Die gesamte Anlage hat eine Länge von bis zu 240 m, ihr Betriebsgewicht liegt bei 3.260 t. Beide Geräte laufen auf 3 x 2 Raupen. Der Abbau der Kohle erfolgt durch zwei Eimerkettenbagger, die eine rückbare Bandanlage beschicken und denen der Absetzer eine ausreichende Durchfahrthöhe bietet. Daher können sie geschickterweise unabhängig von der jeweiligen Stellung des Abwurfauslegers verfahren werden.

Bild 93: Der neue amerikanische Kolbe-Schaufelradbagger W-3 verfügte erstmals über einen seilbetätigten Vorschub des Schaufelradauslegers über eine Länge von 15,2 m.

Auch in diesem Jahrzehnt wird den Direktversturz-Schaufelradbaggern in den Vereinigten Staaten einige Aufmerksamkeit geschenkt. Wir rufen uns dazu kurz die ausgefallenen Konstruktionen von Frank F. Kolbe aus den 40er Jahren ins Gedächtnis zurück.

Im August 1955 wird ein weiterer Kolbe-Schaufelradbagger, als W-3 bezeichnet, in der Fidelity Mine in Illinois in Betrieb genommen, der mit einer Marion 5561 „Stripping Shovel" zusammenarbeitet (Bild 93). Auch er ist aufgebaut auf den Unterbau und Rahmen einer ehemaligen „Stripping Shovel" Marion 5480 und entspricht in seiner Bauart und in den Hauptmaßen dem W-2.

Lediglich das Schaufelrad mit einem Durchmesser von 5,03 m ist grundsätzlich anders gestaltet. Denn seine Drehrichtung wird umgekehrt, es gräbt also sozusagen „nach unten", dem Prinzip der Fräse ähnelnd. Das gelöste Material soll mittels speziell geformter Schaufeln nach rückwärts regelrecht auf das Auslegerband geschleudert werden, unter Ausnutzung des physikalischen Prinzips der Fliehkraft.

Dazu erweist es sich als notwendig, das so genannte Schneidrad mit mehr als 20 Umdrehungen pro Minute zu betreiben. Dies führt einerseits aufgrund der außergewöhnlich hohen Umfangsgeschwindigkeit des Rades zu schweren Stoßbelastungen des gesamten Gerätes, insbesondere bei Kontakt mit größeren Felsbrocken, andererseits ist der Stromverbrauch des Radantriebes trotz einer insgesamt unbefriedigenden Förderleistung doppelt so hoch wie bei dem W-2. Als Konsequenz wird 1961 eine neubeschaffte „Stripping Shovel" Bucyrus-Erie 1650-B mit 54 m³ Löffelinhalt in Betrieb genommen, die die Kombination Marion 5561 und W-3 ersetzt.

Wir erinnern uns an den Marion 5600, der gegen Ende der 20er und in den 30er Jahren je nach Aufbau als die größte „Stripping Shovel" oder auch als der größte Schleppschaufelbagger galt. Anschließend, nach der aufgrund der Stundung der Fidelity Mine erfolgten Außerbetriebnahme im Jahr 1942, gerät der Bagger bis weit in die 50er Jahre vollkommen in Vergessenheit.

Im Jahr 1957 beschließt das Management der United Electric Coal Companies, den alten W-1-Schaufelradbagger in dem Cuba Tagebau durch einen größeren Neubau zu ersetzen. Daraufhin wird das Grundgerät des besagten 5600 in die genannte Mine transportiert und darauf Schaufelrad- und Abwurfausleger in der bereits bekannten Kolbe-Bauweise aufgebaut.

Die Gesamtlänge des Gerätes beträgt 126,8 m bei einem Betriebsgewicht von 1.900 t, sein Schaufelrad hat 8,2 m Durchmesser. Der Bagger geht im Januar

1959 als W-4 in Betrieb und bleibt bis 1984 zur vollen Zufriedenheit des Betreibers im Einsatz. 1994 wird er verschrottet. So endet unwiderruflich die lange, interessante und im wahrsten Sinne des Wortes wechselvolle Geschichte dieses Großgerätes.

Es bleibt noch festzuhalten, dass die Produktivität des Marion 5600 durch den Umbau in einen kontinuierlich arbeitenden Schaufelradbagger gegenüber der ursprünglichen Hochlöffelausrüstung um sage und schreibe das Fünffache gesteigert werden konnte.

Bild 94: Auch in der ehemaligen Sowjetunion wurde der Weiterentwicklung riesiger Hochlöffelbagger große Aufmerksamkeit geschenkt, hier ein Bagger des Krasnojorskij-Werkes mit 35 m³ Löffelinhalt und 65 m Auslegerlänge im sibirischen Tagebau Sofronow.

Nach Kolbe-Patenten werden inzwischen auch von Bucyrus-Erie Schaufelradbagger gebaut. Der erste, das Modell 954WX, ist seit 1954 in der Fiatt-Mine der Truax-Traer Coal Co. im Einsatz. Es besitzt ein Schaufelrad mit einem Durchmesser von 7,3 m. 1960 folgt das Modell 1054WX, das zur Entlastung einer „Stripping Shovel“ Marion 5760, deren Reichweite beim Verstürzen des Abraums zu gering ist, von der Peabody Coal Co. in Illinois eingesetzt wird.

Wachsen „Stripping Shovels“ ins Unermessliche?

In diesem Jahrzehnt setzt ein unglaubliches, zuvor nicht für möglich gehaltenes Größenwachstum insbesondere der „Stripping Shovels“ ein. Niemand ahnt zu diesem Zeitpunkt, dass diese Zeit des Gigantismus nur kurze 15 Jahre dauern wird, gefolgt von einem ebenso abrupten wie auch – zumindest für den Außenstehenden – überraschenden Ende (Bild 94).

Doch eine derartige Entwicklung kann in den 50er Jahren noch keiner voraussehen. In dieser Zeit ist ausschließlich die „Stripping Shovel“ in der Lage, zu der bereits damals gegebenen Notwendigkeit des Senkens der Gewinnungskosten durch eine Steigerung der umgesetzten Abraummenge und damit auch der Kohleproduktion beizutragen. Wie heißt es in einer zeitgenössischen Quelle: „Tagebaubetreiber haben noch nie einen Abraumbagger gekauft, der zu groß für den jeweiligen Einsatzzweck war, sie haben auch noch nie einen

Bild 95: Jedes der acht Raupenfahrwerke, auf denen sich der 2.495 t schwere „Mountaineer" abstützte, wog bei einer Länge von 7 m und einer Höhe von 2,4 m rund 54 t. Sein Betriebsgewicht betrug 2.495 t. Leicht zu übersehen ist die Planierraupe zwischen rechter Raupe und Löffel.

mit einer ausreichenden Förderleistung beschafft."

Die Ära der Groß- oder auch Super-Löffelbagger beginnt am 19. Januar 1956. An diesem kalten Wintertag nimmt die erste „Stripping Shovel" Marion Modell 5760, getauft auf den durchaus beziehungsreichen Namen „The Mountaineer" (Der Bergmann), ihre Arbeit in der Georgetown Mine No. 10 der Hanna Coal Co. in der Nähe von Cadiz, Ohio, auf. Am Rande sei erwähnt, dass in den kommenden Jahrzehnten viele der großen Abraumbagger mit Namen versehen werden, und das nicht nur in den USA, sondern beispielsweise auch in England. Und unter dem jeweiligen Namen werden sie häufig besser bekannt als unter ihren eigentlichen offiziellen, werkseitigen und meist etwas nichtssagenden Typenbezeichnungen.

Alles am „Mountaineer" ist riesig. Der Löffel besitzt ein Fassungsvermögen von 46 m³, der Löffelstiel eine Länge von 28 m. Die Auslegerlänge beträgt 45,7 m, die Gesamthöhe des Gerätes 48,8 m. Der Spitzen-Leistungsbedarf liegt bei 6.840 kW (Bild 95). Die zur Verfügung stehende enorme Hubleistung wird in einer Pressemitteilung durch einen zugegebenermaßen recht theoretisch anmutenden Vergleich veranschaulicht: Bei jedem Arbeitsspiel hebt der „Mountaineer“ innerhalb weniger Sekunden eine Plattform mit 166 je 1,5 t wiegenden Autos 30 m in die Luft, schwenkt sie in einem Radius von 88 m um die Drehachse und setzt sie schließlich auf dem Dach eines zehnstöckigen Hochhauses ab.

Diese „Stripping Shovel“ ist erstmals mit einem Aufzug ausgerüstet, der drei Personen vom Erdbodenniveau aus schnell und vor allem sicher bis in das Maschinenhaus bringt. Er ist durch den hohlen Königszapfen geführt, dessen Durchmesser 1,8 m beträgt. So kann der Aufzug unabhängig von der jeweiligen Drehbewegung des Baggers benutzt werden.

Der Bagger ist dafür konstruiert, eine bis zu 34 m mächtige Abraumschicht über der Kohle abzutragen, und das in Arbeitsspielen von nur 45 bis 50 Sekunden Gesamtdauer. Unter diesen Bedingungen sind die beiden bisher in dem Tagebau eingesetzten Marion 5561 – trotz einer zwischenzeitlich erfolgten nochmaligen Vergrößerung des Löffels auf einen Inhalt von nun je 38 m^3 – überfordert.

Es ist interessant, sich vor Augen zu führen, dass beim Modell 5760 die Vergrößerung des Löffelinhaltes um nicht mehr als 7 oder 8 m^3, verbunden allerdings mit einer entsprechenden Erhöhung der übrigen Parameter wie Abbauhöhe und Reichweite, in diesem Fall zu einer Verdreifachung, also offensichtlich zu einem weit überproportionalen Anstieg der gesamtinstallierten Motorleistung geführt hat. Dies liegt einerseits an der Notwendigkeit, den gefüllten Löffel beim Schwenken ausreichend schnell zu beschleunigen und wieder zu verzögern, andererseits aber auch an dem erforderlichen höheren Betriebsgewicht des Baggers, das die Massenträgheit des gesamten Systems noch weiter erhöht.

Wieder ist es – wie bereits Jahrzehnte zuvor bei der Entwicklung und dem Bau der ersten echten „Stripping Shovel“ überhaupt – die Firma Marion, die die Vorreiterrolle übernommen hat, und wieder sieht sich Bucyrus-Erie veranlasst, zu reagieren. Im März des folgenden Jahres wird die Antwort dieses Herstellers in Gestalt einer größen- und leistungsmäßig vergleichbaren „Stripping Shovel“ der Fachwelt vorgestellt.

Es ist dies das Modell 1650-B. Die erste Maschine dieses Typs, auf den schönen Namen „River Queen“ getauft, kommt in der gleichnamigen Mine der Peabody Coal Co. in Kentucky zum Einsatz. Ihr Betriebsgewicht beträgt rund 2.300 t. Der Löffelstiel ist 26,2 m lang. Durch die große Reichweite kann der Abraum bis zu 90 m vom Aufnahmeort entfernt verstürzt werden. Wurde beim „Mountaineer“ von Marion erneut der zwischenzeitlich bewährte Kniehebelvorschub für den Löffel gewählt, so stattet Bucyrus-Erie die „River Queen“ nach wie vor mit dem ebenso bewährten Seilvorschubsystem aus (Bild 96).

Insgesamt 15 Elektromotoren mit 200 bis 1.500 PS Leistung treiben den Bagger an.

Bild 96: Der Ausleger der „River Queen" von Bucyrus-Erie war auch weiterhin zweigeteilt, wobei der untere Teil fest mit dem A-Bock verbunden war und nur der obere Teil über Seile abgespannt wurde.

Jedes der vier Raupenfahrwerke wiegt 198 t. Erstmalig ist dieser Bagger, ausgerüstet mit einem 44 m langen Spezialausleger und einem 42 m^3 fassenden Löffel, in der Lage, gleichzeitig zwei Kohlenflöze, die durch ein Zwischenmittel voneinander getrennt sind, freizulegen. Gegen Ende der 50er Jahre sind mehrere „Stripping Shovels" 1650-B auch mit Löffelinhalten von 50 und 54 m^3 im Einsatz. Gleiches gilt für den Typ Marion 5760, von dem insgesamt fünf Stück gebaut werden (Bild 97).

Bild 97: Solche Schwertransporte waren im Amerika der 50er Jahre nicht selten: Stiel und Löffel einer Marion „Stripping Shovel", in diesem Fall vom Typ 5561, wurden – aus heutiger Sicht etwas improvisiert – zum Einsatzort gebracht.

Schon gegen Ende Jahres 1958 wird das Marion Modell 5760 durch den Typ 5761 abgelöst. Von diesen mächtigen Baggern werden in den kommenden Jahren insgesamt 19 Maschinen gebaut. So wird die 5761 zur weitaus erfolgreichsten Baureihe von „Stripping Shovels" überhaupt

Bild 98: Erste „Stripping Shovel" mit 50 m³ Löffelinhalt war die 3.550 t wiegende Marion 5761, konstruiert für eine monatliche Förderrate von 1,3 Mio. m³ im bis zu 30 m mächtigen Abraum.

werden, für Insider sogar zum Inbegriff der „Stripping Shovel" schlechthin. Deshalb werden wir ihr im nächsten Jahrzehnt nochmals begegnen.

Erster dieser neuen Baureihe ist der „Stripmaster", ein Baggergigant mit einem Löffelinhalt von 50 m³ und einer Auslegerlänge von 50,3 m, der 1959 in der Lynnville Mine der Peabody Coal Co. in Indiana in Betrieb geht (Bild 98). Dieser Tagebau lieferte seine erste Kohle bereits 1952. Später wurde die Kapazität bis auf 5 Mio. short tons pro Jahr ausgeweitet. Kohle wird in mehreren einzelnen Gräben gewonnen, die mit einer stellenweise bis zu 35 m starken Abraumschicht überdeckt sind.

Die neue „Stripping Shovel" erreicht eine durchschnittliche monatliche Förderleistung von 1,3 Mio. m³ Abraum. Dabei wird ein ungefähr 26 m breiter Kohlestreifen freigelegt. Derart gewaltige Massen müssen allein schon deshalb umgesetzt werden, um den Kohleabbau bei einer Dicke des Kohlenflözes von gerade einmal 1,2 m unterhalb einer bis zu 30-mal so dicken Abraumschicht überhaupt noch wirtschaftlich durchführen zu können. Dies ist einer der Gründe für die an die Baggerhersteller gerichtete Forderung der Bergwerksbetreiber, immer leistungsfähigere Großgeräte zu entwerfen und zu bauen.

Die größten Schreitbagger stammen aus Europa

Das Größenwachstum der Schreitbagger, im Tagebaujargon „Walking Dragline" genannt, bleibt in diesen Jahren noch weit hinter dem der „Stripping Shovels" zurück. Dies liegt zum Teil daran, dass Schreitbagger nach wie vor nur recht selten als Hauptgewinnungsgeräte eingesetzt werden. Noch fehlt der Druck zur Entwicklung größerer und leistungsfähiger Bagger dieser Gattung.

Seitens der beiden großen amerikanischen Hersteller Bucyrus-Erie und Marion sind nun immerhin „Walking Draglines" mit einem Kübelinhalt von bis zu 30 m³ und einer Reichweite von 60 bis 68 m verfügbar. Gegen Ende der 50er Jahre gilt als größter seiner Art der Marion 7800, der fast zwei Jahrzehnte

Bild 99: Gut sichtbar an diesem Schreitbagger Marion 7800 mit 23 m³ Kübel ist eines der beiden Exzenterschreitwerke mit der beweglich angehängten Schreitkufe, die zur Fortbewegung des 1.560 t schweren Gerätes dienten. Es war im Gegensatz zu den Bucyrus-Schreitbaggern bei Marion jedoch als mächtiges Kurbelgetriebe ausgebildet.

nach seiner Einführung nun mit Kübelinhalten zwischen 15 und 26 m³ bei Auslegerlängen von 55 bis 67 m eingesetzt werden kann (Bild 99).

Der Bucyrus-Erie 1250-B, der in diesem Jahrzehnt beispielsweise mit einem 23 m³ fassenden Kübel an einem 61 m langen Ausleger und mit einem 71,6 m messenden Ausleger und einem 17 m³ großen Kübel ausgeliefert wird, steht dem Marion 7800 hinsichtlich Förderleistung und Gewicht kaum nach. Einsatzorte beider Geräte sind hauptsächlich Phosphat- und Kohletagebaue.

Bei einem durchaus ungewöhnlichen Einsatz in dem South Agnew Eisenerztagebau der Hanna Co. in der Mesabi Range in Minnesota wird ein 1250-B zum Abräumen der Abraumschicht über dem erzhaltigen Gestein eingesetzt. Ausgerüstet mit einem 55 m langen Ausleger kippt er das Material aus seinem Kübel in einen großen, auf vier Raupenpaaren verfahrbaren Trichter. Von dort wird das Fördergut nach dem Durchfluss durch grobmaschige Siebe über einen Ausleger auf eine Bandanlage weitergeleitet, die es über eine Entfernung von rund 1,6 km zur Kippe transportiert (Bild 100).

Das Exzenter-Schreitwerk des Bucyrus-Erie 1250-B ermöglicht eine Schrittweite von 2,2 m. Während des Baggerns steht er sicher auf einer 200 t wiegenden Basisplatte mit einem Durchmesser von 15,2 m, die für einen ausreichend niedrigen Bodendruck sorgt.

Bild 100: Bei jedem Arbeitsspiel schüttete ein „Walking Dragline" Bucyrus-Erie 1250-B ganze 45 t Abraum in den großen, auf Raupenfahrwerken stehenden Trichter.

Bild 101: Diese „Walking Dragline“ Page Modell 625, eingesetzt in Alabama, entfernte Abraum mit einer durchschnittlichen Mächtigkeit von 11 m über einem Kohleflöz.

Die Firma Page als dritte im Bunde der amerikanischen Hersteller von Schreitbaggern hält sich mehr an die vergleichsweise kleineren Bagger. Typisch sind die Modelle 625 (Bild 101) und 726. Der 726 schwingt einen 10 m^3 fassenden Kübel an einem 38,1 m langen Ausleger. Bemerkenswert ist die außergewöhnliche, gleichwohl für Bagger dieses Herstellers bis zur Übernahme der Firma durch P&H in den 90er Jahren typische Gestaltung des Exzenters für das Schreitwerk.

1951 kommt in England der damals größte Schreitbagger der Welt zum Einsatz. Dabei handelt sich um den ersten W 1400 des englischen Herstellers Ransomes & Rapier (Bild 102). Aufgabe des Baggers ist es, im Eisenerztagebau Priors Hall Quarry bei Corby Abraum mit einer Mächtigkeit von bis zu 40 m über der Erzschicht im Stripmining-Verfahren (streifenförmiger Abbau) umzusetzen. Der Schleppkübel fasst 15,3 m^3 bei einer Auslegerlänge von 86 m und einer sich hieraus ergebenden Ausladung von

Bild 102: Der auf einer Basisplattform von 14,6 m Durchmesser stehende Rapier W-1400 war 1951 der größte Schleppkübel-Schreitbagger der Welt. Der gefüllte Schleppkübel wog an der 53,4 m hohen Auslegerspitze über 45 t.

Bild 103: Etwas verbaut und am Maschinenhaus kaum als Schreitbagger erkennbar war der ESch 25/100 von Uralmasch, aber mit einem 25-m³-Kübel an einem 100 m langen Ausleger war er nun weltweit immerhin der größte Schreitbagger.

erstaunlichen 79,2 m. Die Rohre der Auslegerkonstruktion sind erstmals mit unter Druck stehendem Gas gefüllt. Fällt der Gasdruck, weist dies auf gefährliche Haarrisse hin. Das Betriebsgewicht des W 1400 liegt bei 1.650 t.

Zum Bau des schreitenden Riesen wurde Ransomes & Rapier sicherlich durch den Bucyrus-Erie 1150-B veranlasst, der mit 19 m³ Schleppschaufelinhalt erstmals 1949 im britischen Kohletagebau zum Einsatz gelangte. Es ist nur zu verständlich, dass die Engländer demonstrieren möchten, in der Baggertechnik den Amerikanern keineswegs unterlegen zu sein.

In Russland bewähren sich die ersten Uralmasch-Schreitbagger nicht im Tagebau, sondern bei einer Kanalbaustelle: 1952 arbeitet ein ESch 14/65 am tiefsten Einschnitt des Lenin-Wolga-Don-Schifffahrtskanals. Der Bagger bewegt mit seinem 14 m³ fassenden Schleppkübel innerhalb eines Jahres 3 Mio. m³ Aushub – mit Spitzenleistungen von 15.000 m³ pro Tag. Ein zweiter ESch 14/65 legt einen 1 km langen, 180 m breiten und 30 m tiefen Einschnitt an.

1958 setzt Uralmasch mit dem Schreitbagger ESch 25/100 eine neue Rekordmarke: Ein 25 m³ fassender Schleppkübel hängt an einem 100 m langen, mit Seilen abgespannten Ausleger. Der erste wird im Ordschonikidze in der Ukraine eingesetzt, der zweite im Tagebau Azeisk der Vereinigung Wostsibugol (Bild 103).

Bemerkenswert sind bei den Riesen aus dem Uralmasch-Werk, genannt „Werk der Werke", das neuartige hydraulische Schreitwerk sowie die außergewöhnliche Konstruktion des 100 m langen Auslegers mittels eines Zentralrohres und einer statisch hochinteressanten Seilabspannung. Hinsichtlich des Schreitwerkes und der Auslegergestaltung unterscheiden sich die Uralmasch-Bagger beispielsweise grundlegend von allen amerikanischen und englischen Schreitbaggern.

1959 baut Uralmasch den ersten Schreitbagger ESch 15.90, der das Vorbild für den späteren ESch 20.90 liefert. Von dem äußerst erfolgreichen ESch 15.90 wird Uralmasch insgesamt 144 Stück produzieren, die beispielsweise auch in Korea, Indien und in der Mongolei eingesetzt werden. Uralmasch-Schreitbagger werden in den kommenden Jahrzehnten zu den weltweit möglicherweise meistverbreiteten zählen – bis zum Ende des 20. Jahrhunderts werden 235 Schreitbagger das russische Werk verlassen.

Muldenkippern werden schwere Lasten aufgebürdet

Nach den Einsatzerfahrungen der 40er Jahre spricht sich schnell herum, dass spezielle Muldenkipper sehr viel flexibler einzusetzen sind und zudem wesentlich steilere Rampen befahren können als die auf vergleichsweise „starren" Gleisen rollenden Lokomotiven und Waggons der gleisgebundenen Förderung. So verdrängen in diesem Jahrzehnt 15 bis 25 t tragende Muldenkipper in vielen Tagebauen, besonders amerikanischen und englischen, die bislang verbreitete Gleisförderung, obwohl die Kippwaggons zu dieser Zeit schon 30 bis 60 t Kapazität haben und natürlich zu kleinen Zügen zusammengekuppelt aus den Gruben herausgefahren werden – von nur einem Lokführer.

Dennoch ist in Betracht zu ziehen, wie umständlich sich die Gleisförderung gestaltet: Jedes größere Umsetzen eines Baggers erfordert sofort das Nachrücken der Gleise, anderenfalls können die Waggons nicht beladen werden. Während des Gleisrückens ist kein Zugverkehr und damit kein Massentransport möglich, auch nicht bei den davor oder dahinter arbeitenden Baggern. Die Bagger verlieren somit regelmäßig viel kostbare Arbeitszeit durch unproduktive Wartezeiten.

Im Vergleich dazu eilen die handlichen Muldenkipper wieselflink zwischen Ladestellen, Brecher oder Kippe hin und her. Fällt ein Muldenkipper aus, ist das längst nicht so schlimm wie der überraschende Ausfall einer Lokomotive, der gleich soundsoviele Waggons lahmlegt, oder wie das unproduktive Gleisrücken.

Keinesfalls reichen aber 15 bis 25 t Nutzlast, um vernünftige Abbaumengen und Förderleistungen zu erzielen, so dass viele Minenbetreiber an die namhaften Muldenkipperhersteller den Wunsch richten, Fahrzeuge mit höheren Traglasten zu entwickeln (Bild 104). Dieses Streben nach größeren Nutzlasten und Wettrennen um Imagegewinn beginnt in den 50er Jahren und wird sich bis zum Ende des 20. Jahrhunderts fortsetzen.

Bild 104: Mit 35 short tons (32 t) Nutzlast und 64 t Gesamtgewicht zählte der Dart 40T 1954 zu den größten Muldenkippern seiner Zeit. Für den Antrieb sorgten ein 335 PS starker Cummins-Diesel, ein dreistufiger Drehmomentwandler und ein Viergang-Getriebe von Fuller.

Die weitere Entwicklung der Muldenkipper hängt nun von den zur Verfügung stehenden Komponenten ab. 1935 konnten Motoren mit nur 200 PS Leistung eingebaut werden, zwanzig Jahre später schon solche mit etwa 450 PS. Herrschte bis zu den frühen 50er Jahren noch die Ansicht, gefederte Hinterachsen würden zu Störungen beim Beladen führen, beginnt man nun, völlig neue Achsen und Rahmen für überschwere Fahrzeuge zu erproben. Mechanische Schaltkupplungen sind kaum in der Lage, die ständig wachsenden Belastungen aufzunehmen, was zur breiteren Nutzung von Lastschaltgetriebe und Drehmomentwandler führt.

Bild 105: Die Reserve Mining Co. nutzte die gewaltige Transportkapazität schwerer Euclid-Chassis mit „Twin-Power" (Doppelmotorenantrieb), um etwa 80 bis 90 t Erzgestein ladende Seitenkippanhänger aufzusatteln.

Bahnbrechend ist zu Beginn dieses Jahrzehntes der Euclid 1LLD mit 45 t Nutzlast und zwei Antriebsmotoren mit 2 x 300 PS Leistung, der nun bei weitem größte Muldenkipper der Welt (Bild 105). Dann versetzt die amerikanische Firma Dart die Fachwelt 1951 mit einem wahren Giganten in Erstaunen. Dieser wird unter der Leitung von Ralph H. Kress konstruiert, einem Mann, dem wir noch häufig begegnen werden. Der dreiachsige Muldenkipper mit zunächst 54 t und später sogar bis zu 68 t Nutzlast wird von zwei seitlich am Rahmen zwischen Vorder- und erster Hinterachse angehängten Motoren von je 350 PS Leistung angetrieben. Je ein Motor ist über einen Drehmomentwandler und Getriebe mit einer Hinterachse verbunden.

Bild 106: Der erste berühmte Muldenkipper von Ralph H. Kress war der beladen 100 bis 115 t wiegende Dart 600 mit zwei Motoren, Wandlern und Getrieben, sechsfacher Zwillingsbereifung und Drehschemellenkung.

Vordere Zwillingsreifen, erstmals verwendet, nehmen die durch die doppelte Komponentenzahl vergrößerte Vorderachslast auf. Eigentümlicherweise wird die über einen einzigen Königszapfen lufthydraulisch gefederte Vorderachse in der Art einer Drehschemellenkung als durchgehende Achse gesteuert. Trotz der aufwendigen Technik hat dieser Muldenkipper ein Leergewicht von nur 45 t. So ergibt sich ein Verhältnis Nutzlast/Leergewicht von 1,40, was auch später viele Hersteller nicht erreichen (Bild 106).

Bild 107: Muldenkipper – in diesem Fall von Kenworth – wurden 1956 erstmals im Trolleybetrieb eingesetzt. Die Idee bewährte sich so gut, dass die elektrischen Kenworth-Kipper bis 1971 ihren Dienst versahen.

Unzufrieden mit der Wirtschaftlichkeit der damaligen Benzinmotoren beschließt man 1956 in einem Steinbruch der amerikanischen Riverside Cement Co., die verwendeten 27-t-Kenworth-Muldenkipper auf elektrischen Antrieb umzurüsten. An den Platz des entfernten mechanischen Getriebes montiert man einen 260 kW starken E-Motor und vor den Kühler die Stromabnehmer zum Oberleitungsbetrieb (Bild 107).

1957 wird, wieder unter Leitung von Ralph H. Kress, bei LeTourneau-Westinghouse die spektakuläre „Haulpak"-Serie entwickelt. Revolutionär ist die „Hydrair"-Federung, die Kress schon in ähnlicher Weise bei dem 63-t-Dart angewendet hat. Diese bis heute bewährte Federung wurde Flugzeugfahrwerken entlehnt. Sie dämpft Schockbelastungen ab, hält das Fahrzeug auf unebenen Wegen schwingungsfrei und enthält weniger Teile als mechanische Federungen.

Bild 108: Die Chassis der neuen „Haulpak" von LeTourneau-Westinghouse wurden umgehend auch als 64 km/h schnelle Zugmaschinen für Bodenentleerer mit bis zu 80 sht Nutzlast zweckentfremdet.

Die Kolben der vorderen „Hydrair"-Elemente dienen zudem als Lagerzapfen zur Lenkung der Räder, so dass ein äußerst kleiner Wendekreis möglich wird. Die damaligen „Haulpak"-Muldenkipper erreichen mit 27 t Nutzlast sogar 63 km/h Geschwindigkeit, denn das hohe Verhältnis Nutzlast/Leergewicht von 1,49 erlaubt die Verwendung bestgeeigneter

Getriebe. Wenige Jahre später dienen Chassis der „Haulpak"-Muldenkipper auch als Sattelzugmaschinen für Kohle-Bodenentleerer (Bild 108). Dies sind die ersten Bodenentleererzüge in der für das verbleibende 20. Jahrhundert üblichen Bauweise.

Bild 109: Der Berliet T-100 kam beladen auf 115 t Gesamtgewicht. Der riesige Muldenkipper wurde von einem 12-Zylinder-V-Motor mit 30 Liter Hubraum und 720 PS Leistung und einem Achtgang-Vorwählgetriebe auf allen Rädern angetrieben.

Noch gilt der 600 PS starke Autocar AP 40 als größter Einmotorenkipper. Das ändert sich jedoch schlagartig, als Berliet 1958 in Frankreich den zu der Zeit größten Muldenkipper T-100 präsentiert (Bild 109). Dieser riesige Muldenkipper wie auch der ein Jahr später von Euclid und der amerikanischen Western-Baugesellschaft gemeinsam entwickelte „Eucnic"-Sattelzug weisen eine noch recht herkömmliche Bauweise auf. Zwar kann der fünfachsige „Eucnic"-Hinterkipper-Sattelzug nun schon 168 t laden, die beiden Motoren in der Zugmaschine leisten jedoch zusammen „nur" 762 PS, so dass die Einsatzmöglichkeiten aufgrund der Untermotorisierung eingeschränkt sind (Bilder 110 A, 110 B).

Während der späten 50er Jahre werden diverse Versuche unternommen, sich entsprechend den Anforderungen im Tagebau mehr und mehr vom konventionellen Fahrzeugbau zu entfernen. 1958 und 1959 stellen LeTourneau und Unit Rig große knickgelenkte Muldenkipper-Prototypen für 60 und 58 t Nutzlast auf die Räder (Bild 111). Nicht nur der Rahmen sollte bei diesen Konstruktionen verändert werden.

LeTourneau und Unit Rig möchten bei den neuen Muldenkippern die Vorteile des von LeTourneau entwickelten „elektrischen Rades", einer Radnabe mit integ-

Bild 110 A und B: Der auf 18 Reifen fahrende „Eucnic" von Euclid und Western Contracting wurde zunächst nicht im Tagebau, sondern beim Bau des Oahe-Staudammes in Missouri eingesetzt – mit 58 Mio. m^3 Volumen der 1958 größte Erdschüttdamm der Welt.

Bild 111: Der erste Unit-Rig-Muldenkipper, der Knicklenker „Lectra Haul" M 64 mit 58 t Nutzlast, wurde von einem 700 PS starken Cummins-Motor über einen Generator und vier Radnabenmotoren diesel-elektrisch angetrieben.

riertem E-Motor und Getriebe, nutzen. Um Treibstoff zu sparen, können sich die LeTourneau-Knicklenker auf Steigungen sogar an eine 600-V-Oberleitung anschließen und so mit 68 t Nutzlast 15-prozentige Steigungen mit 19 km/h Geschwindigkeit befahren. Die vier Elektromotoren in den Rädern leisten zusammen 1.600 PS. Diese mächtigen Knicklenker werden das erste und einzige Mal im Kupfertagebau bei Butte in Montana eingesetzt (Bild 112).

Bild 112: Beim großen LeTourneau-Knicklenker TR-60 wurde erstmals ein elektrischer Radnabenantrieb mit vier Elektromotoren von je 300 kW Leistung mit einer Stromzuführung mittels Oberleitung kombiniert. Hier fuhr der TR-60 mit 335 PS starkem Hilfsantrieb und Generator ohne Oberleitung.

Bild 113: Steinbrucheinsatz eines B335 mit dem für Demag-Bagger typischen, zentrisch zwischen den Auslegerholmen geführten und rohrförmigen Löffelstiel. Die schienengebundenen Loren wirken zu klein geraten für das Beladen durch diesen Großbagger.

Wer belädt die Muldenkipper?

Auch die sich auf Zweiraupenfahrwerken fortbewegenden Hochleistungsbagger dürfen – obwohl sie natürlich im Vergleich zu den Riesenbaggern „klein" wirken – mit Fug und Recht als Großgeräte bezeichnet werden. Sie kommen vielfach als Hauptfördergeräte und damit als Schlüsselgeräte auf Großbaustellen zum Einsatz, genauso häufig aber auch in Tagebauen.

Für höchste Förderleistungen, insbesondere in felsigem Gestein, können derartige Bagger mit Hochlöffeleinrichtungen ausgerüstet werden. Falls große Reichweiten erforderlich sind, beispielsweise zum Freilegen von Kohle im Tagebau, werden sie mit langen Gittermastauslegern und Schleppkübelausrüstung eingesetzt.

Die Entwicklung der Hochlöffelbagger wird in diesem Jahrzehnt durch den weltweiten Wandel von der gleisgebundenen Förderung zur wesentlich flexibleren Muldenkipperförderung bestimmt. Die Bagger müssen gegenüber Waggons nun den höheren Mulden und der größeren Einsatzflexibilität angepasst werden, sollen also auch schneller umzusetzen sein.

Dessen ungeachtet beladen deutsche Hochlöffel-Seilbagger weiterhin Bahnwaggons, aber noch keine Muldenkipper. Nach dem 1941 vorgestellten „Titan der Arbeit", dem Riesenbagger U 35 mit einem Betriebsgewicht von 320 t und einem 5,5 m³ fassenden Felslöffel, der

Bild 114: 1957 förderte ein russischer EKG-4 mit 4 m³ fassendem Löffel und besonders langem Stiel und Ausleger im Tagebau Korkino Abraum in Waggons.

vermutlich der größte europäische Hochlöffelbagger seiner Zeit ist, präsentiert Demag gut ein Jahrzehnt später den B 335. Obwohl kleiner als der U 35, sind seine technischen Daten dennoch beeindruckend (Bild 113).

So kommt das werkseitig als echter Universalbagger angebotene Gerät mit einem 3,5-m³-Hochlöffel ausgerüstet auf ein Einsatzgewicht von 137 t, wobei die größte Reichhöhe 11,3 m und die Reißkraft 58 t beträgt. Es handelt sich um einen Mehrmotoren-Bagger, der ursprünglich sogar noch mit Dampfmaschinenantrieb angeboten wird. Ausgeliefert wird der trotz seiner Größe noch in Serie gebaute Bagger überwiegend mit Elektroantrieb.

In England testet Rapier ab 1952 den Typ 4142 mit elektrischem Ward-Leonard-Gleichstromantrieb. Der Hochlöffelbagger trägt an einem 10,4 m langem Ausleger, an den auch ein Elektromotor samt Getriebe für den Löffelvorschub angebaut ist, einen 2,7 m³ fassenden Löffel und gilt damit als „Heavy Rock-Digging Shovel", also als schwerer Felsbagger. In der Sowjetunion entwickelt Uralmasch größere Abraumbagger mit Hochlöffel (Bild 114).

Verbreitete amerikanische Bagger zur Beladung der größten Muldenkipper sind der Manitowoc 4500 und der Lima 2400 (Bilder 115, 116). Bei beiden Geräten handelt es sich um Bagger mit 4,2 bis 4,6 m³ Löffelinhalt, entweder ausgerüstet mit Hochlöffel oder mit Schleppkübel an einem üblicherweise etwa 36 m langen Ausleger. Ihr Betriebsgewicht liegt jeweils, in Abhängigkeit von der Ausrüstung, zwischen 210 und 250 t. Harnischfeger stellt 1954 den P&H 1855 vor, den mit seinem fast 7 m³ großen Löffel ein beträchtlicher Größensprung vom 3,8-m³-Bagger P&H 1500WL von 1942 trennt.

Elektro-Hochlöffelbagger von Bucyrus-Erie, die auch zu Schleppkübelbaggern umgerüstet werden können, sind bis zu einem Löffelinhalt von 6,1 m³ vornehmlich in Tagebaubetrieben im Einsatz. Kleinster Bagger der Baureihe ist der 110-B, gefolgt vom 150-B und 190-B. Wie bei ihren großen Brüdern, den „Stripping Shovels“ des gleichen Herstellers, sind die Ausleger dieser ungleich kleineren Löffelbagger zweigeteilt ausgeführt, wobei der untere Teil, in dem sich die Führung für den rohrförmigen Löffelstiel befindet, fest mit dem A-Bock verbunden ist. Nur der obere, relativ leicht gebaute Teil ist über Seile nach hinten abgespannt. Auch bei diesen Baggern erfolgt der Löffelvorschub per Seil.

Schon ab 1951 tritt der legendäre Marion 191-M erstmals im Tagebau und auf Großbaustellen in Erscheinung, versehen mit einem 6,1 bis 7,7 m³ fassenden Hochlöffel. Der P&H 1855 und der Marion 191-M sind in diesem Jahrzehnt die leistungsfähigsten und größten Bagger zur Beladung der neuen, ja immerhin schon bis zu 60 oder fast 70 t tragenden Muldenkipper (Bild 117).

Mit nur etwa 18 Sekunden Spieldauer ist der Marion 191-M ein äußerst schneller, fortschrittlicher Bagger. Er wird sich – selbstverständlich mehrfach dem Stand der Technik angepasst – zumindest bis zur Übernahme von Marion durch Bucyrus in den späten 90er Jahren noch im Bauprogramm befinden. Mit fast einem halben Jahrhundert Technikgeschichte hinter sich dürfte er somit der erfolgreichste Löffelbagger des 20. Jahrhunderts sein.

Bild 115: Der ohne mechanische Kupplungen arbeitende Wandlerantrieb machte den 150 bis 168 t schweren Manitowoc „Speedcrane“ mit 4,2 m³ großem Löffel zu Beginn der 50er Jahre zu einem der schnellsten Hochlöffelbagger.

Bild 116: Baldwin-Lima-Hamilton (BLH), später zu Clark gehörend, baute den zu seiner Zeit beliebten Lima 2400, ebenfalls mit Drehmomentwandler. Eine elektrisch angetriebene Version des 4,6-m³-Baggers war auch erhältlich.

Bild 117: Als erster der später üblichen Elektro-Hochlöffelbagger darf der Marion 191-M mit bis zu 7,7 m³ Löffelgröße gelten, 1951 der größte Löffelbagger auf zwei Raupenfahrwerken.

VI.

60er Jahre

Gibt es Grenzen im Baggerbau?

Wir gelangen in die 60er Jahre. Rasant bewegt sich die westliche Zivilisation in einer hoch technisierten Welt in die Zukunft. Alles scheint möglich…

Die Krönung der Technikeuphorie erleben wir zum Ende der 60er Jahre: Erstmals setzen Menschen ihre Füße auf einen fremden Himmelskörper. Die Mondlandung bestätigt alle mutigen Denker, dass mit moderner Technik alle Wünsche zu realisieren sind.

Die Rakete, die die Mondlandung ermöglichte, die Saturn V, wird die stärkste und mächtigste Maschine des 20. Jahrhunderts bleiben. Sie ist vom Start bis in über 80 km Flughöhe mit allen Stufen 120 m hoch. Ihre Triebwerke, die eine schier unfassbare Leistung von 100 Mio. PS erzeugen, bringen das 2.770-t-Startgewicht nach nur 2,5 Minuten auf über 9.600 km/h Raketentempo!

Hier und da tauchen sogar erste Pläne für Mond-Baumaschinen auf, die dort an der Errichtung einer Station mitwirken sollen. Doch die Zeiten werden sich ändern: Zwar durchlaufen unsere erdgebundenen Giganten in den 60er Jahren wahre Wachstumsschübe, aber der Weltraum wird nach dem Ende des Apollo-Programmes erneut in unendlich weite Fernen rücken.

In diesem Jahrzehnt scheint der Technikwahn der Menschen keine Grenzen mehr zu kennen: Zwischen Großstädten sollen

Bild 118: LMG-Großschaufelradbagger 281, eingesetzt zur Gewinnung von Abraum und Braunkohle im Tagebau Zukunft. Ein auf dem Gegengewichtsausleger in Abhängigkeit von der Stellung des Schaufelradauslegers verfahrbarer Kran dient als Gegengewicht.

Bild 119: Absetzerähnliche Verladeanlage, die das Fördergut von der Verbindungsbrücke des Baggers 281 übernimmt und über den höhenverstellbaren Ausleger auf die Bandanlage weiter leitet.

zukünftig Interkontinentalraketen hin und her rasen. Man spricht von atomgetriebenen Schiffen, Zügen, Wüstenfahrzeugen und Weltraumraketen. Geplant sind künstliche Städte tief im Meer und riesige „Generationen-Raumschiffe" mit künstlicher Sonne, Schwerkraft und Atmosphäre – doch wer kann ahnen, dass die Phase solcher Euphorien schnell enden und bald schon tiefe Vergangenheit sein würde...?

Wenden wir uns dem Werdegang „unserer" Giganten zu, durchlaufen wir ein Jahrzehnt der Superlative. So kommt bei Rheinbraun im rheinischen Braunkohlengebiet ein weiterer bemerkenswerter Großschaufelradbagger zum Einsatz (Bild 118). Dies bezieht sich weniger auf seine Nenn-Förderleistung von „nur" 85.000 m^2 pro Tag als vielmehr auf seine außergewöhnlichen Abmessungen. Denn mit einer Länge von 95 m besitzt er bei weitem den längsten Schaufelradausleger, der je an einem vergleichbaren Bagger installiert worden ist.

Die Länge der Gesamtanlage in gestrecktem Zustand einschließlich der 85 m langen Verbindungsbrücke zu der Strossen-Bandanlage, auf die das Fördergut übergeben wird, beträgt 214 m. Erforderlich wurde diese ungewöhnliche Geräteauslegung, um zum Ausbaggern von Kohlenestern ohne die Verwendung eines Deckelbandes einen Tiefschnitt von 20 m zu erreichen.

Zusammen mit dem Hochschnitt von 50 m und der senkrechten Bewegungsmöglichkeit der Bandübergabe relativ zum Bagger von insgesamt 28 m ergibt sich eine Gesamt-Arbeitshöhe von 98 m. Der Durchmesser des Schaufelrades beträgt 15,2 m, das Betriebsgewicht des Baggers liegt bei 7.800 t. Interessant ist auch die aus einem separaten 21 m langen Schwenkausleger bestehende Verladeanlage am Ende der Verbindungsbrücke, über die das zu fördernde Material auf die Bandanlage übergeben wird (Bild 119).

Bild 120: Demontage eines Schaufelradgetriebes mittels Autokran anlässlich einer Großreparatur. Das bereits abgehobene und zum Transport in die Werkstatt bereitstehende Oberteil des Getriebekastens ist im Hintergrund zu erkennen.

Im Rahmen einer Großreparatur muss das komplette Getriebe für den Antrieb des Schaufelrades eines Großbaggers, das das Drehmoment der Antriebsmotoren verstärkt und auf das Großrad weiterleitet, ausgebaut werden (Bild 120). Derartige Reparaturen erfordern einen beachtlichen Aufwand an Hilfsgeräten und Vorrichtungen.

Von der Dammbaustelle in den Tagebau

Im Verlauf der 60er Jahre werden als Teil des riesigen Bewässerungs-Bauvorhabens „California Water Project“ im Süden der Vereinigten Staaten zwei große Staudämme gebaut, bei denen jeweils ein speziell für diesen Zweck konstruierter Schaufelradbagger die Gewinnung der einzubauenden Erdmassen übernimmt.

Nach Beendigung der Dammbauarbeiten wird der Demag-Bagger von den Betreibern des Centralia Kohletagebaus im Bundesstaat Washington erworben, wo er ab 1970 erfolgreich in der Abraumgewinnung eingesetzt wird. Er übergibt das Material über einen Bandwagen auf eine Bandanlage, die den Abraum über eine Entfernung von 3 km um den Tagebau herum bis zu einem Absetzer befördert.

Bild 121: Bucyrus-Erie-Schaufelradbagger beim Beladen von Euclid-Bodenentleerern mit einer Nutzlast von 91 t. Im Hintergrund füllt ein Euclid-Bandlader Bodenentleerer des gleichen Fabrikates.

Beim Oroville-Damm mit einem Fördervolumen von 65 Mio. m³ handelt es sich dabei um einen gemeinsam von Demag-Lauchhammer in Deutschland und McDowell-Wellman in den USA entwickelten, 600 t schweren Kompakt-Schaufelradbagger, beim San-Luis-Damm mit einem Volumen von 58 Mio. m³ um einen Schaufelradbagger Bucyrus-Erie 684-WX (Bild 121). (Einzelheiten in „Erdbewegung durch fünf Jahrhunderte“, Seiten 210 und 211).

Der Bucyrus-Erie-Schaufelradbagger mit einem Dienstgewicht von 730 t wird von der damaligen Great Canadian Oil Sands Ltd. gekauft. Sein Einsatz erfolgt in einem Tagebau in Kanada, wo er Ölsand aus isolierten Nestern fördert, die von den größeren Schaufelradbaggern nicht wirtschaftlich zu gewinnen sind. Die Förderung erfolgt direkt über ein Verladeband und eine Schurre auf Muldenkipper. Inzwischen wurde er außer Dienst gestellt, ist aber erfreulicherweise nun Bestandteil einer Ausstellung in der Nähe des Suncor-Tagebaus.

Bild 122: Schaufelradbagger W-5 der United Electric Coal Companies bei der Gewinnung der oberen Abraumschichten. Der auf dem Fahrwerksrahmen einer „Stripping Shovel" aufgebaute Bagger war 130 m lang, 55 m hoch und wog 1.650 t.

Erobern Schaufelradbagger Amerika?

Der W-3-Schaufelradbagger, von dem bereits im letzten Kapitel die Rede war, kommt ab 1963 in der Banner Mine zum Einsatz. Zuvor wird jedoch das Schneidrad, das im Nachhinein als eine komplette Fehlkonstruktion bezeichnet werden muss, durch ein herkömmliches Schaufelrad ersetzt. Nach diesem Umbau erzielt das Gerät über den langen Zeitraum bis zum Beginn der 80er Jahre, als der Tagebau ausläuft, durchaus zufriedenstellende Förderleistungen. Aber wir werden sehen, dass damit die Geschichte dieses Baggers noch immer nicht zu Ende ist.

Selbst der erfolgte Verkauf aller einschlägigen Patente an Bucyrus-Erie kann die United Electric Coal Co. nicht davon abhalten, einen weiteren Direktversturz-Schaufelradbagger zu bauen, den W-5. Er wird auf den Unterbau einer Marion 5561 „Stripping Shovel" aufgesetzt. Das Gerät geht 1967 in der Fidelity Mine, Illinois, in Betrieb (Bild 122). Seine stündliche Förderleistung beträgt 1.835 m^3. Für die Gewinnung der härteren Abraumschichten in diesem Tagebau ist eine Bucyrus-

Erie 1650-B „Stripping Shovel“ mit 54 m^3 großem Löffel zuständig.

Bucyrus-Erie baut mit dem Typ 1054-WX einen weiteren eigenständig entwickelten Schaufelradbagger, der bereits 1960 in der River King Mine der Peabody Coal Co. seinen Betrieb aufnimmt (Bild 123). Bei einem Vorschubweg von 13 m beträgt die maximale Länge des Schaufelradauslegers 41,5 m, diejenige des Abwurfauslegers 78 m und das Betriebsgewicht des Baggers 1.500 t. Aufgrund der großen hinteren Ausladung kann das Abraummaterial weit hinter die von der „Stripping Shovel“ zuvor produzierten Abraumberge verstürzt werden. Dies führt zu Vorteilen bei der später erforderlichen Rekultivierung des Tagebaus.

Bild 123: Schaufelradbagger Bucyrus-Erie 1054-WX bei der Abraumgewinnung, die der Bagger sich mit einer Marion 5761 „Stripping Shovel“ teilt. Der Schaufelradausleger ist gerade in seiner längsten Position.

Wenn wir etwas vorgreifen, lässt sich die weitere Geschichte des nächsten nach der Bauart Kolbe konzipierten Direktversturzbaggers schnell verfolgen: 1973 stellt die Consolidation Coal Co. in Illinois den größten bisher von Bucyrus-Erie gebauten Schaufelradbagger in Dienst, den 1060-WX (Bild 124). Dieses Gerät, dessen Betriebsgewicht bei 1.600 t liegt, ist mit einem 94 m langen Abwurfausleger versehen, die Reichweite des Schaufelrades beträgt maximal 50 m. Der Bagger ist dafür konstruiert, in Zusammenarbeit mit einer Marion 5761 „Stripping Shovel“ mit einem Löffelinhalt von 50 m^3 nur den oberen, relativ leicht zu baggernden Teil des Abraums, dessen Gesamtmächtigkeit 26 m beträgt, aufzunehmen und zu verstürzen.

Auch deutsche Hersteller profitieren von dem Interesse, das der Direktversturz-Schaufelradbagger in diesen Jahren aufgrund der erfolgreichen Einsätze bei Betreibern von „Strip Mines“ in den USA findet. 1963 liefert Krupp einen in Deutschland gebauten Schaufelradbagger an den Northern-Illinois-Tagebau der Peabody Coal Co.

Im Gegensatz zu den amerikanischen Kolbe-Schaufelradbaggern ist dieses Gerät konstruktionsbedingt in der Lage, das Schaufelrad mit einem Durchmesser von 11,5 m sogar um bis zu 5 m unterhalb seiner Standfläche abzusenken. Daher kann innerhalb der möglichen

Abtragshöhe von 30 m die gesamte Abraumschicht über dem Kohlenflöz aufgenommen werden. Als weitere Besonderheit können Schaufelrad- und Abwurfausleger unabhängig voneinander verschwenkt werden (Bild 125).

Aufgebaut ist der Krupp-Bagger in inzwischen bewährter Weise auf den Unterbau einer Marion „Stripping Shovel". Das Einsatzgewicht liegt bei 3.320 t. Zu der Länge des vorschublosen Schaufelradauslegers von 38,5 m addiert sich bei diesem Bagger der große Schwenkradius des 104 m langen Abwurfauslegers. Dieser Umstand gestattet die Freilegung einer vergleichsweise breiteren Grubensohle im Direktversturzverfahren als mit einer großen „Stripping Shovel".

Nachdem die Kohlereserven in diesem Tagebau erschöpft sind, wird das Gerät zerlegt und in dem River-King-Tagebau, ebenfalls in Illinois, wieder zusammengebaut. Dort arbeitet es nicht mehr als alleiniger Abraumbagger, sondern im

Bild 124: Der abgebildete Schaufelradbagger Bucyrus-Erie 1060-WX war dafür konstruiert, den Abraum in einer Höhe zwischen 12,5 m und 33,5 m über Boden aufzunehmen und über den langen Heckausleger zu verstürzen.

Bild 125: Der in Amerika eingesetzte Krupp-Direktversturz-Schaufelradbagger konnte seinen Abwurfausleger gegenüber dem Baggeroberteil unabhängig von der Stellung des Schaufelradauslegers um 210° verschwenken.

Bild 126: Demag-Lauchhammer-Schaufelradbagger im Einsatz in einem Tagebau in North Dakota. Er bewältigte die gesamte Abraumhöhe, da er sein Schaufelrad entsprechend absenken konnte.

Tandembetrieb mit einer Marion 5761 „Stripping Shovel“. Auch in diesem Betrieb überzeugt der Bagger in technischer Hinsicht. Dennoch wird er bereits gegen Ende der 70er Jahre außer Betrieb genommen und anschließend verschrottet, da die hohen Verschleißkosten, insbesondere beim Baggern in hartem Material, einen weiteren wirtschaftlichen Betrieb nicht mehr zulassen.

Ungefähr ein Jahr nach dem ersten Einsatz des Krupp-Gerätes geht ein weiterer Schaufelradbagger, der diesem vom Grundaufbau her sehr ähnelt, in der Glenherold Mine der Truax Traer Coal Co. in North Dakota in Betrieb (Bild 126). Er wurde von Demag-Lauchhammer in Deutschland konstruiert, jedoch weitgehend von McDowell-Wellman in Ohio gebaut. Auch dieser Bagger vermag das Schaufelrad, dessen Durchmesser 9,3 m beträgt, bei einer maximalen Abtragshöhe von 21,6 m bis unterhalb seines Standniveaus abzusenken.

Bei einer Ausladung des Schaufelradauslegers von 42 m und einer Abkippweite von 73 m liegt sein Dienstgewicht bei 2.120 t. Nach einigen Einsatzjahren als Hauptabraumfördergerät werden immer häufiger harte Gesteinsformationen angefahren, die schließlich einen weiteren Betrieb in diesem Tagebau unmöglich machen. So wird der Bagger 1969 umgebaut und in der Norris Mine der Consolidation Coal Co. in Illinois wieder in Betrieb genommen. Neben weiteren Änderungen wird der Abwurfausleger um 17 m verlängert und der Auslegeranlenkpunkt um 6,5 m erhöht. Der Einsatz erfolgt nun ebenfalls in der Art eines Kolbe-Baggers, in Zusammenarbeit mit einer „Stripping Shovel“.

Schaufelradbagger lernen das Gehen

Die komplizierte geologische Struktur des Abraums in einigen Tagebauen des nordböhmischen Braunkohlenreviers in der ČSSR schloss in einigen besonders problematischen Bereichen die Verwendung konventioneller Abraumgewinnungsgeräte aus. Denn einerseits bestand aufgrund der Einsatzbedingungen von Betreiberseite her die Forderung nach einem Schaufelradgroßbagger mit einer Förderleistung von bis zu 6.000 m^3/h und der Fähigkeit, schwere und klebrige Tone zu lösen, andererseits musste ein derartiges Gerät aufgrund extrem weicher Abraumschichten einen sehr niedrigen Bodendruck aufweisen.

Die Lösung liegt in der weltweit als einmalig zu bezeichnenden Entwicklung und dem Bau von großen Schreit-Schaufelradbaggern. Der Bagger KU 800 ruht während des Baggerns, ähnlich wie seine entfernten Verwandten, auf einer Grundplatte, gleichzeitig aber auch auf den beidseitig angeordneten Schreitkufen (Bild 127). Während des Schreitens heben vier Hydraulikzylinder das komplette Gerät an, während vier weitere, horizontal angeordnete Zylinder für den wahlweisen Transport in oder entgegengesetzt der Arbeitsrichtung sorgen. Ist

Bild 127: In Tschechien gebauter Schreit-Schaufelradbagger KU 800. Gut zu erkennen sind die über Hydraulikzylinder gesteuerten pontonähnlichen Schreitschuhe und die ungewöhnliche Bauart des Gegengewichtsauslegers.

eine Änderung der Schreitrichtung notwendig, so wird diese durch entgegengesetzte Kufenbewegungen bewirkt.

Um den Nachteil in der Beweglichkeit gegenüber einem Raupenfahrwerk auszugleichen, ist ein Vorschub für das Schaufelrad vorgesehen. Der Schaufelradausleger besteht aus zwei teleskopartig ineinander verschiebbaren Teilen, die einen Vorschubweg von 15,8 m zulassen. Die maximale Auslegerlänge liegt bei 50 m. Der Schaufelraddurchmesser beträgt 12,5 m, die Baggerhöhe 32 m. Am Gegenausleger ist der Maschinenraum als bewegliches Gegengewicht zum Ausgleich des jeweiligen Momentes des Schaufelradauslegers angeordnet. Die Verladebrücke mit einer Länge bis zu 90 m stützt sich auf einem Raupenfahrwerk ab. Die gesamte Baggeranlage wiegt 4.500 t.

Löffelbagger warten auf passende Mulden

Auch die Größenentwicklung der Hochlöffelbagger geht weiter. So stellt Bucyrus-Erie zu Beginn des Jahres 1960 der Fachwelt den Typ 270-B vor. Es handelt sich um einen Bagger mit einem Betriebsgewicht von knapp 400 t und einem Löffel-Fassungsvermögen, abhängig von dem zu baggernden Material und der Länge des Auslegers, zwischen 6,2 m³ und 14 m³.

Das erste Gerät, ausgerüstet mit einem 22 m langen Ausleger und einem entsprechenden Löffelstiel zum Entfernen eines felsigen Zwischenmittels zwischen zwei Kohlenflözen, besitzt sogar ein Betriebsgewicht von 450 t. Es gilt als der Zweiraupen-Abraumbagger mit der bisher größten realisierten Reichweite. Weitere 270-B mit kürzeren Auslegern folgen.

Bild 128: Ein Hochlöffelbagger Bucyrus-Erie 280-B verfuhr an einen anderen Einsatzort. Das dichte Drahtgitter vor der Frontscheibe des Führerhauses schützte den Baggerführer vor Steinschlag.

1962 wird dieser Bagger durch den etwas größeren 280-B abgelöst, der in den Folgejahren zu einem der Standardgeräte in der sich bald etablierenden Klasse der Bagger mit einem Löffelinhalt von 11,5 m³ werden wird. Der erste 280-B, der in der Eagle Mountain Mine in Kalifornien zum Einsatz kommt, besitzt jedoch aufgrund des hohen spezifischen Gewichtes des zu verladenden Eisenerzes lediglich einen 9,2 m³ fassenden Löffel (Bild 128). Sein einteiliger Ausleger ist 14 m lang, das Dienstgewicht liegt bei 440 t. Der Löffel ist ähnlich wie bei den großen „Stripping Shovels“ von Bucyrus-Erie an einem runden Löffelstiel angelenkt und wird über zwei an den Seiten des Löffels angebrachte Seilrollen bewegt. Der Vorschub erfolgt über Seile, die über eine Trommel laufen.

Demgegenüber hält Marion bei dem 191-M, der inzwischen ebenfalls als 11,5-m³-Löffelbagger gebaut wird, an den beidseitig vom Ausleger geführten

Bild 129: Marion 191-M beim Aufschluss des Twin-Buttes-Kupfertagebaus in Arizona. Der Bagger belud dort einen der wenigen zum Einsatz gekommenen Muldenkipper Cat 779 mit einer Nutzlast von 68 t.

Löffelstielen fest, die über einen direkt am Ausleger montierten Vorschubmotor bewegt werden (Bild 129). Ansonsten weist der 191-M ähnliche Abmessungen und Gewichte wie der 280-B auf. 1962/63 entstehen, optisch einem vergrößerten 191-M ähnelnd, zwei gewaltige Marion 291-M, beide in der Bauart einer „Stripping Shovel“ mit 28 m langem Ausleger und 11,5-m³-Löffeln. Ihr Einsatzgewicht erreicht 920 t. Ausgelegt ist dieser Typ jedoch ebenfalls für den Einsatz als Löffelbagger zum Beladen von Muldenkippern, in diesem Fall ausgerüstet mit einem kürzeren Ausleger und einem 19,1 m³ fassenden Löffel. Doch in dieser Form gelangt er nicht zum Einsatz.

Fachleute erwarten, dass Muldenkipper in großen Tagebaubetrieben schon bald durchschnittliche Nutzlasten von 150 t erreichen werden. Um solche Fahrzeuge noch wirtschaftlich beladen zu können, sind Bagger mit entsprechenden Leistungen unverzichtbar. Deshalb wird von Harnischfeger aus Wisconsin 1969 der erste Schritt hin zu übergroßen Seilbaggern für die möglichst schnelle Muldenkipperbeladung mit dem mächtigen Elektro-Hochlöffelbagger P&H 2800 vollzogen (Bild 130).

Der P&H 2800 kann einen 154 t tragenden Muldenkipper mit nur drei bis vier Arbeitsspielen beladen. Sein Standardlöffel fasst zunächst 19 m³, ein großer Kohlelöffel sogar mehr als 30 m³. Elektromotoren mit zusammen 2.922 PS dienen als Antrieb für den je nach Ausführung 830 bis 860 t wiegenden Bagger. Der erste P&H 2800 besteht zusammen mit drei weiteren Baggern des gleichen Typs, die wenig später zum Einsatz gelangen, im Sparwood-Kohletagebau in Kanada seine Bewährungsprobe bestens. Bald schon arbeiten weitere P&H 2800 überall auf der Welt.

Bild 130: Einer der ersten Elektro-Hochlöffelbagger P&H 2800 mit einem von Unit Rig hergestellten M-200-Muldenkipper; diese beiden Maschinen waren um 1970 jeweils die größten ihrer Art.

Viele der großen Hochlöffelbagger können auf Kundenwunsch, falls die Einsatzbedingungen dies erfordern, problemlos mit einem Gittermast anstelle des Hochlöffels ausgerüstet werden und wandeln sich so zu einem vollwertigen „Dragline“. Ein typisches Beispiel dafür ist der Marion 195-M, der in der zweiten Hälfte der 60er Jahre erstmals aus dem 191-M-Löffelbagger entsteht (Bild 131). Verfügbar sind Auslegerlängen von bis zu 52 m oder, bei entsprechend kürzerem Ausleger, Schleppkübelinhalte bis zu 13,5 m³.

Bild 131: Der große Marion 195-M, ein Schleppschaufelbagger auf einem Zweiraupen-Fahrwerk, hilft in einem englischen Tagebau mit, den Abraum über dem Kohlenflöz beiseite zu räumen.

Das Betriebsgewicht kann je nach Ausrüstung bis zu 550 t betragen. Einige dieser mächtigen Geräte gelangen auch nach England in den Kohletagebau.

Mit waagerechtem Vorschub baggern

Seit weit mehr als 100 Jahren, seit dem Bau des ersten mechanisch zu betätigenden Hochlöffelbaggers in der ersten Hälfte des 18. Jahrhunderts, hat sich dessen Ausleger- und Ladearmgeometrie nicht nennenswert verändert. Noch immer kann sein Löffel weitestgehend nur starr vorgegebenen Grabkurven folgen. 1966 veranlasst die Peabody Coal Co. die Baggerhersteller Marion und Bucyrus-Erie, nach neuen Wegen in der Gestaltung der Auslegerkinematik zu suchen.

Benötigt wird ein Bagger, der in der Lage ist, dünne Kohlenflöze zu lösen und zu verladen, und zwar möglichst ohne dass Kohle zurückbleibt oder dass zu viel taubes Gestein mit verladen wird. Diese Forderung bedingt einerseits einen stufenlos veränderlichen Anlenkwinkel des Löffels, andererseits einen möglichst großen waagerechten Löffelvorschub. Gleichzeitig wird eine hohe Reißkraft vorausgesetzt, da die Kohle nicht vorgelockert werden soll, beispielsweise durch Sprengen.

Marion baut den ersten Prototypen, als „Thin Seam Loader" bezeichnet, 1967 auf Basis eines relativ kleinen Universalbaggers 101-M der 2,3-m^3-Klasse (Bild 132). Über einen Zeitraum von mehreren Jahren lädt er im Versuchseinsatz mit einem 3,8 m^3 großen Löffel Kohle. Bei diesem Gerät erfolgen die Ausleger- und Löffelbewegungen mechanisch über Stangen und Seile.

Bild 132: Prototyp des Marion „Thin Seam Loaders“, was soviel bedeutet wie „Ladeschaufel für geringmächtige Kohlenflöze“. Die beiden Hubwerke bewirkten die Vorschub- und Hubbewegungen des Löffels.

Zur gleichen Zeit entwickelt Bucyrus-Erie eine gänzlich andersartige Kinematik, die an ein Grundgerät 150-B montiert wird. Dieser „Doubler“ genannte Bagger weist im Vergleich zu dem 150-B-Standardgerät einen doppelt so großen Löffelinhalt auf – daher sein Name (Bild 133). Hier wird die erforderliche Drehbewegung des Löffels mittels Hydraulikzylindern erreicht, der Vorschub erfolgt ebenfalls mechanisch über Seile. Ab 1968 wird auch dieser Prototyp in verschiedenen Tagebaubetrieben, unter anderem in Hartgestein, getestet.

Bucyrus-Erie verfolgt das „Doubler“-Konzept offensichtlich nach Beendigung der Versuchsreihe zu Beginn der 70er Jahre nicht weiter, obwohl bereits 1969 eine komplette Baureihe dieser Geräte, bestehend aus dem 150-B, dem 190-B und dem 280-B, mit beachtlichen Löffelinhalten von 7,6 m³ bis zu 19,9 m³ angeboten wird. Bei Marion erkennt man demgegenüber, dass das eigene Konzept einfach zu gut ist, um nur beim Kohlenabbau Anwendung zu finden.

So wird 1973 zu Versuchszwecken ein großer Hochlöffelbagger 191-M durch Anbau der Kinematik modifiziert. Bei diesem Gerät erfolgt der Löffelvorschub allerdings nun über Hydraulikzylinder.

Bild 133: Bei dem „Doubler“ von Bucyrus-Erie führten die Seilzugkraft, das Eigengewicht der Ladeeinrichtung und die hydraulische Kippmöglichkeit des Löffels gemeinsam zu höheren Grabkräften im Vergleich zu dem Standardbagger.

Weitere Versuche führen schließlich zu dem endgültigen 204-M, nun „Super-Front“ genannten Bagger. Bis 1981 werden zwölf derartige Maschinen mit Löffelinhalten bis 23 m³ gebaut, von denen allein zehn an einen Kohlentagebau in Sibirien geliefert werden. Die restlichen beiden, diese wieder mit mechanischem Vorschub über Seile versehen, kommen in Tagebauen in den USA zum Einsatz. Weitere vier 204-M werden 1987/88 an eine Kupfermine in Neu Guinea geliefert.

Löffelbagger, die für den Einsatz im Tagebau vorgesehen sind, werden in aller Regel mit elektrischem Antrieb ausgerüstet. Dies ist wirtschaftlich, und die Stromversorgung des Baggers an dem über lange Zeiträume nahezu ortsfesten Arbeitsplatz ist relativ einfach zu lösen. Anders sieht es aus, wenn ein Elektrobagger innerhalb des meist weitläufigen Tagebaues über lange Strecken oder sogar von einem Tagebau zum anderen transportiert werden muss. In diesem Fall kann sich die Bereitstellung von Strom über die gesamte Länge der Transportstrecke als durchaus problematisch erweisen.

Um das Verlegen oft kilometerlanger Kabel und den für das Herstellen der elektrischen Anschlüsse erforderlichen Zeitaufwand zu umgehen, können die in dem Tagebau ohnehin vorhandenen Muldenkipper als Zugmaschinen zweckentfremdet werden (Bild 134). Auf diese Art kann der Baggertransport an die neue Arbeitsstelle wesentlich effizienter abgewickelt werden.

Das Jahrzehnt der Großradlader

Ähnlich wie Seil- und Hydraulikbagger erfahren Radlader in den 60er Jahren zunächst eine bemerkenswerte Größenentwicklung, die allerdings in den 70er und 80er Jahren völlig stagnieren wird. Während Hochlöffel-Seilbagger für den Ladeeinsatz in diesem Zeitraum bis zu 1.900 t Dienstgewicht und 56 m³ Schaufelinhalt erreichen werden, bleiben Radlader bei etwa 12 m³ Kapazität weit abgeschlagen zurück.

Bild 134: Dies ist auch eine Möglichkeit, einen großen Löffelbagger fortzubewegen, wenn er, um den Transport zügiger abwickeln zu können, von seiner Stromversorgung getrennt ist. Die beiden „Lectra Haul“ M-85 müssen sich allerdings anstrengen.

Mit rund 3 bis 5 m³ Schaufelinhalt gelten Mitte der 60er Jahre Radlader als Großgeräte. Dennoch öffnen Radlader derartiger Größe dieser Gerätegattung den Weg in die Gewinnungsbetriebe. Schnell werden die Hauptvorteile der Radlader wie die hohe Mobilität, niedriges Preis-Leistungs-Verhältnis gegenüber Baggern und flexible Einsatzmöglichkeiten erkannt, so dass die Hersteller sich über einen steigenden Bedarf an leistungsfähigen Radladern freuen können. Demzufolge versuchen einige Hersteller, die Größenentwicklung und damit Ladeleistungen der Radlader durch innovative Konstruktionen voranzutreiben.

Einen Riesenschritt nach vorn macht R. G. LeTourneau 1966 mit der Präsentation seines Radladers SL-40 (Bild 135). Dieser 67 t schwere Großlader ist 15,8 m lang, seine Erdschaufel fasst 18,4 m³. Die maximale Ausschütthöhe der Schaufel liegt allerdings bei einem für ein Gerät dieser Größe wenig beeindruckenden Wert von nur 3,3 m. Da der Antrieb dieselelektrisch erfolgt, können die beiden Dieselmotoren als Gegengewicht am äußersten Heckende angeordnet werden. Hubarm, Schaufel und Knicklenkung werden – wie bei LeTourneau bis weit in die 60er Jahre üblich – jeweils elektrisch mittels Ritzeln, Zahnstangen und Zahnkränzen bewegt.

Im gleichen Jahr wird der amerikanische Dart D 600 der Industrie als weltgrößter Radlader vorgestellt (Bild 136). In der ersten Ausführung bringt er 72 t auf die Waage und soll nach Herstellerangaben eine 10,3 m³ fassende Schaufel mit Felsgestein füllen können.

Bild 135: Als Antrieb für den Radlader SL-40 von LeTourneau dienten zwei Dieselgeneratoren mit zusammen 950 PS Leistung. Bedingt durch seine Länge wirkte der Lader recht klobig.

Hervorzuheben ist beim Dart D 600 das patentierte so genannte „balancierte Auslegersystem", das aus zwei in eine Richtung wirkenden Stickstoffzylindern besteht, die das Leergewicht von Ausleger und Schaufel ausgleichen. 120 PS nicht benötigte, in diesem Fall zusätzliche Motorleistung werden auf diese Weise frei und dienen der Erzeugung hoher Reiß- und Hubkräfte und zum Erreichen kurzer Hubzeiten beim Beladen.

Bild 136: Der Dart D 600 erzielte eine Schaufelnutzlast von knapp 22 t und wurde mechanisch über einen Drehmomentwandler von Dieselmotoren mit einer Leistung bis zu 875 PS angetrieben.

Der sich als sehr erfolgreich erweisende Radlader, außergewöhnlich auch wegen seines stark nach links versetzten Fahrerhauses, wird nach zahlreichen Überarbeitungen bis hin zu 92 t Gewicht und 12,5 m³ Schaufelinhalt mehr als ein Vierteljahrhundert verkauft, später sogar von der Terex-Tochtergesellschaft Unit Rig. Damit ist der Dart D 600 eine der erfolgreichsten Großmaschinen des 20. Jahrhunderts.

Als einige Jahre zuvor der Scoopmobile LD-1200 vorgestellt wird, gilt er noch als der größte Radlader der Welt. Er besitzt eine Schaufel mit einem Fassungsvermögen von 7,6 m^3, sein Betriebsgewicht liegt bei 48,6 t, und er wird von einem 525 PS leistenden Dieselmotor angetrieben (Bild 137). Obwohl er, zur Zeit seiner Einführung noch längst nicht selbstverständlich, über eine Knicklenkung verfügt, halten sich seine Verkaufszahlen in engen Grenzen. Nach dem 1966 erfolgten Verkauf von Scoopmobile an Wabco ist er noch für einige Jahre im Verkaufsprogramm dieser Firma vertreten.

Bild 137: Der große Radlader Scoopmobile LD-1200 wurde mit Schaufelgrößen bis zu 15,3 m^3 für leichteres Material angeboten. Die Fahrgeschwindigkeit war mit 41,5 km/h vorwärts und rückwärts angegeben.

Der Michigan 475A, der im Gegensatz zu kleineren, zunächst mit starrem Rahmen hergestellten Michigan-Ladern 1966 mit Knicklenkung vorgestellt wird und für viele Jahre das größte Modell in der Baureihe bleiben wird, besitzt eine 9,2-m^3-Standardschaufel und ein Gewicht von 61 t. Sein Motor leistet 635 PS. Die maximale Auskipphöhe bei einem Kippwinkel der Schaufel von 45° beträgt 4,3 m.

1968 wird der ebenfalls von Michigan hergestellte Muldenkipper T65 mit einer Nutzlast von 59 t angekündigt. Seine Kraft bezieht er von einem 700 PS leistenden Dieselmotor, der ihn über ein Clark-Lastschaltgetriebe und einen Drehmomentwandler auf eine Spitzengeschwindigkeit von 73 km/h bringt. Überraschenderweise wird der T65 aber auch mit dieselelektrischem Antrieb über Radnabenmotoren angeboten. Der T65 bleibt der einzige Michigan-Muldenkipper und wird nicht allzu lange produziert werden (Bild 138).

Bild 138: Als optimal aufeinander abgestimmte Maschinengruppe, da aus dem gleichen Hause stammend, wurden der Radlader Michigan 475A und der Muldenkipper Michigan T65 von Clark angeboten.

Bereits 1962 wird von der Firma Pettibone Mercury Corp. der Prototyp eines äußerst ungewöhnlichen Radladers gebaut, der auf einem bereits über Jahre in der Stahlindustrie etablierten Transport- und Hubgerät basiert. Der Super 175 besitzt eine Schaufel mit beachtlichen 23 m^3 Inhalt. Sein Motor, der 700 PS leistet, ermöglicht eine Hubkraft von 79 t bei einem Betriebsgewicht von ebenfalls 79 t.

Einzigartig ist, dass der Super 175 seine Schaufel um 1,6 m hydraulisch nach vorne pressen kann, um so den Ladevorgang wirkungsvoll zu unterstützen. Umgekehrt wird bei gefüllter und angehobener Schaufel das Ladegestänge aus der Neutralposition um 1 m nach hinten verschoben, um bei der hohen Transportgeschwindigkeit von 48 km/h eine günstigere Schwerpunktlage zu erzielen. So ist der Radlader ideal geeignet für längere Transportstrecken (Bild 139). Eine Serienproduktion kommt jedoch nicht zustande.

Bild 139: Der revolutionäre Pettibone-Mercury-Radlader wurde durch General-Electric-Radnabenmotoren in allen vier Rädern angetrieben. Über die Klappschaufel konnte beispielsweise ein Muldenkipper dosiert beladen werden.

Nach langen Diskussionen mit seinen Ingenieuren und sicherlich gegen seine innere Überzeugung willigt R. G. LeTourneau ein, einen neu zu entwickelnden Großradlader mit Hubarmen, Schaufel und Lenkung auszurüsten, die mittels Hydraulikzylindern betätigt werden sollen und nicht mehr mechanisch. 1969 wird der neue, als L-700 LeTro-Loader bezeichnete Radlader nach dem Test einiger Vormuster offiziell vorgestellt.

Sein Dieselmotor leistet 700 PS. Einerseits versorgt der Motor über einen angeflanschten Generator die von LeTourneau selbst hergestellten elektrischen Antriebe in den Radnaben und andererseits die Elektro-Hydraulikpumpen mit Strom. Standardmäßig ist das Gerät mit einer 12 m³ fassenden Felsschaufel ausgerüstet, die gegen eine Kohleschaufel mit einem Volumen von 24 m³ ausgetauscht werden kann. Das Einsatzgewicht liegt bei 80 t (Bild 140).

Bild 140: Einer der ersten L-700 LeTro-Loader aus Serienproduktion belud in der Navajo Mine in New Mexico einen Wabco-120-t-Bodenentleerer mit Kohle. Die 45°-Knicklenkung sorgte für eine gute Wendigkeit in dem engen Graben. Staubfilter waren unerlässlich.

Die ersten Einsatzergebnisse sind positiv, und bald ist der L-700 insbesondere in Bergbaubetrieben häufig anzutreffen und bildet später die Keimzelle für eine ganze Reihe von größeren Modellen. Als Fazit bleibt festzuhalten, dass die LeTro-Loader zweifellos, bezogen auf ihre Verkaufszahlen, die erfolgreichsten je von LeTourneau gebauten Maschinen mit elektrischem Antrieb sind.

„Stripping Shovels“

In diesem Jahrzehnt, halt, genau genommen nur während der ersten fünf Jahre dieser Dekade, setzt sich das Größenwachstum der „Stripping Shovels“ in noch weit stärkerem Maß fort, als uns bereits aus den Jahren zuvor bekannt ist. Denn bis zum Ende des Jahres 1965 wird sich der Löffelinhalt dieser Giganten, der durchaus als Maßstab für ihr generelles Größenwachstum herangezogen werden kann, in unglaublich kurzer Zeit fast verdreifacht haben, und zwar von 50 m³ bis auf 138 m³.

Aber wir wollen chronologisch vorgehen. Zunächst sind weiterhin das Marion Modell 5761 und der geringfügig kleinere 1650-B von Bucyrus-Erie, von denen im letzten Kapitel bereits die Rede war, das Maß aller Dinge, wenn es um die

Beschaffung einer möglichst großen und damit leistungsfähigen „Stripping Shovel“ für einen Tagebau geht.

Bild 141: Die Marion 5761 „Stripping Shovel“ in der Captain Mine musste eine Schicht von bis zu 28 m felsigen Abraums abbauen. Gut zu erkennen ist der Kniehebelvorschub, angetrieben durch eine Zahnstange.

Ein Marion-Bagger des Modells 5761 wird 1964 im Captain-Tagebau der Southwestern Illinois Coal Corp. montiert. Er ist mit einem relativ kleinen, „nur“ 46 m³ fassenden Löffel ausgerüstet, dafür aber mit einem auf 58 m verlängerten Ausleger. Sein Betriebsgewicht liegt bei 3.500 t, davon dienen allein 855 t als Ballast (Bild 141). Später wechselt der Löffelbagger in ein benachbartes Abbaufeld, wo er noch bis 1994 Kohle freilegt. Andere 5761-Geräte sind mit 57,3 m³ fassenden Löffeln ausgerüstet.

Auch die Bucyrus-Erie 1650-B „Stripping Shovel“ wird mit einem bis zu 57,3 m³ fassenden Löffel eingesetzt, in Abhängigkeit von der für den jeweiligen Einsatzfall erforderlichen Auslegerlänge. Ihr Gewicht beträgt um die 3.040 t samt 630 t als Ballast, der übrigens üblicherweise vom Kunden in Form von Schrott zur Verfügung gestellt werden muss.

Der nächste Entwicklungsschub geht vom großen Konkurrenten der Firma Marion aus. Im September 1962 wird in der Sinclair Mine der Peabody Coal Co. bei der Ortschaft Paradise in Kentucky eine Bucyrus-Erie „Stripping Shovel“ vom Typ 3850-B in Betrieb genommen. Sie soll mit ihrer monatlichen Förderkapazität von 2,3 Mio. m³ eine Abraumschicht von oftmals weit mehr als 30 m Dicke abtragen, dabei einen 43 m breiten Graben ausheben und so entscheidend zur Gewinnung von 4 Mio. t Kohle pro Jahr von zwei 1,2 m und 1,8 m dicken Kohlenflözen beitragen.

Bei diesem Giganten handelt sich um die bei weitem größte bis zu diesem Zeitpunkt gebaute landgestützte Maschine, die in der Lage ist, sich aus eigener Kraft fortzubewegen. Alles an ihr ist, insbesondere für Beobachter aus der damaligen Zeit, im wahrsten Sinn des Wortes riesig (Bild 142). Der Löffelinhalt beträgt 88 m³, die Auslegerlänge 64 m, die Gesamthöhe 76,2 m, die Länge des rohrförmigen Löffelstiels 41 m bei einem Durchmesser von 2,2 m, die Höhe des Ausleger-Anlenkpunktes 15 m und das Betriebsgewicht etwa 8.200 t. Das Maschinenhaus hat die Maße 26,5 m x 21,3 m x 14,6 m.

Eine Besonderheit stellt die 12,2 m lange Löffelstielführung im Ausleger dar: Durch eine spezielle, mit Federn beaufschlagte Lagerung erlaubt sie ein seitliches Ausweichen des Löffels um bis zu 4,3 m und trägt so entscheidend zur Vermeidung übermäßiger Spannungen im Löffelstiel bei, die sonst durch das unvermeidliche Verkanten des Löffels beim Baggervorgang entstehen würden. Die Auskipphöhe ab Unterkante der Löffelklappe liegt bei 46 m und der größte Kippradius bei 67 m (Bild 143).

Der Baggerrahmen stützt sich auf vier Hydraulikzylinder mit einem Durchmesser von je 137 cm und einer Hubhöhe von 203 cm ab. Das Gewicht eines Zylinders beträgt 32 t, der zugehörige Kolben wiegt 27 t. Die acht Raupen mit einer Breite von je 2,5 m, die zu vier Paaren angeordnet sind, werden von acht Motoren von je 250 PS angetrieben, die dem Bagger zu einer maximalen Geschwindigkeit von 0,35 km/h verhelfen. Außerdem sind acht Hubmotoren, sechs Drehmotoren und zwei Vorschubmotoren vorhanden. Nachdem die Kohlenreserven des Tagebaus erschöpft waren, wird der Bagger verschrottet.

Bild 142: In dem Sinclair-Tagebau legte eine „Stripping Shovel" Bucyrus-Erie 3850-B das Kohlenflöz frei. Der Löffelstiel musste im Bereich der Führung ständig geschmiert werden; der Vorschub erfolgte über Drahtseile.

Bild 143 A und B: Blick auf das riesige Maschinenhaus der 3850-B. Oberhalb des Führerhauses waren Ventilatoren installiert, um die durch die Vielzahl der Elektromotoren im Inneren erzeugte Wärme abzuführen. Nicht nur die Löffelgröße, sondern auch der Durchmesser der Umlenkrollen der Seile sind beeindruckend.

Als weiteres Großgerät, das das anstehende Zwischenmittel zwischen den beiden zu gewinnenden Kohlenflözen beseitigen soll, geht 1963 im gleichen Tagebau einer der beiden bereits weiter oben erwähnten, zu dieser Zeit weitaus größten Löffelbagger auf einem Zweiraupen-Fahrwerk in Betrieb, ein Marion 291-M. Auch dieses Gerät verstürzt den Abraum direkt in ausgekohlte Bereiche.

Im Juni 1963 wird eine zwar kleinere, aber dennoch beeindruckende Bucyrus-Erie „Stripping Shovel" vom Typ 1850-B, kurz und bündig „Brutus" getauft, in Betrieb genommen. Einsatzort ist diesmal die Mine 19 der Pittsburg & Midway Coal Mining Co. in Kansas. Immerhin ist dies zu jenem Zeitpunkt das zweitgrößte Gerät seiner Art in der Welt. Der Bagger, der übrigens ein Einzelstück bleiben wird, besitzt einen 69-m^3-Löffel, eine Auslegerlänge von 46 m und ein Betriebsgewicht von 4.950 t.

Die Höhe bis zur Auslegerspitze beträgt 49 m. Abraum kann bis zu einer Höhe von 20 m abgetragen werden. Sein Vorgänger war eine Bucyrus-Erie 950-B „Stripping Shovel" mit dem Baujahr 1938, die lediglich bis zu einer Abraumhöhe von 14 m bis 16 m wirtschaftlich einzusetzen war und daher ersetzt werden musste.

„Brutus" wird übrigens nach Außerdienststellung nicht, wie es leider in aller Regel damals wie auch noch heutzutage mit Großgeräten geschehen ist und weiterhin geschieht, verschrottet. Stattdessen wird er weitgehend entkernt und anschließend in ein permanentes Museum umgewandelt (siehe Bild im letzten Abschnitt „Ausblick").

Den nächste Schritt und schon wieder einen neuen Größenrekord stellt 1964 die Einweihung einer weiteren „Stripping Shovel" 3850-B von Bucyrus-Erie in der River King Mine der Peabody Coal Co. dar. Dieser Tagebau, in der Nähe von Freeburg, Illinois, gelegen, ist für eine Produktionsrate von 5 Mio. t Kohle pro Jahr ausgelegt. Die äußeren Abmessungen dieser zweiten 3850-B entsprechen bis auf unbedeutende Abweichungen denen der Sinclair-Maschine.

Der einzige größere Unterschied liegt darin, dass sie mit einem 107 m^3 fassenden Löffel ausgerüstet ist und dass ihre Auslegerlänge und Reichweite zum Ausgleich etwas geringer sind. Durch notwendige Verstärkungen aufgrund des höheren Löffelinhalts erhöht sich ihr Betriebsgewicht auf 8.500 t und die monatliche Förderleistung steigt auf 2,7 Mio. m^3. Leider muss auch diese „Stripping Shovel" 1992/93 verschrottet werden.

1965 wird eine weitere riesige „Stripping Shovel" bei Georgetown, Ohio, in Betrieb genommen: die erste von zwei überhaupt nur von Bucyrus-Erie gebauten 1950-B. Getauft wird sie wegen des 25-jährigen Jubiläums der den Tagebau betreibenden Firma, der uns bereits bekannten Hanna Coal Co., auf den Namen „The Silver Spade", der silberne Spaten. Ihr Löffel fasst 80 m^3, ihre Gesamthöhe beträgt 59 m, der Ausleger ist 61 m lang bei einer Länge des Löffelstiels von 37 m. Dies ermöglicht eine Auskipphöhe von 41 m

Bild 144: Luftaufnahme des „Silver Spade“. Er stand tief im Abbaugraben und musste unter Aufbietung seiner maximalen Reichweite und -höhe den Abraum derart verstürzen, dass er nicht auf die noch zu gewinnende Kohle herunterrutschte.

und einen größten Kippradius von 59 m. Das Betriebsgewicht liegt bei 6.450 t (Bild 144).

Das Besondere an dieser Maschine ist jedoch der erstmalige Einbau des Kniehebelvorschubs in eine von Bucyrus-Erie gebaute „Stripping Shovel“, resultierend aus einer Forderung des Betreibers. Diese spezielle Art des Löffelvorschubs, wir erinnern uns, war eine Erfindung der Firma Marion aus den 40er Jahren und patentrechtlich geschützt. Ihre Übernahme durch Bucyrus-Erie wird erst möglich durch eine entsprechende Übereinkunft zwischen den beiden Firmen.

Möglicherweise im Gegenzug kann Marion übrigens in einzelne der wenigen, im Folgenden noch gebauten „Stripping Shovels" einen von Bucyrus-Erie entwickelten speziellen Seilvorschub für die staben an seinen Seitenwänden prangt. Diese „Stripping Shovel" unterscheidet sich von ihrer Schwestermaschine im Wesentlichen durch eine auf 52 m verkürzte Auslegerlänge, was eine Vergrößerung des Löffels auf 100 m³ ermöglicht. Das Betriebsgewicht bleibt unverändert, ebenso die weiteren Hauptabmessungen.

Bild 145: Die in der Ukraine gebaute und in Litauen im Einsatz befindliche EVG 35/65 „Stripping Shovel" besaß eine Gesamtantriebsleistung von 4.900 PS. Sie bewältigte eine Abraumhöhe von bis zu 35 m.

Vorschubstange einbauen, der die bisher übliche Zahnstange ersetzt. Im Zusammenhang mit dem Kniehebelvorschub sieht man für die 1950-B auch erstmals – anstelle des bisher für die „Stripping Shovels" von Bucyrus-Erie so typischen zweigeteilten Auslegers – einen einteiligen Gittermastausleger vor, ähnlich dem der Marion „Stripping Shovels".

1967 geht, übrigens als letzte von Bucyrus-Erie überhaupt gebaute „Stripping Shovel", in dem Tagebau Egypt Valley der Hanna Coal Co. in Ohio ein im Aufbau dem „Silver Spade" sehr ähnlicher Großlöffelbagger in den Einsatz, der zweite 1950-B. Besser bekannt wird er unter dem Namen „GEM (Giant Earth Mover) of Egypt", der auch in großen Buch-

Auch in der ehemaligen UdSSR werden in den 50er und 60er Jahren große Direktversturz-Hochlöffelbagger gebaut. Als ein Beispiel sei der von der Firma Novokramatorsk Mashine Building Works (NKMZ) in der Ukraine gebaute Typ EVG-35/65 genannt. Diese „Stripping Shovel" besitzt, wie die Typenbezeichnung besagt, bei einer Auslegerlänge von 65 m einen Löffel mit einem Fassungsvermögen von 35 m³. Ihr Betriebsgewicht liegt bei 3.850 t.

Sie stützt sich, wie ihre amerikanischen Verwandten, hydraulisch auf vier Raupenpaaren ab, und interessanterweise ist auch ein dem Marion-System sehr ähnlicher Kniehebelvorschub für den Löffelstiel eingebaut. Der Ausleger allerdings

Bild 146: Die Marion 6360 „Stripping Shovel“ war die Größte ihrer Art, hier noch in ihrer Originallackierung. Die an den Raupenträgern des Fahrwerks angebrachten Reifen dienten dem Schutz der Maschine vor Steinschlag.

besteht aus einer Rohrkonstruktion. Bis in die heutige Zeit werden zwei dieser Bagger in Litauen in einem Ölsand-Tagebau eingesetzt (Bild 145).

Größere Löffelbagger mit einem Löffelinhalt von wahrscheinlich bis zu 65 m^3 werden von dem Krasnojorskij-Werk in Sibirien hergestellt, sind jedoch, wie auch die entsprechenden NKMZ-Geräte, nicht mehr in der Produktion. In Planung befanden sich sogar Riesen-Löffelbagger mit einem Löffelinhalt bis zu 160 m^3 und einem errechneten Betriebsgewicht von nicht weniger als 16.000 t.

Jedes Kettenglied wiegt 3,5 t

1965 stellt unzweifelhaft den Höhepunkt in der Entwicklung der „Stripping Shovels“ dar. Denn in diesem Jahr wird in der Captain Mine der damaligen Southwestern Illinois Coal Corp. mit dem Marion 6360 ein wahrer Gigant in Betrieb genommen, der größen- und leistungsmäßig nie mehr übertroffen wird (Bild 146). Der Tagebau ist ausgelegt für eine zu fördernde Kohlemenge von 5,5 Mio. t, die von einer bis zu 32 m dicken Abraumschicht und zusätzlichen 7 m an Zwischenmittel zwischen den beiden 1,8 m und 1,2 m starken Kohlenflözen überdeckt werden.

Der „Captain“, so wird der Riesenbagger nach dem Namen der Mine getauft, muss den größten Teil dieses Abraums umsetzen, das heißt in bereits ausgekohlte Tagebaubereiche verstürzen. Mit seinem 67 m langen Ausleger und dem 138 m^3 fassenden Löffel – dies entspricht einer Abraummasse von 245 t – ist er in der Lage, im Durchschnitt täglich 115.000 m^3 gewachsenen Boden zu bewegen (Bild 147).

Bild 147: Wie ein Zwerg wirkt der Arbeiter neben dem Hochlöffel des „Captain“, der ebenso unaufhaltsam wie schnell mit jedem Arbeitsspiel 138 m^3 oder fast 250 t Erdreich aus der Abbauwand riss und in die Höhe beförderte.

Dies entspricht der wahrlich imposanten Monatsleistung von 3,5 Mio. m^3. Beim Vergleich dieser Zahlen mit den von Schaufelradbaggern im deutschen Braunkohlenbergbau im kontinuierlichen Betrieb erzielten Fördermengen ist zu berücksichtigen, dass der „Captain“ größtenteils sehr harten, felsigen Abraum zu gewinnen hat, der zuvor durch Sprengungen gelockert werden muss.

Das Betriebsgewicht von 12.640 t, davon allein 1.635 t als Ballast, macht ihn zur größten bislang gebauten auf dem Land beweglichen Maschine. Angetrieben wird er durch acht Motoren mit je 2.000 PS zum Heben des Löffels, acht Motoren mit je 1.250 PS zum Schwenken, vier Vorschubmotoren mit je 1.000 PS und 16 Motoren mit je 200 PS zum Antrieb der Fahrwerke. Das Maschinenhaus ist 31,7 m x 22 m x 17,1 m groß.

Wie bereits erwähnt ist die Baugröße des Marion 6360 nie übertroffen worden, obwohl Bucyrus-Erie in jenen Jahren sogar den Bau noch größerer Löffelbagger bis hin zu einer Löffelgröße von 191 m^3 für technisch machbar hält.

Schreitbagger halten Schritt

In diesem Jahrzehnt treten die mächtigen Schreitbagger, die „Walking Draglines“, ihren Siegeszug gegen die als „Stripping Shovels“ bekannten Riesenhochlöffelbagger an. Schon zu Beginn des kommenden Jahrzehnts, den 70er Jahren, wird die Ära der „Stripping Shovels“ zugunsten der Schreitbagger enden. Was führt zu diesem ungewöhnlichen Wandel?

Große Schreitbagger stehen nicht wie „Stripping Shovels“ unten auf der Grubensohle, sondern oben auf der Abraumkante. Mit ihren weit ausschwingenden Schleppkübeln an langen Auslegern bieten sie eine größere Reichweite und besonders Grabtiefe als die durch ihre Löffelkinematik höhen- und weitenbegrenzten „Stripping Shovels“.

Schreitbagger „gehen“ auf zwei langen und breiten, pontonähnlichen Schreitfüßen, die beiderseits heb- und senkbar am Maschinenhaus des Baggers angeordnet sind und durch Drehen des Maschinenhauses auf der Basisplattform das „Schreiten“ in jede beliebige Richtung ermöglichen. Warum bewegen sich Schreitbagger nicht auf entsprechend dimensionierten Raupenfahrwerken wie andere Tagebau-Großgeräte?

Die Erklärung ist beim Bodendruck zu finden. Die großflächigen Schreitfüße und erst recht die Basisplattform mit bis zu 25 m Durchmesser verteilen das immense Baggergewicht gleichförmiger auf den Untergrund als mehrere Raupenfahrwerke. Dabei ist zu berücksichtigen, dass Schreitbagger stets unmittelbar an der Abbaukante stehen, an der sie bei jedem Arbeitsspiel den Kübel zur Füllung hochziehen. Die großen Zugkräfte beim Heranziehen während des Kübelfüllens und die großen seitlichen Kräfte beim Schwenken des in über 50 m Entfernung von der Drehachse hängenden, gefüllt 100 t und mehr wiegenden Schleppkübels verlangen einen außerordentlich festen, sicheren Stand.

Großes Augenmerk widmen die Konstrukteure der Gestaltung der Ausleger, die wesentlich stärker beansprucht werden als bei jedem Kran. Hängende Lasten, mitsamt Schleppkübel zwischen 200 und 500 t schwer, an 70 bis 100 m langen Auslegern zu heben, zu beschleunigen und abzubremsen, erzeugt bei jedem Arbeitsspiel an der Auslegerspitze seitliche Massenbeschleunigungs- und Beharrungskräfte zwischen rund 80 und 250 t.

Dementsprechend folgen die Hersteller bei der Konstruktion der Ausleger unterschiedlichen Philosophien: Bucyrus baut Dreigurt-Trapez-Ausleger, Marion und P&H Viergurt-Ausleger mit rechteckigem Querschnitt und Uralmasch die bereits erwähnten, mittels Seilkonstruktionen abgespannten, leichten Mittelrohr-Ausleger.

Ein 2.700 t wiegender Bucyrus-Erie-Schreitbagger vom Typ 1450-W, ausgerüstet mit einem 46 m^3 großen Kübel, wird seit 1963 in der Colonial Mine der Pittsburg & Midway Coal Mining Co., Kentucky, eingesetzt. Sein Ausleger ist 76 m lang. Optisch fällt der Baggerriese durch seinen gelben Anstrich auf.

Ebenfalls ab 1963 ist ein 32-m^3-Schreitbagger Page 747 in einer Mine in Kentucky fleißig. Sein Gewicht liegt bei 1.665 t, seine Auslegerlänge beträgt 67 m. Er erreicht bei einem 90°-Schwenkwinkel eine Spielzeit von 34 bis 38 Sekunden und wird daher als der schnellste bisher gebaute große „Dragline" angesehen. Er ist für eine Abraumstärke bis zu 30 m ausgelegt. Ein späteres Modell, der größere Page 757, der gegen Ende der 60er Jahre gebaut wird, wiegt 3.300 t bei einem Schaufelinhalt von bis zu 55 m^3 oder einer Auslegerlänge von bis zu 80 m (Bild 148).

Bild 148: Schreitbagger Page 757 beim Aufschluss eines Kohlentagebaus in Montana. Bei diesem ersten Durchgang musste der Abraum auf Halden geschüttet und zwischengelagert werden, da noch kein ausgekohlter Bereich vorhanden war.

Und schließlich wird 1963 mit dem Marion Modell 8800 der bei weitem größte bis zu diesem Zeitpunkt überhaupt gebaute Schreitbagger in der Homestead Mine der Peabody Coal Co. in Kentucky eingeweiht. An einem schon damals 84 m langen Ausleger schwingt er einen Kübel mit einem Fassungsvermögen von 65 m^3, der später sogar gegen einen 76,5-m^3-Kübel ausgetauscht wird. Sein Gewicht liegt bei 5.650 t. Dieses Modell wird nur einmal gebaut.

Im Sommer 1964 nimmt in einem Tagebau der Ayrshire Collieries Corp. in Indiana ein weiterer Gigant seine Arbeit auf, nachdem er von hochrangigen Vertretern des Herstellers und des Betreibers stilgerecht mit Zerschlagen einer Sektflasche an seinem Kübel getauft wurde: ein Bucyrus-Erie 2550-W mit einem Schaufelinhalt von 58 m^3 und einem 84 m langen Ausleger.

Bild 149: Der erste von Bucyrus-Erie gebaute 2550-W-Schreitbagger beim Verstürzen von Abraum. Sein Dienstgewicht von nahezu 4.000 t ruhte auf einer Platte mit einer tragenden Fläche von 309 m³ und einem Durchmesser von 20 m.

Der Ausleger ist erstmals im Querschnitt dreieckig aufgebaut, was eine beträchtliche Gewichtseinsparung gegenüber herkömmlich konstruierten Auslegern bringt. Seine drei Hauptprofile sind röhrenförmig ausgebildet und sie sind mit einem unter Druck stehenden Gas gefüllt. Über entsprechende Messgeräte kann somit jederzeit ein Druckabfall festgestellt werden. So können beispielsweise schadhaft werdende Schweißnähte frühzeitig entdeckt werden. Der Bagger legt einen 27,5 m bis 30 m breiten Kohlenstreifen frei und muss dabei eine an manchen Stellen bis zu 37 m starke Abraumschicht bewältigen (Bild 149).

Der nächste Größensprung erfolgt 1968, als der Marion 8900 Dragline im Peabody Coal's Dugger Tagebau in Indiana seinen Betrieb aufnimmt. Grundsätzlich stellt er einen lediglich vergrößerten Typ 8800 dar, von dem er auch den Titel des weltgrößten Schreitbaggers übernimmt. Dieser Schreitbagger ist ein wahrer Gigant, bewegt er doch mit Leichtigkeit einen 111 m³ großen Kübel, der von vier Drahtseilen mit einem Durchmesser von je 9,5 cm gehoben und von vier Seilen mit gleichem Durchmesser beim Beladen gezogen wird (Bild 150).

Bild 150: Zu den Riesen seiner Gattung zählt der Schreitbagger Marion 8900 noch heute. Er bewegte 2,7 Mio. m³ Abraum im Monat und verbrauchte dabei so viel Strom wie eine Stadt mit 20.000 Einwohnern. Ein Arbeitsspiel dauerte 55 Sekunden.

Bei einer Auslegerlänge von 76 m beträgt die maximal mögliche Hublast, bestehend aus dem Gewicht des Kübels und der Nutzlast, beachtliche 350 t. Installiert sind insgesamt 32 Elektromotoren mit einer Leistung von zusammen 18.000 PS. Sein Gewicht beträgt stolze 6.350 t. Ein nach Australien geliefertes Schwestergerät besitzt einen 84 m langen Ausleger und demzufolge einen mit 100 m³ Fassungsvermögen etwas kleineren Kübel.

Bild 151: Der Ransomes & Rapier W1800 besaß zwei Fahrerkabinen, um in Abhängigkeit von den Einsatzgegebenheiten dem Baggerführer jeweils optimale Sicht zu ermöglichen. Die Personen als Größenvergleich neben dem Schreitschuh sprechen für sich.

Aber wir wollen Westeuropa, genauer gesagt England, nicht außer Acht lassen, wo auch in diesem Jahrzehnt Schreitbagger für den heimischen Markt und für den Export hergestellt werden. Der erste Ransomes & Rapier W 1800 findet bereits 1961 seinen Einsatzort in dem Maesgwyn-Cap-Tagebau in Wales, wo er Kohle bis zu einer Tiefe von 40 m freilegt (Bild 151). Der Kübel des 1.850 t schweren Baggers fasst 31 m³ bei einer Auslegerlänge von 75 m. Ungewöhnlich an diesem wie auch an den weiteren Rapier-Schreitbaggern aus jener Zeit ist die aus seitlicher Ansicht dreieckige Gestaltung des Auslegers.

Und noch ein weiterer Schreitbagger muss im Zusammenhang mit England Erwähnung finden: der unter Mitwirkung von Ruston-Bucyrus gebaute und dort 1969 in Betrieb genommene Bucyrus-Erie 1550-W. Er baggert ebenfalls Abraum im Kohlebergbau, ausgerüstet mit einem 50-m³-Schleppkübel und einem 81 m langen Ausleger. Mit seinem Betriebsgewicht von 2.880 t kann man ihn bis in die 90er Jahre hinein mit Fug und Recht als den größten „Dragline“ in Europa bezeichnen. Getauft wird er auf den Namen „Big Geordie“, in Anlehnung an den Spitznamen für die in der Region seines Einsatzortes in Northumberland wohnenden Einheimischen (Bild 152).

Bild 152: In einem Kohlentagebau in England arbeitete der Bucyrus-Erie 1550-W und zeigte seine Auskippweite von 71 m. Etwa alle 35 Minuten bewegte er so viel felsiges Material, wie es seinem Gewicht entsprach.

Bild 153: Uralmasch Typ 15.90 in einem Tagebau in Ostsibirien. Die Seilabspannung des Auslegers verleiht diesem ein filigranes Aussehen. Charakteristisch für die Schreitbagger dieses Herstellers sind die über Hydraulikzylinder zu betätigenden Schreitschuhe.

Schließlich darf im Hinblick auf den Bau von Schreitbaggern in den 60er Jahren die UdSSR nicht vergessen werden. So werden beispielsweise vom Typ 15.90 des Herstellers Uralmasch insgesamt 144 Exemplare ausgeliefert. Dieser Standardbagger besitzt bei einer Auslegerlänge von 90 m und einem Kübelinhalt von 15 m³ ein Arbeitsgewicht von 1.740 t (Bild 153).

Muldenkipper verkraften 100 t

Im Zusammenhang mit der Beschaffung eines Bucyrus-Erie-280-B-Löffelbaggers (siehe Bild 128) für den Eagle-Mountain-Eisenerztagebau im südlichen Kalifornien erhält KW-Dart den Auftrag zum Bau einer Flotte von 13 Muldenkipper-Sattelzügen mit einer Kapazität von je 91 t (100 short tons). Die Fahrzeuge vom Typ D-6550 werden 1962 geliefert und sind zu diesem Zeitpunkt die größten im Einsatz befindlichen Muldenkipper. Jede Zugmaschine wird von einem 700 PS leistenden Motor mechanisch über einen Twin-Disc-Drehmomentwandler und ein Dart-Getriebe angetrieben, was bei der angegebenen Motorstärke ebenfalls ein Novum darstellt (Bild 154). Dart kann generell in den 60er und 70er Jahren als der Wegbereiter für die Einführung der mechanischen Kraftübertragung bei großen Muldenkippern angesehen werden.

Bild 154: Die ersten Muldenkipper mit 100 short tons Nutzlast waren KW-Dart D-6550 Sattelzüge. Hier wurde eines der 14 m langen Fahrzeuge im Erztagebau von einem Elektro-Hochlöffelbagger Bucyrus-Erie 150-B beladen.

Unit Rig macht als Hersteller von Muldenkippern 1960 mit weiteren Tests des beachtlichen, 58 t tragenden und dieselelektrisch angetriebenen Knicklenkers von sich reden. 1963 folgt dann der Prototyp des wesentlich konventioneller konstruierten „Lectra Haul" M-85 (Bild 155). Er kann 77 t transportieren und wird von einem 700 PS starken Motor dieselelektrisch über die Hinterräder angetrieben. Sein Leergewicht liegt nach technischen Änderungen bei 55 t. Das Konzept dieses Muldenkippers setzt sich durch, und bereits 1964 können 30 M-85 in Minen zum Einsatz gebracht werden.

Bild 155: Der Prototyp des von Unit Rig hergestellten dieselelektrischen „Lectra Haul" M-85 war 9,9 m lang und 5,2 m breit. Der kompakte Muldenkipper erreichte 50 km/h Höchstgeschwindigkeit.

1965 und 1966 wird gleich von mehreren Herstellern einrahmiger Muldenkipper die zu jener Zeit magische Grenze von 91 t Nutzlast (entspricht 100 short tons) überschritten, und zwar von Dart mit

Bild 156: Das Modell 120-A war der erste Wabco-Muldenkipper, der speziell für den Einsatz in Bergbaubetrieben konstruiert wurde. Auch er war dieselelektrisch angetrieben; sein Motor leistete 930 PS.

dem D-2771 für 100 t (110 sht), von LeTourneau mit dem TS-100 für 91 t (100 sht) (siehe Bild 162), von Unit Rig mit dem „Lectra Haul" M-100 für 91 t (100 sht) und von Wabco mit dem „Haulpak" LW 120-A für 95 t (105 sht) Nutzlast (Bild 156). Als einziger verfügt der Dart auch in dieser Kategorie über einen konventionellen, also nicht dieselelektrischen Antrieb.

Der bislang größte Knicklenker

Um den bei allen superschweren Muldenkippern doch erheblichen Reifenverschleiß in den Griff zu bekommen, konstruiert Euclid 1967 einen gänzlich neuartigen Fahrzeugtyp, den R-X mit einer Motorleistung bis zu 1.000 PS und einer variablen Nutzlast zwischen 77 und 95 t.

Die Idee für die vordere Zwillingsbereifung und für den Allradantrieb könnte der berühmte, aber mit starrem Rahmen gebaute „Payhauler" der International Harvester Co. geliefert haben. Völlig neu

Bild 157: Ein ungewöhnlicher Muldenkipper war der Euclid R-X. Die Belastung der Vorder- und Hinterachse war in beladenem Zustand fast gleich. Dies, in Ergänzung zum Allradantrieb, ließ ihn schlechte Wegstrecken problemloser befahren als konventionelle Muldenkipper.

ist aber bei Muldenkippern dieser Größenordnung die hinter der Vorderachse gelegene Rahmenknicklenkung (Bild 157). Dieser schwere Knicklenker findet als weiterentwickelter Typ R-105 einige Verbreitung, bis Euclid Mitte der 70er Jahre die Produktion des Muldenkippers einstellt.

Futuristische Transportfahrzeuge

Im übertägigen Kohlebergbau sind neben Abraummassen große Kohlemengen möglichst rationell zu transportieren, wobei die Transportdistanzen oftmals starken Schwankungen unterliegen. Sie hängen sowohl vom Abbaufortschritt als auch von der Folgeverwendung der Kohle ab, sei es Bahn- oder Schiffsverladung, Aufhaldung oder Kraftwerksbeschickung.

Deshalb werden leistungsfähige, gleislose Spezialtransportfahrzeuge benötigt, die ein großes Ladevolumen und hohe Fahrgeschwindigkeiten miteinander vereinen. Besonders im Steinkohlen-Streifenabbau („Strip Mining") mit oftmals in unmittelbarer Tagebaunähe angesiedelten Kraftwerken muss mit großen Transportdistanzen von 15 km und mehr gearbeitet werden. Häufig ist ein Kraftwerk zentral in einem größeren, von mehreren Gesellschaften betriebenen Steinkohle-Bergbaugebiet angesiedelt. Derartige Distanzen werden in Kauf genommen, um das umständliche Umladen der Kohle auf andere Transportmittel (Bandstraßen, Bahnwaggons, Schiffe, Lkw) zu vermeiden.

Bei verschiedenen Einsätzen zeigt sich schon früh, dass Sattelzüge beim Kohletransport günstiger arbeiten als konventionelle Muldenkipper, die für die steilen Fahrwege in Tieftagebauen so stark motorisiert werden, dass sie beladen Steigungen zwischen 15 und 30% überwinden können.

Ab Januar 1963 werden in einem Tagebau der Hanna Coal Co. erstmals Bodenentleerer als Sattelauflieger mit einem Fassungsvermögen von 91 t zum Transport der Kohle eingesetzt. Aufgesattelt sind sie auf Dart-Zugmaschinen mit 700 PS Leistung, die jedoch, um die Lebensdauer des Motors zu erhöhen, auf 635 PS gedrosselt sind. Beladen werden sie von einem 7-m³-Löffelbagger, der hierzu sechs Minuten benötigt. Die ersten 109 t tragenden Bodenentleerer, ebenfalls von Dart gebaut, kommen ab 1965 in der Mine 19 der Pittsburg & Midway Coal Co. in Kansas zum Einsatz. Sie sind 21 m lang und wiegen leer nur 57 t (Bild 158). Ein 700 PS leistender Motor reicht auch hier als Antrieb aus.

Bild 158: Bodenentleerer Dart D-4651 mit einer Nutzlast von 109 t, speziell konstruiert für den Kohlentransport im Tagebau. Aufgrund der niedrigen Schwerpunktlage konnte er eine Spitzengeschwindigkeit von über 56 km/h erreichen.

Doch weiterhin wünschen die Kohlentagebaue höhere Transportkapazitäten für die oftmals langen Wege zwischen Gewinnungsstelle und Kraftwerk. 1966 stellt Challenge-Cook Bros. eine interessante Idee vor. Es handelt sich um einen mit Bodenentleerung ausgestatteten Anhänger mit einer Nutzlast von 68 t, dessen Vorderachse von einem 318 PS leistenden Hilfsaggregat angetrieben wird.

Diese Kombination wird mit einem Sattelzug-Kohletransporter verbunden und sorgt für eine erhebliche Nutzlaststeigerung, ohne dass die Zugmaschine höher belastet wird. Ein in den Hilfsantrieb integrierter Drehmomentwandler bewirkt, dass bei allen Geschwindigkeiten bis zu 48 km/h die volle Leistung zur Verfügung steht. Attraktiv für den Tagebaubetreiber ist auch, dass lediglich die Nutzlast bereits vorhandener Fahrzeuge vergrößert wird, ohne dass komplett neue Geräte beschafft werden müssen.

Versuchseinsätze mit diesem System erfolgen in mehreren Tagebaubetrieben. In der Navajo Mine werden schließlich sogar zwei dieser auf Lkw-Reifen laufenden Anhänger, von denen einer mit dem beschriebenen Hilfsantrieb versehen ist,

Bild 159: Dies schien die Lösung aller Probleme beim Transport von Kohle über weite Strecken und flaches Terrain zu sein: Kombination von 109-t-Bodenentleerer und zwei 75-t-Anhängern, antriebsmäßig unterstützt von einem 318 PS starken Hilfsantrieb vor dem ersten Anhänger.

an einen 120 t tragenden Bodenentleerer von LeTourneau-Westinghouse angekuppelt (Bild 159). Gehäuft werden so bis zu 272 t Kohle transportiert.

Um der Forderung nach höherer Wirtschaftlichkeit beim Kohletransport Folge zu leisten, stellt Caterpillar 1965 den Prototypen eines 220-t-Bodenentleerers vor, den Typ 786. Der Konstrukteur, Ralph H. Kress, möchte bewusst keinen konventionellen Sattelauflieger konstruieren, da bei diesen ab Nutzlasten von mehr als 120 t Stabilitätsprobleme auftreten. So kommt Kress zu einem vierachsigen Entwurf und entschließt sich, zwei Antriebsaggregate zu verwenden, die sich direkt über jeweils zwei Achsen befinden sollen (Bild 160).

Wegen der Länge des Cat 786 von 25,6 m und der dadurch bedingten schlechten Wendigkeit kommt Kress auf die Idee, Fahrerkabinen und Kontrollen an beiden Enden des Bodenentleerers vorzusehen. Das Fahrzeug braucht dadurch weder bei der Be- noch bei der Entladung zu wenden. Bedingt durch den besonderen Aufbau des Bodenentleerers hat der Wendekreis „nur“ einen Durchmesser von 26 m. Auch bei schneller Fahrt werden Unebenheiten auf den Wegen durch die von Kress ursprünglich für Dart erfundene Nitrogen-Öl-Federung ausgeglichen: Acht Federungszylinder sorgen dafür, dass das gewaltige Fahrzeug Schlaglöcher so weich wie ein guter Pkw überrollt.

Doch dem interessanten Konzept ist leider kein Erfolg beschieden: Nur ein Prototyp und vier Vorserienfahrzeuge werden gebaut. Diese fünf 786 bewähren sich im Einsatz in der Captain Mine zwar bestens, werden aber schon nach wenigen Jahren stillgelegt, als Caterpillar 1969 die weitere Entwicklung schwerster Muldenfahrzeuge zunächst beendet.

Bild 160: Mit seinen beiden 960 PS starken Cat-Motoren und dem dieselelektrischen Antrieb erreichte der beladen 313 t schwere Bodenentleerer Caterpillar 786 eine außergewöhnlich hohe Fahrgeschwindigkeit von 72 km/h.

Bild 161: Der Caterpillar 783 wurde als reiner Seitenkipper konzipiert, um an der Kippstelle Zeit einsparen zu können. Der 1.000-PS-Motor beschleunigte ihn auf mehr als 65 km/h. Auch die hintere Achse war gelenkt, was seiner Manövrierfähigkeit zugute kam.

Zur gleichen Zeit entwickelt Kress zwei weitere dieselelektrisch angetriebene Muldenkipper: den zweiachsigen Caterpillar 779 für 68 t Nutzlast (siehe Bild 129) und den dreiachsigen Caterpillar 783 für 91 t Nutzlast (Bild 161). Die bereits ausgelieferten Fahrzeuge beider Typen werden 1969, nach der Aufgabe der Fertigung, von Caterpillar zurückgekauft.

Unverständlicherweise finden Seitenkipper so gut wie keine Anwendung. Die Reserve Mining Co. fertigt in eigener Werkstatt 87-t-Seitenkipper zum Aufsatteln auf Euclid- und Mack-Zugmaschinen (siehe Bild 105). Doch insgesamt werden trotz interessanter Vorteile nur wenige Einsätze von Seitenkippern bekannt.

Ein weiterer Muldenkipper-Exot macht 1966 von sich reden. Es handelt sich um den von der R. G. LeTourneau Inc. gebauten Seitenkipper TS-100 mit einer Nutzlast von 91 t (100 sht). Zwei Dieselmotoren mit zusammen 950 PS treiben je einen Generator an, die ihrerseits die elektrischen Radnabenmotoren in allen sechs Rädern sowie die für die Lenkung und für das Kippen der Mulde vorgesehenen Elektromotoren mit Strom versorgen. Der ausgesprochen unkonventionell konstruierte Kipper ist 17 m lang, über 5,5 m breit und im gekippten Zustand 11 m hoch (Bild 162). Er wird ein Einzelstück bleiben, vielleicht auch aufgrund seines hohen Leergewichtes von fast 100 t.

Bild 162: Der LeTourneau-Seitenkipper TS-100 wurde in dem N'Changa-Kupfertagebau in Zambia zum Abraumtransport eingesetzt. Das elektrisch über Ritzel und Zahnkränze bewirkte Auskippen der Mulde dauerte nicht weniger als 30 Sekunden.

Muldenkipper erreichen die 200-t-Grenze

Kurz vor dem Ende dieses Jahrzehntes wird 1968 ein weiterer Rekord erreicht: Erstmals trägt ein zweiachsiger Muldenkipper herkömmlicher Bauart eine Nutzlast von mehr als 200 short tons, das sind 181 t. Der beladen 317 t schwere „Lectra Haul" M-200 der Firma Unit Rig & Equipment Co. leitet damit die Phase der „Giant Haulers", der superschweren Muldenkipper ein (Bild 163).

Unit Rig hat bei dem Wagnis, die Grenze von 200 short tons zu erreichen, beträchtliche Hürden zu nehmen. Da noch keine geeigneten Antriebsdiesel zur Verfügung stehen, wird beim M-200 erstmals ein langsam laufender Zweitakt-Lokomotiven-Dieselmotor mit 1.650 PS Leistung bei einer Drehzahl von nur 900 U/min zur Stromversorgung der beiden Radnabenmotoren an der Hinterachse verwendet.

Die „Lectra Haul" M-200 sind jedoch nicht – wie ursprünglich geplant – im heißen Klima Arizonas einzusetzen, weil die 36.00-51-Reifen nicht standhalten. Infolge starken Walkens erhitzen sie sich in der flirrenden Luft bis 150° C, also bis zum Vulkanisieren des Gummis. So wird der Einsatz der M-200 vom heißen Arizona ins kühle Kanada verlagert: Bereits 1969 bewegen mehrere M-200 dort pro Fahrzeug und Tag durchschnittlich 15.000 t Abraum. Diese Muldenkipper bewähren sich derartig gut, dass sie von Unit Rig über lange Jahre gebaut werden. Allein 84 „Lectra Haul" M-200 werden ab 1980 in einem sibirischen Kohlentagebau arbeiten.

Durch den beachtlichen Schritt Unit Rigs sieht man sich beim großen Konkurrenten Wabco veranlasst, die imageträchtige

Bild 163: Der gewaltige M-200 von Unit Rig hatte eine Breite von 7,6 m. Das Fahrzeug, das hier von einem P&H 2800 beladen wird, war noch mit relativ „kleinen" Reifen ausgerüstet, da größere noch nicht zur Verfügung standen.

Bild 164: Für den Wabco-200-B-Sattelzug waren Dieselmotoren bis zu einer Leistung von 1.600 PS verfügbar. Nicht nur in den Hinterrädern der Zugmaschine, sondern auch in denen der Mulde steigerten elektrische Radnabenmotoren die Traktion.

200-sht-Hürde ebenfalls zu bewältigen und konstruiert den 200-B. Dabei handelt es sich allerdings nicht um einen zweiachsigen Muldenkipper, sondern um einen Sattelzug, dessen Zugmaschine Komponenten der Muldenkipper 120-B und 150-B vereinigt (Bild 164). Die Gesamtlänge des 200-B, der gekippt eine Höhe von 11,5 m erreicht, beträgt 17 m.

Mit 381 t Last über den Salzsee

Ein Beispiel dafür, dass besondere Einsatzverhältnisse von Fall zu Fall durchaus ungewöhnliche Lösungen zulassen, liefert einer der weltweit größten Salzgewinnungsbetriebe in Mexiko. In der Saline der Exportadora de Sal S. A. erfolgt die Salzgewinnung in tagebauähnlichem Maßstab.

Da das „weiße Gold" auf absolut flachen Pisten über Distanzen von bis zu 25 km transportiert werden muss, werden Dart-Bodenentleerer-Sattelzüge mit einer Nutzlast von 127 t eingesetzt, an die ein oder sogar zwei Anhänger mit gleicher Kapazität angekoppelt werden können. Ein aus drei Bodenentleerern bestehender, insgesamt 61 m langer Zug transportiert 381 t Salz mit einer Geschwindigkeit von bis zu 50 km/h (Bild 165).

Bild 165: Ein aus drei Bodenentleerern bestehender Salztransporter, gezogen von einer Zugmaschine Dart D4775 mit einer Leistung von 1.000 PS, brachte voll beladen 545 t auf die Waage. Er rollte auf nicht weniger als 26 großen Reifen.

Dabei handelt es sich sicherlich um das nutzlaststärkste im Bergbau eingesetzte Transportfahrzeug seiner Zeit. Erst in den späten 90er Jahren werden Muldenkipper vergleichbare Nutzlasten tragen. Das Beladen der „Salz-Züge" erfolgt mittels umgebauter Caterpillar-Elevatorscraper.

Neue Konkurrenz: Scraper

Gegen Ende der 50er und zu Beginn der 60er Jahre bemühen sich die großen Baumaschinenhersteller, mindestens einen Doppelmotorscraper mit in ihr Bauprogramm aufzunehmen. Hiervon verspricht man sich durch den zusätzlichen Antrieb der Hinterräder mehr verfügbare Kraft beim Schürfen und beim Befahren von Steigungen. Denn die oftmals nicht ausreichende Bodenhaftung der Reifen ist, gänzlich unabhängig von der Motorstärke, ein Nachteil der üblichen Einachszugmaschine für Scraper. Ein weiterer Trend in diesen Jahren, vermutlich initiiert von LeTourneau durch seine Scraperentwicklungen, besteht in dem vermehrten Einsatz von Tandemscrapern, das heißt von zwei miteinander verbundenen Schürfkübeln, auf entsprechend großen Erdbaustellen.

Bild 166: Außergewöhnlicher Einsatz von Doppelmotorscrapern Cat 657 mit 950 PS Leistung, die bei diesem Einsatz von drei Caterpillar D9G beim Ladevorgang unterstützt wurden. Auf die Scraperschneide wirkte in diesem Moment die Kraft von 2.105 PS!

Scraper sind ausgesprochen leistungsfähige Erdbewegungsgeräte, sofern sie richtig eingesetzt werden. Der wirtschaftliche Einsatzbereich kann allerdings unter gewissen Voraussetzungen erweitert werden, beispielsweise durch den Einsatz von einer oder von mehreren Schubraupen. Das „Pushen" verkürzt die erforderliche Beladezeit, und die Schürftiefe kann größer gewählt werden. Der Einsatz von drei „Pushraupen" hintereinander stellt allerdings die seltene Ausnahme dar (Bild 166).

Allis-Chalmers präsentiert 1962 den Doppelmotorscraper 562. Er besitzt zwei Motoren mit je 340 PS. Der Kübel fasst 31 m³, die Höchstgeschwindigkeit beträgt 52 km/h, das Leergewicht 44 t (Bild 167). Der 1965 vorgestellte 562-C kann, nun angetrieben von zwei Motoren mit je 435 PS, 34 m³ laden. Der 562-C wird auch als Tandemscraper gebaut, indem anstelle des Heckmotors auf den vorderen Scraper der Kübel eines weiteren aufgesattelt wird. Zwei Zugeinheiten des 562-C können zu einem äußerst leistungsfähigen Reifentraktor und „Pusher" verbunden werden. Die beiden Motoren dieses mit 555 bezeichneten Gerätes leisten 870 PS.

In diesem Zusammenhang sei auch der Doppelmotorscraper Wabco 333FT erwähnt, der leistungsfähigste Elevatorscraper der späten 60er Jahre. Er hat eine Kapazität von 26 m³ und weist bei zusammen 965 PS das beste Verhältnis von Motorleistung zu Gewicht aller größeren Scraper auf (Bild 168).

Der 1962 vorgestellte Caterpillar 666 ist wohl der größte Einkübel-Scraper, der in nennenswerten Stückzahlen gebaut wird.

Bild 167: Zwei von Allis-Chalmers hergestellte Raupen des Typs HD-21 schoben den 562-Scraper des gleichen Herstellers bei Erdarbeiten im Zusammenhang mit einem Erschließungsprojekt für neues Bauland in Südkalifornien.

Bild 168: Der Selbstladescraper Wabco 333FT kam beim Schürfen ohne einen Schubtraktor aus, da das Material durch den elektrisch angetriebenen Elevator direkt in den Kübel hineingefördert wurde.

Bild 169: Als das ideale Gerät für die Förderung und den Transport von großen Erdmassen über lange Distanzen wurde der Caterpillar 666, der größte von dieser Firma gebaute Scraper, angesehen.

1978 wird die Produktion des Caterpillar 666B eingestellt.

Der größte Euclid-Scraper, der jemals existierte, wird nicht von Euclid selbst gebaut, sondern wird aus Komponenten bereits existierender Euclids von der Western Contracting Corp. zu einem Scraper mit drei Kübeln zusammengesetzt. Dieser Gigant wird von vier Dieselmotoren mit zusammen 2.200 PS angetrieben. Sein Fassungsvermögen liegt pro Kübel bei 40 m³, was sich für alle drei Kübel auf 120 m³ addiert (Bild 170). Diese Zahlen werden nur noch von den von R.G. LeTourneau gebauten Riesenmaschinen übertroffen. Der erste Einsatz erfolgt 1966. Die Länge des Scraperzuges von 52 m lässt allerdings, besonders unter Berücksichtigung des Wendekreises, nur den Einsatz auf sehr weitläufigen Baustellen zu.

Bild 170: Einer der größten Scraper überhaupt war der Euclid-Dreikübel-Schürfzug. Er benötigte zwei Bedienungspersonen: eine zum Fahren und eine weitere in der seitlich angebrachten erhöhten Kabine zum Steuern der Kübel beim Schürfen und beim Entleeren.

Von dem fast gleich großen Euclid TSS-40 werden demgegenüber nur wenige Exemplare produziert. Die zweiachsige Auslegung der Zugmaschine kommt der Laufruhe bei der auf ebener Strecke zu erreichenden Geschwindigkeit von fast 70 km/h zugute. (Bild 169). Die beiden Motoren des 666 liefern zusammen 950 PS, das Fassungsvermögen des Kübels beträgt 41,5 m³, und die Gesamtlänge der Einheit liegt bei 17,3 m.

LeTourneaus Giganten-Schmiede

Die Entwicklung derartiger Scraperzüge wird weitgehend von den dieselelektrischen Monsterscrapern beeinflusst, die R.G. LeTourneau in den späten 50er bis hin zur zweiten Hälfte der 60er Jahre konstruiert. 1964 wird der L-90 „Electric Digger" vorgestellt. Er besteht aus drei Kübeln, die aneinander gekuppelt sind. Wie der Name schon sagt, werden seine acht Räder von 2,5 m Durchmesser elektrisch angetrieben.

Vier Motoren mit einer kombinierten Leistung von 1.900 PS ermöglichen eine Geschwindigkeit von 32 km/h, unabhängig vom Beladungszustand und der Fahrtrichtung. Jeder Kübel fasst 20 m^3, was einer Gesamtnutzlast von 90 t entspricht. Das Leergewicht der kompletten Maschine beträgt 115 t, ihre Gesamtlänge liegt bei knapp 40 m und ihre Breite bei 3,6 m (Bild 171). Ein einziger Hebel am Steuerpult betätigt über ein Potentiometer die stufenlose Geschwindigkeitsregelung sowie das Bremsen. Lenken und Kübelsteuerung erfolgen durch elektrische Kipphebel.

Bild 171: Der LeTourneau L-90 „Electric Digger" wurde ab 1967 auch in Deutschland eingesetzt. Die Lenkung erfolgte elektrisch durch Zahnkränze, die Kübelbewegungen durch Zahnstangen. Die für eine 180°-Wendung erforderliche Breite lag immerhin bei 25,3 m.

Aber das Größenwachstum der von LeTourneau entworfenen Scraper erfährt noch eine Steigerung – und was für eine! Bei dem Pacemaker Series LT-360 „Electric Digger" handelt es sich um den größten Schürfzug, der je gebaut worden ist. Er entsteht aus dem LT-120, einem 55-m^3-Scraper, aus dem durch Anhängen eines gleich großen Scrapers der LT-240 wird. Im Sommer 1965 kommt ein dritter Kübel hinzu, und so entsteht die erste Bauform des LT-360.

Seine zwölf Räder mit 2,5 m Durchmesser, auf denen er rollt, werden ebenfalls dieselelektrisch durch Radnabenmotoren angetrieben. Die Kraft für die Generatoren wird von nicht weniger als acht Dieselmotoren erzeugt, die insgesamt 4.760 PS leisten. Die 55 m^3, die er aufgrund seiner immensen Motorstärke beim Schürfen mit relativ hoher Geschwindigkeit nacheinander in jeden der Kübel regelrecht hineinpressen kann, entsprechen einer Nutzlast von 327 t (360 short tons).

Bild 172: Der LT-360 „Electric Digger" in der Ausführung mit acht Rädern wog unbeladen 293 t. Unter der Vorderachse hatte er 84 cm Bodenfreiheit – fast hätte der VW Käfer von Konstrukteur R. G. LeTourneau darunter gepasst. Der Kraftstofftank fasste 5.300 l.

Bild 173: Über acht dieser Riesenreifen, die 3,1 m hoch und 1,5 m breit waren, wurde das gewaltige, von den Elektromotoren in den Rädern des LT-360 erzeugte Antriebsmoment auf den Erdboden übertragen.

In der zweiten Hälfte des Jahres wird er für einige Monate auf einer Autobahnbaustelle eingesetzt. Dies bleibt übrigens das einzige Mal, dass einer der LeTourneau'schen Riesenscraper wirklich seine Leistungsfähigkeit unter kommerziellen Gesichtspunkten unter Beweis stellen kann. Anschließend werden Änderungen an ihm vorgenommen. So rollt er nun auf acht größeren Reifen, die Motorstärke erhöht sich auf 5.080 PS und die Länge von 53 m auf 61 m (Bild 172).

Auch seine Breite von fast 6 m fördert nicht gerade die Bereitschaft der Baufirmen, ein derartiges Riesengerät wirklich auf einer Baustelle einzusetzen. Allein die Reifen, die speziell für diesen Zweck von der Goodrich Tire Co. hergestellt worden sind, wiegen pro Stück 2,7 t (Bild 173). Schließlich wird er verschrottet und endet im Hochofen.

Dennoch lässt sich LeTourneau in der Zwischenzeit von dem Gedanken leiten, dass die Maschinen für die Großbaustellen der Zukunft noch immer zu klein seien. So entsteht auf dem Zeichenbrett analog dem LT-360 ein Scraper mit wahrlich abenteuerlichen Dimensionen, der „Electric Digger" L-500 Pacemaker. Er soll fast 74 m lang werden, 9,5 m breit sein, von acht je 1.200 PS leistenden Motoren, zusammen also 9.600 PS, angetrieben werden. In weniger als zwei Minuten hätte er 454 t Erdreich in sich hineinschürfen können. Voll beladen soll er auf 4,2 m hohen Riesenreifen mit 32 km/h dahinwalzen, und das bei einem Gesamtgewicht von wirklich unglaublichen 1.126 t! Zur Ausführung gelangt das Projekt nicht.

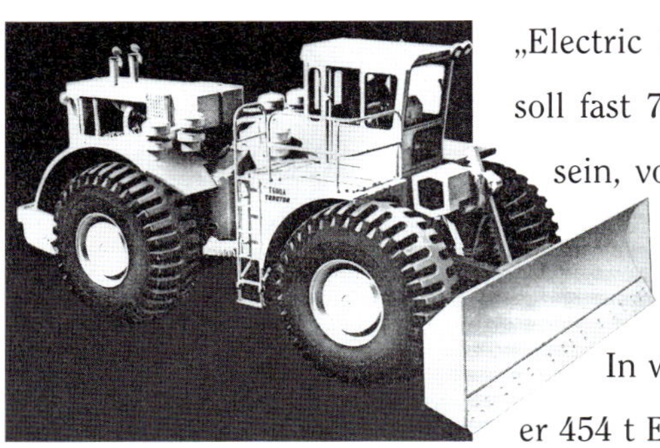

Bild 174: Der Raddozer K-600A war 10 m lang und – gemessen über sein Planierschild – 4,9 m breit. Sein Knickwinkel von 45° brachte ihm die insbesondere für das Schieben von Scrapern erforderliche Wendigkeit.

Große Scraper verlangen nach Schiebung

Der erste LeTourneau-K-600A-Raddozer wird 1967, ausgerüstet mit einem speziellen Schubblock für Scraper, vorgestellt. Er wiegt 61 t, angetrieben wird er von einem 635-PS-Dieselmotor, der über einen Generator den Strom für die LeTourneau-Radnabenmotoren in den vier Rädern liefert (Bild 174). Seine Knicklenkung macht ihn relativ wendig. Später, gegen Ende der 60er Jahre, wird er in T-600-A umbenannt und in einigen Exemplaren verkauft.

Bild 175: Ein Gigant war er schon, der dieselelektrische Raddozer Pacemaker Series K-205 von LeTourneau. Für das Schieben von großen Scrapern konnte er bis auf ein Gewicht von 170 t ballastiert werden. Er war 16 km/h schnell.

Der bereits 1961 vorgestellte Pacemaker K-205 ist der größte aller von LeTourneau gebauten Raddozer. Auf einer Plattform sind die drei Antriebsmotoren mit einer Leistung von zusammen 1.260 PS installiert. Er besitzt – ähnlich wie ein Dreirad mit Tandemachsen – fünf Räder mit elektrischen Nabenmotoren, von denen das hintere, einzelne Rad gelenkt ist. Der Planierschild ist über 6 m breit, der Dozer 15 m lang und 144 t schwer (Bild 175). Eingesetzt wird er zum Schieben von Scrapern, aber auch für Planierarbeiten. Letztendlich kommt er aber über wenige gebaute Exemplare nicht hinaus.

Bild 177: Zum Bewegen großer Mengen von gut schürffähigem Abraum wurde in dem Twin-Buttes-Kupfertagebau in Arizona eine große Scraperflotte eingesetzt. Eine Schubraupe Caterpillar Dual D9G setzt gerade „mit Vollgas" zum Pushen eines Caterpillar-660-Scrapers an.

Bild 176: Der Western 2000 war der leistungsstärkste Raddozer, der je gebaut wurde. Er wurde ausschließlich zum Schieben großer Schürfzüge während des Beladevorgangs eingesetzt.

Der Western-2000-Raddozer wird ausschließlich zum Schieben großer Scraper eingesetzt. In seinen Grundzügen von der Baufirma selbst entworfen, besitzt er zwei zwischen den beiden Achsen angeordnete Dieselmotoren mit einer Leistung von zusammen 1.850 PS (Bild 176). Die Motoren treiben Generatoren an, die hauptsächlich die vier Elektromotoren in den Rädern mit Strom versorgen. Beide Achsen sind lenkbar und ermöglichen einen Wenderadius von 11,4 m. Das Betriebsgewicht beträgt 155 t.

Auch namhafte Hersteller wie Caterpillar bemühen sich, für die existierenden großen Scraper entsprechend leistungsfähige Schubeinheiten zu entwickeln. So entsteht die zweifach hintereinander gekuppelte Cat DD9G mit 770 PS Leistung und 80 t Gewicht. Die Verbindung zwischen beiden Traktoren erfolgt über ein Kugelgelenk.

Sicherlich eine der größten Scraperbaustellen überhaupt befindet sich in den

Bild 178: Diesem aus Teilen verschiedener Maschinen zusammengebauten Grader geben die 436 PS aus seinen beiden Motoren die nötige Kraft, um hauptsächlich Transportwege für Scraper oder Muldenkipper instandzuhalten.

Jahren 1966 bis 1969 in Arizona. Hier wird die Twin-Buttes-Kupfermine aufgeschlossen. Nicht weniger als 160 Mio. t Abraum müssen abgeräumt werden, um das 140 m tiefer liegende kupferhaltige Gestein freizulegen. Bis zu 52 Scraper, die meisten Caterpillar 666, werden für diese Aufgabe eingesetzt. Geschoben werden sie von 16 Caterpillar-DD9G-Einheiten (Bild 177).

In der ersten Hälfte der 60er Jahre wird von dem Euclid-Händler Harris Machinery in South Dakota ein Grader aus Teilen eines TS-18-Doppelmotorscrapers zusammengesetzt. Die Schar stammt von einer TC-12-Planierraupe. Vom Aufbau her handelt es sich bei diesem Gerät sozusagen um einen Doppelmotorscraper mit einer großen Schar anstelle des Kübels zwischen den beiden Achsen (Bild 178).

Ein schreitender Riese versetzt Berge

Große Kohlenvorkommen bei Cumberland im amerikanischen Bundesstaat Ohio lagern so tief in der Erde, dass auch für das Land der unbegrenzten Möglichkeiten ungewohnte Mittel gesucht werden. Nach drei Jahren Konstruktionszeit baut Bucyrus-Erie den größten diskontinuierlich fördernden Bagger der Welt. Er wird 1968 nach dem Muskingum-Kohlentagebau auf den Namen „Big Muskie" getauft. Als „Walking Dragline", als Schreitbagger, bewegt „Big Muskie" von nun an jeden Monat 4,5 Mio. t Abraum, um die Kohlenflöze freizulegen (Bild 179).

Bild 179: „Big Muskie" überragte in seiner imposanten Größe sogar die Tagebaulandschaft und ließ auch große Elektro-Hochlöffelbagger und 136 t ladende Bodenentleerer-Sattelzüge klein erscheinen.

Bei einem Gewicht von 12.800 t – soviel wiegen 150 Boeing-727-Jets – und 149 m Länge, 46 m Breite und 68 m Höhe hat der Bagger wahrhaft gigantische Ausmaße. Durch die große Auslegerlänge von 99 m kann er eine Arbeitsfläche von 27.000 m³ bedienen. Der riesige Schleppkübel, so groß wie eine Garage für zwölf Pkw, hat 166 m³ Fassungsvermögen. Das bedeutet, dass der Bagger mit dem Kübel bei jedem Arbeitsspiel rund 320 t Erdreich aufnimmt. Der leere Schleppkübel, der am Auslegerende mit großer Geschwindigkeit herumgeschwenkt wird, wiegt allein 238 t (Bild 180). „Big Muskie" hebt die zusammen mehr als 550 t Last aus maximal 60 m Tiefe.

Bild 180: Der Schleppkübel von „Big Muskie", der beim Ziehen durch den Abraum rund 320 t fasste, bot einem ganzen Schulorchester Platz. Die stehenden Personen vermitteln einen Eindruck von der Innenhöhe des Schleppkübels.

Das Schreitwerk von „Big Muskie" unterscheidet sich insofern stark von den bislang bei amerikanischen Schreitbaggern verwendeten mechanischen Systemen, da erstmals – und im 20. Jahrhundert auch nicht wieder – ein hydraulisches Schreitsystem gebaut wird.

Bild 181: Jeder Hub- und Schubzylinder hatte eine eigene Hydraulikanlage, die aus je sechs Kolbenpumpen bestand, angetrieben von drei je 600 PS starken Elektromotoren. Nur für die Schreithydraulik waren demnach insgesamt 14.400 PS Leistung erforderlich.

Zum Schreiten besitzt „Big Muskie" vier große Füße, jeder 19,8 x 6 m, zwei pro Seite. Die Füße werden von je einem Hub- und Schubzylinder hydraulisch bewegt (Bild 181). Nachdem der Bagger durch die Hubzylinder mit jeweils 1,6 m Durchmesser hochgehoben wurde und auf den vier Füßen steht, verschieben ihn die vier Schubzylinder nach hinten vom gebaggerten Hang fort. Danach senken ihn die Hubzylinder wieder ab, bis er auf seiner 32 m durchmessenden Grundplattform steht. Dann werden die Füße angehoben, nach hinten verschoben, und der nächste Schritt kann beginnen. Bei jedem Schritt geht „Big Muskie" 4,3 m und erreicht so eine Geschwindigkeit von 275 m/h. Durch Drehen des Oberbaues und damit der daran befestigten Füße

Bild 182: Verloren wirkt der Mensch zwischen dem Höhepunkt der Baggertechnik der 60er Jahre: Die vier je Meter 70 kg schweren Zugseile von „Big Muskies“ Schleppkübel wurden über vier große Umlenkrollenpaare in das Maschinenhaus geführt.

bewegt sich der Bagger in die gewünschte Richtung. Die 28 m durchmessende Drehplattform bewegt sich auf einem aus 128 Rollen bestehenden Lager. Jede Rolle ist größer als ein Ölfass.

Zum Ziehen und Heben des Schleppkübels entwickeln acht 1.000-PS-Elektromotoren eine Endleistung von 22.000 PS. Zum Drehen des Oberbaues erzeugen 16 625-PS-Elektromotoren eine Gesamtleistung von 17.000 PS. Der Schleppkübel hängt an vier Seilen und wird von vier Seilen an den Bagger herangezogen. Jedes dieser Seile hat 127 mm Durchmesser – das ist Beindicke! Ein Seil wiegt pro Meter 70 kg und hält einer zulässigen Zugbelastung von 1.060 t stand. Für den Transport der Seile vom Hersteller zum Montageort des Baggers muss ein Spezialfahrzeug konstruiert werden. Die insgesamt 1.772 m Seillänge, die in „Big Muskie“ aufgespult sind, haben allein 124 t Gewicht (Bild 182).

Die enorme Beschleunigung des 550 t schweren Schleppkübels beim Schwenken erzeugt an der Auslegerspitze ein Äquivalent von 225 t seitlicher Belastung. Ein Bucyrus-Ingenieur kommentiert: „Als Ausleger mussten wir eine Art Brücke konstruieren, mit der man auch angeln kann!“ Weil bei diesen großen Belastungen die Gefahr von Materialrissen in dem Röhrensystem des Auslegers besteht, ist dieses mit unter Druck stehendem Stickstoff gefüllt. Bildet sich ein feiner Riss, entweicht das Gas, und am Fahrerstand ertönt ein Alarmsignal.

Dem Mann, der den Riesenbagger bedient, steht eine Kabine mit getöntem Glas, Schall- und Staubisolierung, Klimaanlage, Telefon und Radio zur Verfügung. Hinter der Kabine befindet sich das elektronische Gehirn von „Big Muskie“, das sämtliche Funktionen wie zum Beispiel die automatische Schmierung überwacht und größtenteils regelt. So muss der Baggerführer für einen Schritt von „Big Muskie“ nur einen Hebel bewegen.

Der Raum, in dem die Elektronikschränke untergebracht sind, wird genauso wie die Kabine und das gesamte Maschinenhaus mit gefilterter Luftzufuhr staubfrei gehalten. Allein durch den Maschinenraum pumpen große Lüfter als Kühlung für die Elektromotoren pro Minute 28.000 m³ Luft. Unter dem Dach des Maschinenraumes sind mehrere Laufkrane angebracht, damit anfallende Reparaturen bequem und schnell auszuführen sind.

Der einsame Baggerführer in seiner Kabine 18 m über dem Boden hat eine ungeheure Macht in den Händen. Alle 70 Sekunden bewegt er 320 t Erde zwei Häuserblocks weit, eine Arbeit, für die vor gar nicht langer Zeit ein Mann mit Schaufel und Schiebkarre mehr als ein Vierteljahr gebraucht hätte. Menschenverstand, realisiert und materialisiert in der Technik der Neuzeit, schafft schier Unglaubliches!

VII.

70er Jahre

Deutsche Tagebautechnik schlägt alle Rekorde

Die Weiterentwicklung der Giganten dieses Jahrzehnts folgt der Zielsetzung der 60er Jahre: noch mehr Nutzlast, noch mehr Schaufelinhalt, noch mehr Förderleistung. Die Rohstoffförderung im Tagebau wird gegenüber dem untertägigen Abbau zunehmend attraktiver, nicht zuletzt dank der immensen Förderleistungen unserer Tagebauriesen. Dieses Denken führt fast zu einer Konstruktionseuphorie, die uns in den 70er Jahren stets neue Größenrekorde beschert...

Doch halt, gewisse Einschränkungen einer theoretisch schrankenlosen Größenentwicklung zeichnen sich schon ab: Die Schreitbagger, die „Walking Draglines", werden wieder „kleiner". Der Höhepunkt ihrer Größenentwicklung lag bereits im vergangenen Jahrzehnt. Das Gleiche gilt für die übergroßen Seil-Hochlöffelbagger, denn in den 60er Jahren schlug die Stunde der „Stripping Shovels". Die größten dieser Riesenbagger stammen aus dem letzten Jahrzehnt und werden im verbleibenden 20. Jahrhundert auch nicht mehr gebaut werden.

Nicht nur die Fördermaschinen, auch die Tagebaue nehmen aufgrund der Leistungen der neuen Maschinengenerationen wahrhaft gigantische Ausmaße an. Dies zeigt ein kurzer Abstecher zum größten Tagebau der Welt, der zum Ende dieses Jahrzehnts mitten in Deutschland langsam Gestalt annehmen soll.

Mit einer Jahresförderung von 180 Mio. t ist Deutschland jetzt der größte europäische Braunkohleförderer. Aus dem rund 2.500 km^2 großen rheinischen Braunkohlenrevier sind etwa 35 Mrd. t wirtschaftlich gewinnbar. Braunkohle ist zur Elektrizitätserzeugung kostbarer als je zuvor. Die ständig wachsende Nachfrage nach Braunkohle wird deutlich, wenn man vergleicht, dass 1900 zwar schon 5,1 Mio. t in allen Tagebauen im rheinischen Revier gefördert wurden, 1975 hingegen 107,4 Mio. t.

Doch der Aufwand, um die tieferen Vorkommen abbauen zu können, ist größer als je zuvor. Um für die nächsten 80 bis 90 Jahre eine Gesamtförderung von 110 bis 120 Mio. t Kohle jährlich zu erreichen, wird 1974 ein neuer Tagebau westlich von Köln geplant. In dem Tagebau Hambach I, dem später größten der Welt, sollen ab 1995 pro Jahr 280 Mio. m^3 Abraum bewegt und 45 bis 50 Mio. t Kohle gefördert werden – ein in jeder Beziehung gigantisches Unternehmen. Die Anlaufzeit des Tagebaues beträgt 16 Jahre. Insgesamt 14,6 Mrd. m^3 Abraum müssen bewegt werden, um die Kohle aus bis zu 500 m Tiefe fördern zu können.

Bild 183: Mit 44 m Breite, 223 m Länge und 87 m Höhe zählt der 13.000 t wiegende Krupp-Schaufelradbagger, der den Aufschlussgraben des Tagebaus Hambach öffnete, zu den größten auf dem Land beweglichen Maschinen der Welt.

Das gigantische Projekt Hambach

Am Anfang eines derartigen Projektes sind mehrjährige Vorausplanungen erforderlich. So muss auf einer Fläche von 850 km² der Grundwasserspiegel gesenkt werden, da der Tagebau eine Tiefe bis zu 500 m erreichen soll. Von den 8.500 Hektar, die der Tagebau im Lauf von 50 Jahren nach und nach in Anspruch nehmen wird, werden 48 Prozent land- und 47 Prozent forstwirtschaftlich genutzt. Nur 5 Prozent entfallen auf Wohnsiedlungen, Betriebe oder Verkehrswege.

Für im Tagebaugebiet liegende Straßen, Bahnlinien und Wasserläufe sind rechtzeitig neue Trassen zu bauen, weil eine ersatzlose Unterbrechung nicht möglich ist. Eine Autobahn, zwei Bundes- und zwei Landesstraßen, einige Kreis- und Gemeindestraßen sowie die Bundesbahnlinie Düren-Neuss müssen neu verlegt werden, außerdem Rohrleitungen, Strom- und Fernmeldekabel, Freileitungen und Ähnliches.

Acht gigantische Schaufelradbagger sollen ab Mitte der 90er Jahre in Hambach pro Tag mindestens 1,5 Mio. m³ Erde abtragen! Diese Schaufelradbagger gehören zu den schwersten und größten beweglichen Landmaschinen überhaupt. Die Kohle in Hambach ist bis zu 70 m mächtig, so dass auch sie mit den Schaufelradbaggern abgetragen werden kann. Dessen ungeachtet müssen fast 10 t Abraum bewegt werden, um 1 t Kohle zu gewinnen.

Der erste gigantische Schaufelradbagger nimmt im Herbst 1978 seine Arbeit auf, um mit einem fünf Kilometer langen Graben den Tagebau aufzuschließen. Die von Krupp gebaute Anlage fördert pro

Bild 184: Neben einem Schaufelrad, hoch wie ein sechsstöckiges Haus, zu stehen, das alle 1,25 Sekunden mit seinen Schaufeln rund 10 t Erde schluckt, ist ein unvergessliches Erlebnis. Die Giganten aus Menschenhand lassen jeden Urwelt-Saurier verblassen ...

Tag 240.000 m³ Abraum. Das Schaufelrad kann in einem Höhenbereich von 98 m Erde abtragen (Bild 183). Eine Fünf-Mann-Besatzung überwacht sämtliche Arbeitsfunktionen.

Das Schaufelrad von 21,6 m Durchmesser ist mit 18 6,64 m³ fassenden Schaufeln bestückt. Alle 1,25 Sekunden entleert sich eine der Schaufeln. So werden pro Stunde theoretisch 19.123 m³ Erde bewegt. Angetrieben wird das Rad von Elektromotoren mit 4.570 PS Leistung (Bild 184).

Die Antriebstrommeln für die 3,2 m breiten Förderbänder im Bagger haben ein Gewicht von bis zu 29 t. Zwei Hubwinden heben und senken über zwei 16fach eingescherte Seilführungssysteme den Schaufelradausleger. Der Sicherheitsfaktor der beiden Systeme beträgt mehr als das Sechsfache, so dass bei Ausfall einer Hubwinde oder eines Seilsystems im tragenden System noch eine dreifache Sicherheit vorhanden ist. Die zwölf Raupenfahrwerke des Baggers sind je 15 m lang und 3,7 m breit, damit das Gewicht gleichmäßig auf 790 m² Bodenfläche verteilt wird.

Zwei gleich große Schaufelradbagger von der LMG und von MAN folgen dem ersten (Bild 185). Obwohl man nun pro Tag 720.000 m³ Abraum fördert, wird die oberste Kohlenschicht erst 1983 erreicht. 1985 soll der Erschließungsgraben eine Tiefe von 200 m und eine Breite von 1,8 km haben. Die volle Jahresförderleistung des Tagebaues soll ab Mitte der 90er Jahre erbracht werden, wenn eine „Flotte" von acht der riesigen Schaufelradbagger eingesetzt ist. Hintereinander stehend wäre die „Schlange" der acht Bagger fast 2 km lang. Pro Tag werden von den acht Baggern 1,84 Mio. m³ (fest) bewegt – das entspricht einem 20 m tiefen Loch von 300 mal 300 m Größe! Und diese Förderleistung wird von den Baggern tagein, tagaus, jahrein, jahraus erbracht ...

Ein Problem für sich ist die Bewältigung der unvorstellbaren Abraummassen. 14,6 Mrd. m³ werden für Hambach I errechnet. Davon sind 11,9 Mrd. m³ im Lauf der Zeit im Tagebau in den Bereichen abzulagern, wo bereits die Kohle abgefördert ist. Von den restlichen 2,7 Mrd. m³ soll die Außenkippe Sophienhöhe nordwestlich des Abbaufeldes ungefähr 1 Mrd. m³ aufnehmen und später als hügeliges Erholungsgebiet genutzt - werden.

Zur Bewältigung der Abraummassen sind neben den acht Schaufelradbaggern acht entsprechend leistungsfähige Absetzer und 120 km Förderbandanlagen erforderlich (Bild 186). Die Bänder sind 2,8 m breit und laufen mit einer Kapazität von je 39.000 t/h. Zum Transport der Kohle zu den in 18 km Entfernung liegenden

Bild 185: Acht der unvorstellbar großen „240.000er" kamen im Tagebau Hambach zum Einsatz; hier der von LMG (damals zu O&K gehörend) bei seiner gemächlichen Fahrt in den Aufschlussgraben. Die beiden Arbeiter vor dem Raupenfahrwerk erscheinen kleiner als Gartenzwerge.

Kraftwerken wird eine zweispurige Eisenbahnstrecke gebaut.

Wenn etwa im Jahr 2040 der Tagebau Hambach I ausgekohlt sein wird, ist geplant, Hambach II mit 2,1 Mrd. t Kohlevorräten und 16,4 Mrd. m^3 Abraummenge aufzuschließen. Durch derartige Projekte kann die deutsche Braunkohle- und Stromversorgung für fast 100 Jahre gesichert werden.

Ein Schaufelrad-Baggerriese gerät ins Rutschen

Am 13. Oktober 1973, frühmorgens um 4:15 Uhr, werden im Erdreich in der Nähe des Fahrwerkes eines der 100.000-m^3-Schaufelradbagger von Krupp, die im Rheinbraun-Tagebau Fortuna im Einsatz sind, Risse festgestellt. Der Bagger ist zu diesem Zeitpunkt im Tiefschnitt eingesetzt. Ein Zurückfahren ist nicht mehr möglich, da in diesem Augenblick eine der mächtigen Fahrwerksketten reißt.

Bild 186: Zeitgleich mit den „240.000er"-Schaufelradbaggern wurden am Rand des zukünftigen Tagebaues von den Baggerherstellern auch mächtige Absetzer mit entsprechender Förderleistung auf die Raupen gestellt.

Der Bagger beginnt zu rutschen und neigt sich dabei immer mehr nach vorn. Erst als sich das Schaufelrad in die gegenüberliegende Böschung eingräbt, kommt der Bagger zum Stillstand (Bild 187). Durch die Schrägstellung des Baggers hat sich die Schwerpunktlage des Oberbaus weit nach außen bis hin zur

Bild 187: Vor unvorhersehbaren Ereignissen und Schadensfällen ist man nie sicher. Ein großer Krupp-Schaufelradbagger war abgerutscht und stand in bedrohlicher Schieflage.

Kugeldrehverbindung verlagert. Es droht ein Abkippen und damit die Zerstörung des Gerätes.

In dieser bedrohlichen Lage wird der Bagger zunächst gegen ein weiteres Abrutschen mechanisch gesichert, zeitlich parallel wird ein Damm aus 30.000 m^3 Kies vor die abgerutschten Massen gekippt, um diese zu stabilisieren. Hierzu wird auch ein Schreitbagger Ruston-Bucyrus 480-W eingesetzt, der über eine Entfernung von 5 km zur Schadensstelle schreitet. In mehreren langwierigen, da sehr sorgfältig durchzuführenden Aktionen kann der Bagger durch Rückverlagerung des Schwerpunktes zur Mitte hin zunächst stabilisiert werden.

Anschließend, nach wiederum umfangreichen Vorbereitungen und unter Anwendung eines 800-t-Bodenankers, gelingt es, den Bagger durch Betätigen seines eigenen Fahrwerks über eine Steigung von 1:10 auf ebenes, sicheres Gelände zu fahren. Am 20.1.1974, also nach 99 Tagen, ist die Bergung abgeschlossen. Nach weiteren drei Monaten geht der Bagger wieder in Betrieb.

Dies dürfte mit rund 17.000 Belegschafts- und 5.000 Hilfsgeräte-Einsatzstunden, mit Bodeninjektionen, 30.000 m^3 Kies, Betonfundamenten für vier 200-t-Pressen, Stützbrücken sowie Erdankern für 500 t Zugspannung die möglicherweise aufwendigste Großmaschinenbergung des 20. Jahrhunderts gewesen sein.

Schaffen Eimerkettenbagger mehr?

Dass westdeutsche Schaufelradbagger nun mehr als 200.000 m^3 Abraum am Tag fördern können, fordert die Ingenieure und Techniker des ostdeutschen Konkurrenten Takraf förmlich heraus. Die Takraf-Förderanlagen der ehemaligen DDR gingen aus den Buckau- und Lauchhammer-Werken hervor und genießen in den 70er Jahren auf der ganzen Welt, besonders aber in den sozialistischen Ländern, einen hervorragenden Ruf. Sie werden sogar im sibirischen Tagebau unter härtesten Bedingungen eingesetzt.

Als Antwort auf die großen westdeutschen Schaufelradbagger entwickelt man bei Takraf im VEB Schwermaschinenbau „Georgi Dimitroff“ Magdeburg-Buckau einen riesigen Eimerketten-Schwenkbagger, den 4.800 t schweren Es 3750 für bis zu 14.500 m^3/h maximale Förderleistung (Bild 188).

Die Typenbezeichnung weist auf den Eimerinhalt von 3.750 l (entspricht 3,75 m³ Wassermaß) hin. Für den Antrieb der Eimerkette sorgen zwei Elektroantriebe mit 2.721 PS Antriebsleistung. Die Fahr- und Schwenkwerke werden sehr fortschrittlich durch Thyristorsteuerungen geregelt, die Eimerkettengeschwindigkeit durch die Verwendung einer untersynchronen Kaskadenschaltung.

Dann folgt aber auch von Takraf ein Schaufelradbagger, um auf dem internationalen Markt gleichwertige Förderleistungen wie bei den entsprechenden westdeutschen Geräten anbieten zu können. Der SRs 6300 ist für eine theoretische Förderleistung von 230.000 m³ pro Tag ausgelegt. Der Bagger bewältigt mit seinem 18 m großen Schaufelrad bis zu 50 m Abtragshöhe (Bild 189).

Bild 188: Der Eimerkettenbagger Takraf Es 3750 war für die Abraumgewinnung bis zu Abtragsmächtigkeiten von 65 m im Tief- oder Hochschnitt geeignet und wurde meist in Verbindung mit der Abraumförderbrücke F 60 eingesetzt, hier nachts im Braunkohlentagebau Nochten.

Bild 189: Zwischen 1978 und 1987 wurden von der ostdeutschen Takraf Förderanlagen drei Schaufelradbagger SRs 6300 für bis zu 230.000 m³ tägliche Förderleistung gebaut.

Bild 190: Über mehr als einen halben Kilometer überspannten die F-60-Förderbrücken, hier im Tagebau Reichwalde, den Abbaugraben. Die Brücken verstürzen den Abraum auf bis zu vier verschiedenen Stellen hintereinander, um eine gleichmäßigere Verteilung der Abraumhalden zu erzielen.

600 m lange Brücken fahren auf Schienen

Anders als im westdeutschen und europäischen Braunkohlentagebau wird in der ehemaligen DDR aufgrund der günstigen geologischen Voraussetzungen das praktische Prinzip der Förderbrücken auch in den 60er und 70er Jahren intensiv weiterverfolgt. 1972 wird mit dem Einsatz der Förderbrücke des Typs F 60 im Tagebau Welzow-Süd ein neues Kapitel in der Geschichte dieser Abraumförderanlagen eingeleitet.

Bild 191: Eine Flotte von Muldenkippern stand ständig bereit, um den Ölsand abzutransportieren, den ein 1.820 t schwerer LMG-Schaufelradbagger in Alberta mittels Wechselschurre in die 150 sht fassenden Mulden füllte.

Gegenüber den bisherigen Brücken F 34 und F 45 werden sowohl die Abmaße als auch die Förderkapazität und die Abtragsmächtigkeiten in erheblichem Umfang erhöht. Bei einer Stützweite der Hauptbrücke von 272 m ± 13,5 m, der Zubringerbrücke von 150 m und einer Länge des haldenseitigen Abwurfauslegers von 192 m ergibt sich eine Gesamtlänge von 614 bis 627 m, also Ausmaße von mehr als einem halben Kilometer (Bild 190).

Bild 192: Im 14 km langen Diamanttagebau errichtete der SH 400 mit der Förderbrücke im Direktversturz einen mächtigen Wall aus Seesand, da sich der Tagebau schon 20 m unter dem Meeresspiegel etwa 230 m in den Atlantik hineingearbeitet hatte.

Mit einer Dienstmasse von 13.600 t – und samt drei angeschlossenen Eimerkettenbaggern sogar von 27.000 t – sind die Förderbrücken des Typs F 60 die größten auf dem Land beweglichen technischen Anlagen der Welt. Auf ihren Schienenfahrwerken erreichen sie eine mittlere Fahrgeschwindigkeit von beachtlichen 9 m/min. Der „kleinste" von einer F 60 zu befahrende Kurvenradius beträgt 1.750 m – dies dürfte damit der größte „Wenderadius" der Welt sein.

Die Förderbänder auf der durch Prozessrechner gesteuerten Brücke laufen mit einer Geschwindigkeit von 10 m/s. Für den Betrieb einer F 60 mit zwei oder drei angeschlossenen Eimerkettenbaggern Takraf Es 3150 oder Es 3170 werden je Schicht nur 20 oder 30 Arbeiter benötigt. Als wirtschaftlichste Abraumkombination werden von Takraf-Ingenieuren drei Eimerkettenbagger auf zwei Sohlen und eine Förderbrücke F 60 betrachtet.

Dadurch kann die F 60 voll ausgelastet werden und täglich etwa 440.000 m^3 direkt über den Tagebau hinweg verstürzen. Dies ergibt durchschnittliche jährliche Abbau- und Einbauleistungen von bis zu 100 Mio. m^3 Abraum. 1989 erzielt eine

F 60 einen Rekord, denn in dem Jahr werden 130,7 Mio. m^3 Abraum über die Bänder der Brücke transportiert.

Durch den direkten Weg über den Tagebau mit den Förderbrücken nennt Takraf Kosteneinsparungen zwischen 50 und 66 Prozent gegenüber anderen Methoden, auch der Bandförderung um den Tagebau herum. Im Zeitraum von 1972 bis 1992 werden die fünf F 60 unfassbare 4,89 Mrd. m^3 Abraum bewältigt haben. Zur Jahrtausendwende werden leider mehrere der fünf Förderbrücken F 60 verschrottet sein – obwohl sie technische Denkmäler darstellen, die auch den Eiffelturm klein wirken lassen.

Lübecker Schaufelradbagger in aller Welt

Wie sich schon seit den 30er Jahren abzeichnete, sind Schaufelradbagger bei der kontinuierlichen Förderung in den meisten Fällen Eimerkettenbaggern eindeutig überlegen. Die Erfolge der „deutschen Tagebautechnik" finden weltweit Anerkennung. Gerade die von der LMG gebauten Schaufelradbagger gelangen auf Baustellen und in Tagebauen rund um den Globus zum Einsatz.

Unter besonders harten Bedingungen arbeiten LMG-Schaufelradbagger im kanadischen Ölsand bei Fort McMurray. Ein dritter Schaufelradbagger wird nachgeliefert, weil sich die seit 1967 dort eingesetzten LMG-Maschinen gut bewährten. Wegen der extremen Temperaturen – in den Wintermonaten klirrender Frost von bis zu –45°C – verfügen die Bagger über besondere Ausstattungen (Bild 191).

1972 wird von der LMG in Lübeck der erste vollhydraulisch angetriebene, leistungsgeregelte Kompakt-Schaufelradbagger konstruiert. Einer der ersten bewährt sich im Diamanttagebau der Consolidated Diamond Mines (CDM) an der südafrikanischen Atlantikküste. Dort trägt ein Kompaktschaufelradbagger SH 400 sandigen Abraum ab, der anschließend über eine 116 m lange, an beiden Enden auf Raupenfahrwerken stehende Brücke zu einer Art gigantischem Schutzdeich gegen den Atlantik direktverstürzt wird (Bild 192).

Durchschnittlich werden von dieser Anlage 780 m^3(fest)/h und insgesamt mehr als 31,5 Mio. m^3(fest) bewegt, bis sie 1986 nach 40.473 Betriebsstunden grundüberholt und modifiziert wird. Im Rahmen dieses Projektes gesellt sich dann zu dem SH 400 ein größerer, neuer Schaufelradbagger S 800/18 für 3.500 m^3 (fest)/h Förderleistung. Nach einer rechnerischen Überprüfung der Förderbrücke wird ermittelt, dass ihre maximale Tragfähigkeit mit dem vorhandenen Fördersystem nicht ausgeschöpft ist. Vorhandene Reserven können der Steigerung der Brückennutzlast zugute kommen. Deshalb wird die existierende 1,2 m breite Bandanlage durch eine schneller laufende, 1,5 m breite Bandanlage ersetzt. Damit kann die Förderleistung um etwa 300 Prozent gesteigert werden.

Die so genannten Kompaktschaufelradbagger der LMG werden nicht nur im Tagebau eingesetzt, sondern auch auf Großbaustellen, beispielsweise 1968 beim Bau des Chasma-Jhelum-Link-Kanals in Pakistan. Ein japanisches Konsortium

Bild 193: Mit 359 t Einsatzgewicht war der SH 630 der LMG der größte vollhydraulische Schaufelradbagger der Welt. Drei SH 630 förderten in Singapur Erdmassen ins Meer, um neues Bauland zu schaffen.

erwirbt gleich drei SH 630 zur Landgewinnung in Singapur (Bild 193). Zwei SH 630 werden auch im amerikanischen Captain Kohlentagebau der Arch Minerals eingesetzt, die wir im vergangenen Jahrzehnt als Southwestern Illinois Coal Corp. kennen lernten, weil dort einer der größten Bagger überhaupt, der „Captain" Marion 6360, zu bestaunen war.

100/100 setzt neue Maßstäbe

Schreitbagger werden in diesem Jahrzehnt neben Schaufelradbaggern die wichtigsten Abraumfördergeräte. Viele Einsatzerfahrungen zeigen, dass derartige Bagger robuste, zuverlässige und langlebige Maschinen sind (Bild 194). Zudem reichen sie mit ihren Schleppkübeln weiter als „Stripping Shovels" und können somit tiefere, breitere Abbaugräben öffnen.

Der Anschaffungspreis eines großen Schreitbaggers beträgt in den 70er Jahren 20 bis 30 Mio. US-Dollar; die jährlichen Kosten belaufen sich auf durchschnittlich 200.000 US-Dollar. Ingenieuren von McDonnell Douglas Electronics fällt auf, dass derart aufwendige und große Maschinen mit weniger Kontrolleinrichtungen als ein Pkw betrieben werden.

Deshalb werden ab 1972 in Zusammenarbeit mit der Old Ben Coal Company Schreitbagger beobachtet und die Einsatzdaten analysiert. Daraus wird das System DIGS (Dragline Display and Information Gathering System) entwickelt, das den Baggerführer über Leistungsdaten informiert und die Wartungs- und technischen Kontrollen unterstützt. DIGS übersetzt momentane Daten der Antriebsmotoren und der Stromversorgung in digitale Angaben und führt Berechnungen durch. Außerdem werden die Werte mit einem Drucker aufgezeichnet und stehen so der Betriebsleitung und dem technischen Personal zur Verfügung.

Bild 194: Schreitbagger sind wertvoll genug, um von Tagebau zu Tagebau umgesetzt zu werden: Ein 1957 gebauter, 1.676 t wiegender Rapier W-1400 „wanderte“ 1974 über 21 km Strecke mit einem Tempo von 161 m/h zum englischen Eisenerztagebau Corby.

Über vier vertikale Anzeigen sieht der Baggerführer, wie gut er die Arbeitsgänge Beladen der Schaufel, Schwenken zum Abschütten, Schwenken zum Beladen und Gesamtzyklus ausgeführt hat. Höhen- und Tiefenanzeiger sowie Distanzmesser geben die Position des Schleppkübels an. Zusätzlich angezeigt werden die Zahl der Arbeitsspiele, die Ladezeit, die bewegten Kubikmeter. Das Prototyp-System wird seit 1977 von Thunderbird Pacific in einem Schreitbagger Marion 8200 mit 53 m^3 Schleppkübelinhalt im Kohlenabbau in Wyoming eingesetzt. Die Förderleistung des Baggers erhöht sich nach Werksangaben um bemerkenswerte 52 Prozent von 2.500 auf 3.800 m^3/h.

Nach den Rekordbaggern der 60er Jahre folgt umgehend ein weiterer Meilenstein: Für einen Kohlentagebau der Ayrshire Collieries Corp. (nach Übernahme durch Amax Coal Co. in Ayrshire-Mine umbenannt) in Indiana baut Marion den bislang größten Schreitbagger des Unternehmens, den 8950. Dort werden zwei Flöze mit 2 m Gesamtmächtigkeit von bis zu 40 m Abraum überlagert.

Mit seinem 94,5 m langen Ausleger soll der 8950 einen bis zu 40 m tiefen Abbaugraben anlegen und so jährlich rund 28 Mio. m^3 Abraum im Alleingang bewegen (Bild 195). Der 115 m^3 fassende Kübel hängt an vier Seilen von je 102 mm Durchmesser und wird von vier ebensolchen Seilen an den Bagger herangezogen.

Im 33 x 29 x 12 m großen Maschinenhaus des 8950 werden die Baggerbewegungen von sechs elektrischen Schwenkmotoren, acht Zugmotoren sowie zehn Hubmotoren mit 18.000 PS Gesamtleistung durchgeführt. Für das Schreiten in jeweils 2 m langen Schritten sind vier E-Motoren mit je 1.000 PS installiert. Doch die Verfügbarkeit liegt gerade mal bei 80 Prozent – die Technik derartiger Riesen ist so komplex, dass fast ständig hier oder dort kleinere Schäden oder gar Ausfälle zu verzeichnen sind.

Bild 195: Der größte, fast 6.000 t schwere Marion-Schreitbagger 8950 erzielte bei einem Kübelinhalt von 115 m^3 eine tägliche Förderleistung von 90.000 m^3. Die Kübelnutzlast von 205 t wurde in einem Radius von 100 m abgeschüttet.

1979 kann Amax den Maschinenpark erneut um einen Bagger der Superlative ergänzen – ein 8.170 t wiegender Schreitbagger 3270-W von Bucyrus-Erie kommt hinzu, nach „Big Muskie“ aus dem letzten Jahrzehnt der zweitgrößte Bagger des amerikanischen Herstellers (Bild 196).

Bild 196: Um den leer 159 t wiegenden Kübel bestmöglich zum Schürfen ansetzen, schwenken und entleeren zu können, erhielt der Bucyrus-Erie 3270-W gleich zwei großräumige Fahrerhäuser mit Panoramaverglasung.

Mit 100,6 m Länge ist der Ausleger riesig, die Auslegerspitze befindet sich 70 m über dem Boden. Dank dieses langen Auslegers kann der 3270-W, auf seiner Basisplattform von 26 m Durchmesser stehend, bei sicheren Böschungswinkeln noch aus mehr als 45 m Tiefe baggern und so tatkräftig helfen, 27 Mio. m³ Abraum für eine Jahresproduktion von etwa 2 Mio. t Kohle abzutragen.

In der Sowjetunion strafft Uralmasch das Programm und baut nun den aus dem ESh 15.90 abgeleiteten ESh 20.90 sowie den aus dem ESh 65.85 entwickelten ESh 65.100. Für die Schreitbagger konzipieren die russischen Konstrukteure weiterhin eigenwillige Auslegersysteme, beispielsweise ein Einzelrohr mit Seilverspannungen beim ESh 15.90A, einen kombinierten Rohr-Gittermastausleger beim ESh 6.45M und Ankerseilsysteme bei weiteren Modellen (Bild 197).

Außergewöhnlich bei den sowjetischen Schreitbaggern ist außerdem der seit 1949 verwendete Schreitmechanismus, bestehend aus hydraulischen Hub- und Schubzylindern anstelle der Exzentersysteme. Bei westlichen Geräten ist ein ähnliches hydraulisches Schreitsystem nur beim weltgrößten Schreitbagger „Big Muskie“ aus den 60er Jahren zu finden.

Bild 197: Typischer Ankerseilausleger eines russischen Uralmasch-Schreitbaggers, hier des Typs ESh 15.90A, eingesetzt 1975 im Tagebau Gulunski der Vereinigung Wostsibugol.

1975 vollendet Uralmasch die Montage des 10.300 t wiegenden ESh 100.100, des vom Gewicht her zweitgrößten Schreitbaggers der Welt. Die Typenbezeichnung steht für 100 m³ Kübelinhalt und 100 m Auslegerlänge (Bild 198). Der schreitende Riese fördert im Tagebau Nazarowski bei Krasnojarsk Abraum.

Dank 35° Auslegerneigung kann der ESh 100.100 bei unter 60 Sekunden Spieldauer Material aus maximal 52 m Tiefe gewinnen und in einem Radius von 118 m in bis zu 52 m Höhe abschütten. Er steht auf einer Grundplattform von 27 m Durchmesser. Für den Antrieb

Bild 198: Trotz des harten Klimas in Ostsibirien und schwieriger geologischer Bedingungen konnte der 10.300 t wiegende ESh 100/100 von Uralmasch durchschnittlich 15 Mio. m³ Abraum pro Jahr bewegen.

sorgen 20 Elektromotoren mit 42.448 PS Gesamtleistung. Sogar eine größere Version mit 125 m³ fassendem Kübel wird geplant, jedoch nicht gebaut.

Das Ende einer Ära

Zum Ende des Jahres 1971 geht in der neuen Leahy Mine der Amax Coal Co. eine Marion 5900 „Stripping Shovel“ in Betrieb. Sie ist der letzte der großen Löffelbagger, der in den USA in Betrieb genommen wird. Denn zu erdrückend sind inzwischen aus betrieblicher Sicht die Vorteile des Schreitbaggers geworden. Diese ergeben sich einerseits aus technischen Verbesserungen bei den „Draglines“ und gleichzeitig aus ihrem weiteren Größenwachstum, andererseits aber auch aus den Problemen, die „Stripping Shovels“ mit immer höher wachsenden Abraumschichten haben. Denn je tiefer die „Stripping Shovel“ in dem selbst ausgehobenen Gewinnungsgraben stehen muss, desto schwieriger wird es für sie, den Abraum aufgrund ihrer durch die Auslegerlänge begrenzten Reichweite sicher zu platzieren.

In dem Amax-Tagebau werden zwei Kohlenflöze abgebaut. Das obere ist von 20 m bis 28 m Abraum bedeckt, die Abraumschicht zwischen den beiden Flözen ist 7 m dick. Für diese Aufgabe ist die „Stripping Shovel“ mit einem im Winkel verstellbaren Löffel ausgerüstet, der es ihr ermöglicht, beide Abraumschichten nacheinander abzugraben und zu verstürzen. Dabei steht sie auf dem unteren Kohlenflöz. Ihr Löffel hat einen Inhalt von 80 m³, und sie kann im Monat 2,3 Mio. m³ Material umsetzen. Das Betriebsgewicht des Baggers beträgt 6.350 t (Bild 199).

Bild 199: Dieses Bild zeigt die Marion 5900 „Stripping Shovel“ in Amax-Farben, als sie noch in der Leahy-Mine eingesetzt war. Der Kniehebelvorschub war bei dem Bagger nicht über Zahnstange, sondern per Seilzug gelöst.

Nachdem die Marion 6360 „Stripping Shovel“ in dem Captain-Tagebau aufgrund der durch ein Feuer entstandenen Schäden außer Betrieb gesetzt und später verschrottet werden muss, wird die Marion 5900 in die Captain-Mine transportiert, um dort die Abraumarbeiten zu übernehmen, denn zwischenzeitlich hatte Arch Minerals die Leahy-Mine von Amax erworben.

Geburt der Großhydraulikbagger

Die zu Beginn der 70er Jahre auftretenden Probleme, die die neuartige Anwendung von Hydraulikbaggern im Tagebau als hoch produktives Ladegerät mit sich bringen, rücken diese Technologie in ein manchmal nicht so gutes Licht. Die schlichte Vergrößerung von Pumpen, Motoren und Hydraulikzylindern ist jedoch nicht unbedingt das Problem.

Bild 201: Drei Dieselmotoren mit 780 PS Gesamtleistung trieben beim französischen Poclain EC-1000 sechs Hydraulikpumpen für einen Systemdruck von 300 bar an.

Bild 200: Pionier beim Einsatz großer Hydraulikbagger war die englische Firma Northern Strip Mining (NSM), die die ersten O&K RH 60 im Kohletagebau Wrexham in Wales zum Beladen von 45 t tragenden Muldenkippern verwendete.

Es fehlt vielmehr an geeigneten Steuerventilen, Rohrleitungs- und Schlauchverbindungen und anderen Hydraulikkomponenten, die den hohen Drücken, großen Förderströmen und härtesten Belastungen im Tagebau dauerhaft standhalten können. Hier muss eine eigens für Großhydraulikbagger konzipierte Technik von Grund auf neu entwickelt werden.

1970 nimmt der erste Großhydraulikbagger im britischen Kohletagebau seinen Dienst auf, ein 111 t schwerer O&K RH 60 mit 770 PS Leistung (Bild 200). Für diesen Bagger entwickeln die O&K-Ingenieure erstmals keine herkömmliche Kipp-, sondern eine neuartige, 6,9 m^3 fassende Klappschaufel, mit der die Ausschütthöhe verbessert, die Ladezeit ver-

kürzt und die Grabkinematik wirksamer gestaltet werden kann.

Fast gleichzeitig stellt die französische Firma Poclain den 140 t schweren Großhydraulikbagger EC-1000 vor, der mit seiner 8,8 m^3 großen Kippschaufel Förderleistungen von bis zu 1.000 t/h erreichen soll (Bild 201). Von diesem Gerät, wie auch vom 1975 aus dem EC 1000 weiterentwickelten 1000 CK, gelangen ebenfalls mehrere Geräte in den britischen Tagebau. 170 t Einsatzgewicht und als Standardausrüstung eine 9-m^3-Ladeschaufel oder ein 8-m^3-Tieflöffel sind für einen Hydraulikbagger jener Zeit beachtliche Daten (Bild 202).

Ab 1972 baut Demag mit dem 110 t wiegenden H 101 den ersten Hydraulikbagger des Unternehmens speziell für Bergbauzwecke, der zum Modell H 111 weiterentwickelt wird. 1976 präsentiert O&K den leistungsfähigeren RH 75, der den RH 60 ablöst. Besonders dieser Bagger ebnet gewissermaßen den Weg für die breite Anwendung großer Hydraulikbagger im Tagebau.

Zur Bauma 1977 steigt auch Liebherr als nächster deutscher Baumaschinenhersteller in den Markt schwerster Hydraulikbagger ein und präsentiert den R 991 zum Beladen von Muldenkippern der 35- bis 85-sht-Klassen (Bild 203). Angetrieben wird der neue Großbagger von zwei jeweils 360 PS leistenden Cummins-Dieselmotoren.

Bild 202: Ein weiterer Wegbereiter der Großhydraulikbagger war der Poclain 1000 CK, der in Tagebaubetrieben Spaniens, Nordamerikas und Australiens eingesetzt wurde, hier aber bei einem Kraftwerksbau in Frankreich arbeitete.

Bild 203: Der 164 t wiegende Liebherr R 991 konnte mit 5,2 bis 12,3 m^3 fassenden Klappschaufeln und 4,6 bis 11,5 m^3 fassenden Tieflöffeln ausgestattet werden, hier im Felseinsatz mit einer 7,5-m^3-Klappschaufel.

Beim amerikanischen Unternehmen Harnischfeger, dem traditionellen Hersteller schwerer Seilbagger, wird die Bedeutung der neuen Hydraulikbagger ebenfalls erkannt. Aber nicht in den Vereinigten Staaten, sondern von der neu gegründeten Hydraulic Equipment Mining Division der Harnischfeger International Corp. GmbH in Dortmund wird die Konstruktion eines Großhydraulikbaggers unter Leitung von Karl H. Ullmann aufgenommen. Ullmann war schon 1953 an der Entwicklung des ersten Liebherr-Hydraulikbaggers beteiligt, ging dann zu Hatra (Hagelstein/Travemünde) und anschließend zu Menck und entwickelte während dieser Zeit 16 verschiedene Hydraulikbagger. Im Oktober 1978 stellt Harnischfeger das Resultat vor, den 161 t wiegenden P&H 1200 mit 810 PS Antriebsleistung aus zwei Cummins-Dieselmotoren (Bild 204).

Bild 204: Der erste Hydraulikbagger von Harnischfeger, der in Deutschland konstruierte und gebaute P&H 1200, war mit 8 m³ großer Felsschaufel, 11,7 m³ großer Erdschaufel oder 15 m³ fassender Kohleschaufel erhältlich.

Ein weiterer großer Schritt wird im gleichen Jahr von Demag vollzogen, als der 280 t schwere Großbagger H 241 mit 14 m³ fassender Klappschaufel das Licht der Welt erblickt (Bild 205). Ab Januar 1979 bewegt der H 241 Abraum in einem Kohlentagebau in Pennsylvania – ein großer Erfolg für die deutschen Baggerbauer, die nun Einzug in den riesigen amerikanischen Markt halten. Für den Antrieb des H 241 sorgt ein Dieselmotor mit 1.350 PS Leistung. Vielleicht darf der H 241 als Großhydraulikbagger der zweiten Generation gelten – nach dem RH 60, EC-1000 und anderen vergleichbaren – und als einer der fleißigsten Wegbereiter dieser neuen Baggertechnik im internationalen Tagebau.

Bild 205: Mit seinen 280 t Einsatzgewicht stellte der Demag H 241 nahezu eine Verdoppelung der bisherigen Gerätegröße der Hydraulikbagger und damit erstmals eine wirkliche Konkurrenz für schwere Elektro-Hochlöffelbagger dar.

Bild 206: Die Felsschaufel des O&K RH 300 fasste 22 m³, womit erstmals ein Hydraulikbagger die wichtige Grenze von 20 m³ Schaufelinhalt überschritt. Für ein Ladespiel – zum Füllen der eingesetzten Wabco-170C-Muldenkipper waren vier erforderlich – benötigte der RH 300 durchschnittlich 35 bis 40 s.

Die Ära der Großhydraulikbagger der dritten Generation wird 1979 mit dem 420 t schweren 0&K RH 300 eingeleitet, dessen Klappschaufel 22 m³ fasst. In den folgenden Jahren wird der RH 300 im britischen Kohlebergbau mehr als 15.000 Betriebsstunden absolvieren (Bild 206).

Mitte der 80er Jahre, kurz vor der Ablösung durch den Nachfolger O&K RH 200, werden für den RH 300 Einsatzgewichte bis 514 t und Schaufelinhalte bis 26 m³ angegeben. Dies würde einem „Größenwachstum“ um immerhin 23 Prozent entsprechen – wenn zu jener Zeit weitere RH 300 gebaut worden wären. So blieb es im 20. Jahrhundert bei nur zwei RH 300 – der erste gelangt in den englischen Kohletagebau, der zweite, zunächst auf der Bauma 1980 präsentierte, nach Jahren als Elektroversion in den chilenischen Kupfererztagebau.

Der RH 300 wird von zwei 2.380 PS starken Cummins-Motoren angetrieben. Im mittelenglischen Kohlentagebau Swadlincote belädt der RH 300 mit seiner 6,0 m breiten und 3,4 m hohen Klappschaufel erstmals Muldenkipper der 170-sht-Klasse. Dies war bislang nur mit Elektro-Hochlöffelbaggern möglich – Hydraulikbagger dringen somit in eine neue Leistungsdimension vor. Der RH 300 beweist trotz aller Probleme, die sich im Dauerbetrieb einstellen, dass Großhydraulikbagger sowohl eine durchaus vertretbare Nutzungsdauer aufweisen als auch schwerste Muldenkipper mit über 150 t Nutzlast wirtschaftlich beladen können.

Schon zur Mitte dieses Jahrzehntes werden in der Sowjetunion Pläne gefasst, zum Aufbringen größerer Grabkräfte und für den selektiven Abbau eine Baureihe großer Hydraulik-Klappschaufelbagger (EG) und Hydraulik-Tieflöffelbagger (EGO) mit Kapazitäten von 8, 12, 20 und 40 m³ sowie Dienstgewichten von 160 bis 900 t zu fertigen. 1978 produziert Uralmasch den ersten Hydraulikbagger der Reihe. Der EG-12 mit 12 m³ großer Klappschaufel wird in den Tagebau Kedrowski geliefert, zwei baugleiche Bagger folgen. In den 80er Jahren werden wir von weiteren erstaunlichen Resultaten erfahren …

Werden Raupen die Schreitwerke verdrängen?

Moderne Großhydraulikbagger verdrängen nun gemächlich die konventionellen Hochlöffel-Seilbagger aus ihrer Rolle als klassische Tagebau-Ladegeräte. Besonders in neu aufzuschließenden Betrieben wird von vornherein immer häufiger auf Seilbagger verzichtet, denn Hydraulikbagger bieten eine ganze Reihe von Vorteilen.

Bild 207: 385 t Gewicht brachte dieser P&H 2100 ohne Ausleger, Stiel und Löffel in Australien auf den deutschen Scheuerle-Tieflader. Der Transport über 95 km zwischen den Kupfererzminen Tom Price und Paraburdoo ersparte die Demontage des Baggers.

Dank leichterer Konstruktion werden die Bagger mobiler, preiswerter, energiesparender und sind einfacher zu montieren als Seilbagger. So beträgt die Montagezeit für die größten Hydraulikbagger nur fünf bis 14 Tage, die von schweren Seilbaggern dagegen manchmal drei oder gar vier Monate (Bild 207).

Dessen ungeachtet werden auch Seilbagger weiterentwickelt, wobei uns besonders in diesem Jahrzehnt innovative und interessante Konstruktionen begegnen. Der größte Elektro-Hochlöffelbagger der frühen 70er Jahre ist der P&H 2800, der seit seiner Vorstellung im vergangenen Jahrzehnt schon weite Verbreitung gefunden hat (Bild 208).

Bild 208: Im Kupfererztagebau Bingham Canyon im US-Bundesstaat Utah erschien 1976 dieser zur Feier des Staatsjubiläums mit den Nationalfarben der Vereinigten Staaten verzierte 860-t-Bagger P&H 2800.

Bucyrus-Erie kann mit dem 710 t wiegenden Hochlöffelbagger 295-B, der in der Standardversion einen 20,6 m^3 fassenden Löffel trägt, ein Gegenstück zum P&H 2800 bieten (Bild 209). Marion setzt in diesem Jahrzehnt auf die inzwischen bewährten Elektro-Hochlöffelbagger 191-M und 201-M mit bis zu 610 t Einsatzgewicht, abgesehen vom revolutionären „SuperFront"-Bagger, der … – doch halt, greifen wir nicht vor, denn bald werden wir mehr über die neuen Marion-Löffelbagger erfahren.

Bei Uralmasch entstehen Entwürfe für den EKG-8I, dessen Konstruktion in die 60er Jahre zurück reicht. Der Bagger erlangt weite Verbreitung und wird in die DDR und die Türkei sowie nach Indien exportiert. Außerdem wird er in Rumänien von Promex als ESE 8001 unter Lizenz gefertigt. Der 630-t-Bagger EKG-12 wird seit den frühen 70er Jahren gebaut (Bild 210). Ungewöhnlich sind bei den ersten EKG-12 die langen Raupenfahrwerke.

In diesem Jahrzehnt durchlaufen auch Schleppschaufelbagger auf Raupenfahrwerken eine rasante Größenentwicklung. Gleich vier namhafte amerikanische Hersteller bringen solche Bagger auf den Markt. Dabei lasten Baggergewichte bis zu 600 t nun nicht mehr auf der Basisplattform von Schreitbaggern, sondern auf schnelleren und daher mobileren Raupenfahrwerken.

Bild 209: Der 16,1 m hohe und 10,6 m breite Bucyrus-Erie 295-B bildete mit seinem 20,6 m^3 großen Löffel ein ideales Team mit dem 170 sht (154 t) ladenden Unit Rig „Lectra Haul" Mark 36.

Die Konstrukteure werden mit Hürden konfrontiert, die bei der Planung der schweren Raupenfahrwerke zu berücksichtigen sind: Die Raupen sollen das Baggergewicht nicht nur über Geländeunebenheiten tragen und den Bodendruck ausreichend gering halten, sondern auch während des Baggerns eine

Bild 210: Der EKG-12 von UZTM (Uralmasch), hier in neuerer Version im Tagebau Kostomukscha, konnte mit seinem 12 m³ großen Löffel russische Belaz 120-Tonner mit nur wenigen Ladespielen beladen.

sichere Standfestigkeit aufweisen, besonders beim Heranziehen des Kübels.

Deshalb entwickelt Bucyrus-Erie ein Raupenfahrwerk mit vier Raupenketten, die pendelnd aufgehängt sind. So können Bodenunebenheiten besser überfahren werden, ohne den Unterwagen extrem auf Verwindung zu beanspruchen, und beim Baggern ist stets der bestmögliche Bodenkontakt über die gesamte Raupenauflagefläche gegeben. Der neue Bagger erhält die Bezeichnung 300-D (Bild 211).

Bild 211: Der Unterwagen des 385 t wiegenden Bucyrus-Erie 300-D stand auf vier pendelnd aufgehängten Raupenfahrwerken. Der an einem 58 m langen Ausleger hängende Schürfkübel fasste 6 bis 10 m³.

Ein 1.130 PS starker Caterpillar-Turbodiesel und ein Drehmomentwandler von Twin Disc sorgen für den Baggerantrieb. Durch die vier Raupenfahrwerke erklimmt der 300-D Steigungen von bis zu 35 Prozent. Dank der Modulbauweise – die schwerste Komponente wiegt 38 t – kann der 300-D in nur 700 bis 1.000 Mannstunden montiert werden.

Was hat Bucyrus-Erie zur Entwicklung des 300-D veranlasst? 1978 stellt der US-Bagger- und Kranhersteller Manitowoc einen großen Schleppkübelbagger auf Raupen vor, der den nächst kleineren Typ 4600 bei weitem übertrifft. Der 6400 wiegt mit 48,8 m langem Ausleger und 11,5 m³ großem Kübel 504 t (Bild 212). Ein 6400 wird auch in England im

Bild 212: Der Manitowoc 6400 hatte einen 1.600 PS leistenden V-16-Cummins-Motor im Oberwagen für die Baggerbewegungen und einen separaten, 450 PS starken Cummins-Motor im Unterwagen, der die 12,1 m langen und 2,1 m breiten Raupen antrieb.

Kohlentagebau Low Close vom Betreiber Shephard Hill eingesetzt und ist damit der größte Schleppkübelbagger auf Raupen in Europa.

Bild 213: 313 t wog der 900 PS starke American 12210 mit 7,7 m breitem und 9,9 m langem Unterwagen, der ebenso einfach wie robust von dicken Gliederketten und Zahnrädern angetrieben wurde.

Im folgenden Jahr bringt der amerikanische Hersteller American Hoist & Derrick Co. ebenfalls einen Schleppkübelbagger auf zwei Raupen auf den Markt, das Modell 12210 mit 42,6 bis 49 m Auslegerlänge für den Schleppkübel- und bis zu 61 m langen Auslegern für den Greiferbetrieb (Bild 213). Im kommenden Jahrzehnt werden sowohl Harnischfeger als auch Marion noch größere Schleppkübelbagger auf Raupen auf den Markt bringen, lange nachdem Bucyrus-Erie schon mit dem 300-D auf den Manitowoc reagiert hat.

Der Seilbagger wird neu erfunden

Aus dem vergangenen Jahrzehnt sind uns die eigentümlichen Baggerentwürfe des „Doubler“ und des „Thin Seam Loader“ bekannt. Während Bucyrus-Erie das Konzept des „Doubler“ nicht weiter verfolgt – ein hinsichtlich der Baggerzukunft sicherlich weiser Entschluss –, entwickeln die Ingenieure bei Marion den „Thin Seam Loader“ zur legendären „SuperFront“ weiter und setzen große Hoffnungen in das gänzlich neue Baggerkonzept.

So entsteht nun die völlig unkonventionell aussehende und arbeitende Kinematik der „SuperFront“-Bagger. 1972 werden bei Marion zwei neue Prototypen gebaut, einer mit 12,2 m^3 und der andere mit 16 m^3 Löffelinhalt. Auf den ersten Blick haben die „SuperFront“-Bagger einen im Verhältnis zu den Geräteabmessungen viel größeren Löffel als herkömmliche Seilbagger. Und tatsächlich, bei gleichem Baggergewicht ist eine 33 Prozent mehr fassende Schaufel möglich.

Durch die neue Konstruktionsweise kann das Gewicht reduziert werden, weil der Schwerpunkt nach hinten bis zur Drehachse verlagert wurde. Der gravierendste Vorteil ist die erheblich bessere Ausnutzung von Hebelkräften und des Zusammenwirkens der Kräfte. Dadurch sind 250 Prozent höhere Schnittkräfte als bei normalen Seil-Hochlöffelbaggern erreichbar. Mit der Verstellbarkeit des Löffelwinkels und so auch der Schneidzähne treten sehr große Losbrechkräfte auf, nämlich 167 Prozent der aufgewandten Seilkraft im Vergleich zu normalerweise nur geringen 17 Prozent.

Im Gegensatz zum alten Löffelbagger werden alle Elemente der Lademechanik nicht auf Biegung, sondern nur auf Zug und Druck beansprucht. Das sorgt für kleinere Dimensionen und eine Gewichtseinsparung von 20 Prozent. Wegen der extrem großen Kräfte an der Löffelschneide reicht eine geringe Eindringgeschwindigkeit aus, um den Löffel zu füllen, so dass Schockbelastungen entfallen. Ein weiterer Vorteil ist der 1,5fache Arbeitsradius gegenüber dem konventioneller Löffelbagger gleicher Größenklasse.

Marion bietet die „SuperFront"-Bagger bald mit Schaufeln von 15,3 bis 30,6 m^3 und einem Gewicht von bis zu 630 t an. Elektromotoren mit 2.560 PS Gesamtleistung sorgen für den Antrieb. Ab 1978 können mindestens 17 Stück von den über 600 t schweren „SuperFront"-Baggern verkauft werden, so auch zehn für den sibirischen Kohletagebau in Yakutsk (Bild 214).

Bild 214: Sie schrieben Baggergeschichte, doch nur mit begrenztem Erfolg: Die „SuperFront"-Bagger von Marion, hier einer der 204-M in Sibirien, stellten mit ihrer neuartigen Kinematik fast 150 Jahre Löffelbaggerentwicklung auf den Kopf.

Trotz anfänglicher Erfolge können sich die Bagger aber leider nicht durchsetzen. Zu spät kam diese Revolution im Seilbaggerbau, die zweifellos stark gegen die sich abzeichnende Konkurrenz der Hydraulikbagger mit ihren ähnlichen Schaufelbewegungen zielte, und zu weit war die technische Entwicklung der Großhydraulikbagger bereits gediehen. Wären die ersten „SuperFront"-Bagger in den 20er oder 30er Jahren entstanden, hätte das möglicherweise zu einer Wende im Bau der Seilbagger geführt. So schrieben die „SuperFront"-Bagger jedoch nur ein interessantes Kapitel Technikgeschichte.

Radlader werden zur ernsten Konkurrenz

Gegenüber Seil- und Hydraulikbaggern bieten Großradlader einige Vorteile. Besonders hinsichtlich Mobilität und Vielseitigkeit sind Radlader unübertroffen. Mit Fahrgeschwindigkeiten bis 40 km/h sind sie beim Standort- und Sohlenwechsel sehr viel schneller als jeder Raupenbagger. Wird auf mehreren Sohlen gearbeitet, sind bedarfsweise durchzuführende Wechsel des Abbauortes mit Radladern schneller als mit Baggern durchzuführen.

Bild 215: Den späteren Großradladern ähnelte der riesige Michigan 675 aus dem Jahre 1970; er wog später bis zu 190 t. Unter der 18,4 m³ großen Schaufel stand ein Bobcat-Kompaktlader, der die Größenspanne des von Clark angebotenen Radladerprogrammes veranschaulichte.

Im Festgestein- und Steinkohlentagebau kehren Radlader nach dem Sprengen schneller an die Wand zurück als Bagger. Die unproduktiven Zeiten eines Baggers bei der Fahrt von der Wand und bei der Rückkehr zur Wand summieren sich merklich auf.

Der erste Großradlader in ähnlicher Konzeption wie die Geräte der späteren Generationen ist der Michigan 675 aus dem Jahre 1970. Dieser Riesenlader ist seiner Zeit weit voraus und darf zu Recht als Meilenstein der Technik gelten (Bild 215). Der 15,6 m lange Michigan 675 wird von zwei Motoren mit 1.270 PS Gesamtleistung über zwei Drehmomentwandler angetrieben und wiegt 159 t. Die statische Kipplast im nicht eingeknickten Zustand beträgt 84,6 t. Der 675 wird in 16 Exemplaren bis 1983 gebaut und erreicht später je nach Ausführung Einsatzgewichte bis zu 190 t.

Die Schaufel des Radladers kann 18,4 m³ Fels oder 27,5 m³ Kohle laden. Die Reifen des 675 werden speziell von Goodyear entwickelt und sind 1970 die größten je hergestellten. Sie durchmessen 3,5 m, haben eine Breite von 1,7 m und wiegen pro Stück 5,7 t. Der erste 675 wird etwas ungünstig im reinen „Load-and-Carry"-Betrieb eingesetzt und schleppt dabei bei jedem Ladespiel seine gewaltige Eigenmasse aufwärts fahrend aus der Grubensohle.

Einhergehend mit den Muldenkipperentwicklungen bis 200 sht Nutzlast wird 1971 von den texanischen Vehicle Constructors (VCON) der Versuch unternommen, einen noch wesentlich größeren Lader zu bauen. Wir werden die Vehicle Constructors unter Leitung des genialen Konstrukteurs Pete Trenary noch genauer kennen lernen, sobald sich alles um Muldenkipper und Raddozer dreht.

Der VCON 504 bleibt leider im Entwurfsstadium, da die Firma in Konkurs geht und vom Seilbaggerhersteller Marion Power Shovel Company aufgekauft wird. Bei Marion können die innovativen Maschinenkonzepte von VCON nicht gebührend vermarktet werden, so dass schon zum Ende dieses Jahrzehntes sämtliche VCON-Entwürfe sterben müssen und der Vergessenheit anheim fallen.

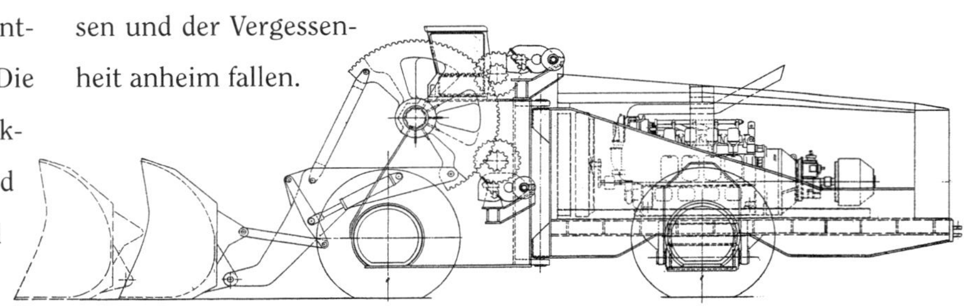

Bild 216: Im Entwurfsstadium blieb 1971 der VCON 504: Mit einer Zahnkranz-Kinematik sollte er seine 26,8 m³ fassende Felsschaufel zur Schonung der Reifen ohne Fahrbewegung 2,44 m vorwärts in das Haufwerk schieben können.

Die 26,8 m³ (!) fassende Felsschaufel des Großradladers VCON 504 sollte 6,7 m Auskipphöhe erreichen (Bild 216). Für den dieselelektrischen Antrieb ist ein 1.800 PS starker Lokomotiven-Dieselmotor geplant. Ungewöhnlich ist auch später der für den Lader entwickelte und patentierte Schaufelvorschub, der gestattet, die Schaufel bei stillstehendem Lader um 2,44 m vorwärts in das Haufwerk zu schieben. Dies sollte den Reifenver-

Bild 217: Bei 45 Sekunden Spieldauer konnte der „PAYloader“ 580 Muldenkipper mit 154 t Nutzlast in rund 4,5 Minuten beladen – wenn nicht gerade ein Segelboot mit einer Bikinischönheit in der wassergefüllten Schaufel herumschipperte …

schleiß beim Füllvorgang der Schaufel erheblich reduzieren.

Andere Wege beschreitet 1975 International Harvester und weicht mit der Entwicklung des „PAYloader“ 580 vom dieselelektrischen Antrieb und vom Zweimotorenkonzept ab. Dieser 131 t schwere Radlader wird von einem 1.090 PS leistenden Dieselmotor angetrieben und verfügt über eine Felsschaufel mit 13,8 m³ Inhalt (Bild 217). Innovativ ist das Modulationsgetriebe, das bei stets konstanter Motordrehzahl die Leistung bedarfsabhängig auf Ladehydraulik und Fahrantrieb verteilt. Mit etwa 50 verkauften Geräten wird der 580 einer der erfolgreichsten Großlader der ersten Stunde sein.

Die weitere Entwicklung der Großradlader findet 1978 zunächst ihr Ende und gipfelt in jenem Jahr im Marathon LeTourneau L-1200, einem 152 t schweren, dieselelektrischen Radlader mit 1.220 PS Antriebsleistung und ebenfalls 16,8 m³ Schaufelinhalt (Bild 218). Bis 1982 werden vom L-1200 zwölf Maschinen gebaut, drei davon gelangen in einen belgischen Steinbruch und bleiben bis in die 90er Jahre erfolgreich im Einsatz. Sie beladen dort bei durchschnittlich weniger als 40 Sekunden Spieldauer „Lectra Haul“-Muldenkipper mit 170 sht Nutzlast.

Bild 218: Letzter Großradlader der ersten Generation war der 152 t schwere L 1200 von Marathon LeTourneau mit 16,8 m³ Schaufelinhalt; er war ursprünglich sogar für die Beladung damals neuer Muldenkipper der 350-sht-Klasse vorgesehen.

Alle wollen die 200-Tonnen-Hürde nehmen

Zweifellos sind die 70er Jahre das Jahrzehnt der stürmischen Muldenkipperentwicklung. Ausreichend Ansporn liefert der große „Lectra Haul“ M-200 von Unit Rig, der erstmals die 200-sht-Hürde nahm und den Wettbewerbern zeigt, dass die Muldenkipper weiter wachsen werden. So bemühen sich alle namhaften Hersteller, ebenfalls Fahrzeuge für 200 sht Nutzlast (181 t) zu entwerfen.

Zu hohe Fahrgeschwindigkeiten in Verbindung mit zu hohen Lasten verursachen bei den Riesenkippern erhebliche Reifenprobleme, so dass die Hersteller nach anderen Konzepten suchen. Daher entstehen 1971 gleich vier 200-sht-Muldenkipper mit neuartigen Radanordnungen, und zwar der gasturbinenelektrische Euclid R-210 mit vorderen Zwillingsreifen, der VCON 3006 mit vier pendelnd aufgehängten Einzelradpaaren, ein Dart-Prototyp mit zwei vorderen Lenkachsen und der Wabco 3200, der wie ein dreiachsiger Lkw mit hinteren Tandemachsen und Zwillingsreifen ausgestattet ist.

Seit jeher stellten auch die für den Antrieb verfügbaren Verbrennungsmotoren eine große Hürde bei der Größenentwicklung der Muldenkipper dar. Beispielsweise wird der Wabco 3200 von einem 13 t schweren, mit 900 U/min langsam laufenden EMD-Lokomotivenmotor mit 2.475 PS Leistung und 128 l Hubraum angetrieben. Für den Antrieb des VCON 3006 aus dem gleichen Jahr dient ein 16 t schwerer Alco-Lokomotivenmotor mit den Abmessungen 4,9 x 1,5 x 2,4 m.

Bild 219: Nur zwei Stück wurden vom gasturbinen-elektrischen, allradgetriebenen Euclid R-210 für 190 t Nutzlast gebaut. Ungewöhnlich waren die vorderen Zwillingsreifen für eine gleichmäßige Gewichtsverteilung.

Weil diese Langsamläufer viel Raum beanspruchen und das Leergewicht unnötig erhöhen, verwendet Euclid im R-210 eine Avco-Lycoming-Gasturbine, die zwar nur 2,7 t wiegt, sich aber wegen des hohen Kraftstoffverbrauches und gravierender Staubprobleme als unpraktisch erweist (Bild 219). Die Turbine erbringt bei einer immens hohen Drehzahl von 13.000 U/min eine Leistung von 1.850 PS und treibt Elektromotoren in allen vier Radnaben an. Da die Gasturbine sehr staubarme Luft benötigt, muss Euclid besondere Zentrifugal-Luftfilter einbauen. Einer der beiden R-210 verunglückt im Tagebau Bougainville, der andere wird später verschrottet.

Bild 220: Der Dart DE-2000 blieb im Entwurfsstadium; seine Konstruktion mit zwei lenkbaren Vorderachsen wird sich aber in den 90er Jahren bei einem Muldenkipperentwurf von LeTournerau wiederfinden.

Dart plant 1970 ebenfalls einen 200-Tonner mit außergewöhnlicher Radanordnung, und zwar mit zwei lenkbaren Vorderachsen und einer konventionellen Hinterachse (Bild 220). Anscheinend baut Dart jedoch einen konventionelleren zweiachsigen 200-Tonner, den 1.800 PS starken DE-2991, der bei der Kaiser Steel Corp. zum Einsatz kommt. Weitere Einzelheiten werden nicht bekannt.

Wabco, inzwischen mit Muldenkippern wie dem „Haulpak“ 150 und 170 schon sehr erfolgreich, stellt 1971 den 3200 für 181 t (200 sht) Nutzlast vor. Der 3200 fährt auf zehn Reifen der Größe 33.00-51, die somit kleiner als beim „Lectra Haul“ sind und der inzwischen schon recht verbreiteten Größe der 170-sht-Muldenkipper entsprechen. Angetrieben wird er durch einen Zwölf-Zylinder-Motor von General Motors Electromotive Division (Bild 221).

Bild 221: Der 2.475 PS starke Wabco „Haulpak" 3200 war beladen bis zu 48 km/h schnell. Für seine Montage waren nach präzisen Wabco-Vorgaben 668 Mannstunden zu veranschlagen – ob dies in der Praxis auf die Stunde genau klappte …?

Im Gegensatz zum Euclid R-210, der nur in zwei Exemplaren gebaut wird, und zum Dart-Prototyp, der gar nicht aus dem Entwurfsstadium kommt, ist dem Wabco 3200 einiger Erfolg beschieden. Er wird 1975 zum 3200B weiterentwickelt und trägt dann 235 sht (213 t) Nutzlast. Sogar ein Bodenentleerer-Sattelzug mit 18 Reifen auf Basis des 3200B als Zugmaschine mit 390 sht Nutzlast für 375 m³ Kohle wird geplant.

Bild 222: Der Unit Rig „Lectra Haul" BD-180 war zwar mit 163 t Nutzlast und 270 t Gesamtgewicht der größte Bodenentleerer der 70er Jahre, benötigte mit seinen 23,9 m Länge jedoch einen entsprechend großen Wendekreis.

Bodenentleerer verändern ihr Aussehen

Die für den Kohlentransport beliebten Bodenentleerer-Sattelzüge werden zu Beginn der 70er Jahre schon mit Nutzlasten bis 180 sht (163 t) angeboten, wobei das Chassis eines 120-sht-Muldenkippers als Zugmaschine dient. Unit Rig schlägt diesen Weg ein und baut den BD-180, den größten Bodenentleerer dieses Jahrzehntes (Bild 222).

Die außergewöhnlich langen Bodenentleerer-Sattelzüge sind nicht sehr wendig, was in engen Abbaustreifen Probleme bereiten kann. Beim Befahren von Steigungen aus den Gruben heraus lastet der Hauptteil der Ladung nicht auf der Antriebsachse, sondern auf der nicht angetriebenen Anhängerachse. Dies führt oft, besonders bei feuchtem Wetter, zu Radschlupf und damit zu Schwierigkeiten, die Gruben verlassen zu können. Deshalb verfügen viele Sattelanhänger über heckseitige Schubblöcke, wo schwere Bulldozer als Schubunterstützung an

Bild 223: Beim „Coal Carrier“ CH-160 von Kress, einem 145-t-Bodenentleerer mit Heckmotor und um 90° einschlagbaren Vorderradpaaren für das Wenden auf der Stelle, entsprach der Wenderadius der Fahrzeuglänge.

Steigungen ansetzen können – was allerdings zusätzlichen Maschinen- und Personalaufwand bedingt und die Umlaufzeiten merklich verlängert.

Anfang der 70er Jahre tauchen nun völlig neuartige Konzepte auf, die das seit den ersten Kohlentransportfahrzeugen unveränderte Grundprinzip in Frage stellen. Wichtigster Pionier dieser Kohletransporter ist 1970 Ralph H. Kress, der jetzt in seiner eigenen Firma den „Coal Carrier“ baut (Bild 223). Größter Vorteil ist der kleine Wendekreis – ein wichtiger Faktor in den auf der Sohle stets schmalen Kohle-Abbaustreifen der „Strip Mines“.

Bei diesen Fahrzeugen in ungeteilter Bauweise, also ohne Gelenk zwischen Zugmaschine und Sattelanhänger und ohne Kippmulde, dient die Mulde gleichzeitig als Mittelteil des tragenden Rahmens. Dadurch sind sehr gute Nutzlastfaktoren (Nutzlast/Leergewicht) zu realisieren. Einen großen Vorteil stellt die mit 87 km/h extrem hohe Fahrgeschwindigkeit der „Coal Carrier“ dar. Beim „Coal Carrier“ werden die hinteren zwillingsbereiften Räder über Drehmomentwandler mechanisch, also nicht dieselelektrisch, angetrieben.

Bild 224: Aufgrund seiner ungewöhnlichen Einzelbereifung war der Goodbary CP-2400 bei „nur“ 118 t Nutzlast doch 5,9 m breit und 14,7 m lang. Die Ladehöhe war mit 4,4 m auch entsprechend groß.

Die Erfolge der neuen Kohlentransporter und die überzeugende Bauweise regen bald mehrere Hersteller an, ähnliche Fahrzeuge zu entwickeln, wobei jedoch einige Kress-Patente umgangen werden müssen. Im Gegensatz zu den Kress-Fahrzeugen wird sich keines der anderen Kohlentransporter-Konzepte über mehrere Jahrzehnte halten können.

Bild 225: Der 16,3 m lange, 6,4 m breite und 5,4 m hohe Unit Rig BD-145 kam dank 90°-Lenkeinschlag der vorderen Radpaare auf nur 19,9 m Wenderadius.

Die Goodbary Engineering Co. aus Cardin in Oklahoma entwickelt auch einen neuartigen Kohletransporter. 1975 wird der CP-2400 für 130 sht (118 t) Nutzlast an die Martiki Coal Corp. geliefert. Der CP-2400 verfügt über Einzelreifen vorne und hinten, die gegenüber Zwillingsbereifung den Verschleiß und damit die Betriebskosten mindern sollen (Bild 224). Angetrieben wird der CP-2400 von einem 990 PS leistenden Cat-Diesel, der an einen Generator von General Electric gekuppelt ist. Weitere Einsätze werden nicht bekannt. Dennoch übernimmt später Dart die Konstruktion für einige Jahre, jedoch ohne Einsatzerfolge.

Nächster in dieser Reihe der erfolglosen Entwürfe ist 1975 Unit Rig mit dem BD-145 für 145 sht (132 t) Nutzlast, der wie der Kress einen Heckmotor und vordere Zwillingsreifen besitzt, die um 90° einschlagen können (Bild 225). Als Antrieb stehen jeweils 1.200 PS starke Motoren von Caterpillar, Cummins oder Detroit Diesel zur Verfügung. Anscheinend kommt der BD-145 nie zum regulären Einsatz, wird aber 1978 zum äußerst ähnlichen BD-30 mit – bei dieser Typenbezeichung sollte man es nicht vermuten – 160 sht (145 t) Nutzlast weiterentwickelt.

Einen wiederum anderen Weg, gewissermaßen eine Mischung aus den Entwürfen von Kress und Goodbary, wählt Wabco 1978 für den „Coalpak" 170, der zudem auch mit 170 sht (154 t) eine etwas höhere Nutzlast bietet (Bild 226). Der dieselelektrische Antrieb des „Coalpak" ermöglicht Geschwindigkeiten bis 57 km/h. Einige „Coalpak" gelangen zum Einsatz, doch Mitte der 80er Jahre werden auch sie wieder aus dem Programm genommen.

Bild 226: Der 1.450 PS starke, beladen 261 t wiegende „Coalpak" Modell 170 von Wabco konnte seine vorderen Einzelräder ebenfalls um 90° einschlagen und so fast auf der Stelle wenden.

Reifenprobleme führen zu neuen Konzepten

Nach einer weltweiten Umfrage zu Beginn der 70er Jahre, die mehr als 100 Tagebaubetriebe erfasst, beträgt die Reifenlebensdauer der Muldenkipper minimal 1.000 Bh (Betriebsstunden) und maximal 6.500 Bh. Die mittlere Reifenlebensdauer schwankt je nach Reifengröße zwischen 2.900 Bh und 4.500 Bh. Der Mittelwert aller an der Umfrage beteiligten Muldenkipperreifen wird mit 5.220 Bh errechnet. Bei einer angenommenen Muldenkipper-Lebensdauer von 20.000 Bh, in Ausnahmen bis 50.000 Bh, sind demnach etwa fünf bis zwölf zusätzliche Reifensätze erforderlich, was beachtliche Mehrkosten nach sich zieht.

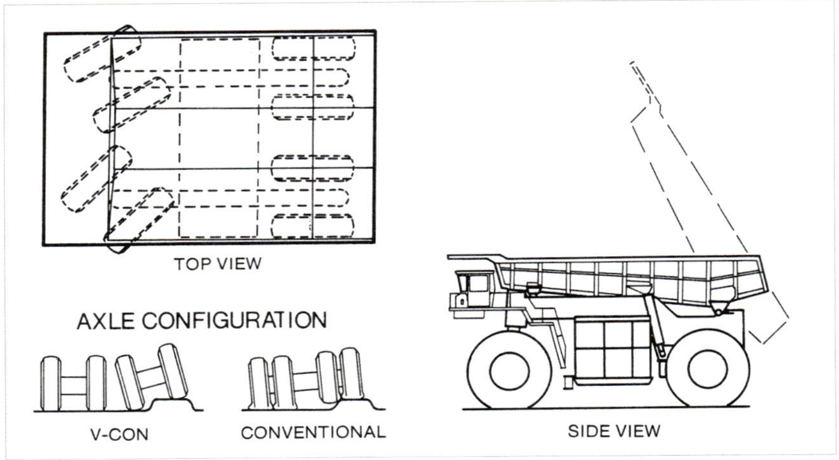

Bild 228: Nur in einer Übersichtszeichnung lässt sich die absolut ungewöhnliche Bauweise des VCON 3006 darstellen: Vier Radpaare mit Einzelreifen, abnehmbares Motor-Generator-Modul quer in der Mitte, zwei bewegliche Rahmenlängshälften, Kräfteeinleitung der Mulde direkt in die Radaufhängungen.

Im Juli 1969 gründete Bryant (Pete) Trenary in Dallas, Texas, mit einigen Freunden die Vehicle Constructors Division, kurz VCON, um den seit jeher unveränderten Grundaufbau verschiedener Erdbewegungsgeräte zu überarbeiten. So entsteht neben dem uns schon bekannten Radladerentwurf und dem ebenfalls nicht realisierten Projekt eines 92 m³ fassenden, von einem 2.750-PS-Motor dieselelektrisch angetriebenen Scrapers auch ein völlig unkonventionelles Muldenkipperkonzept.

Bild 227: Bei mehr als 25 Prozent Überlastung, also mit 60 t Nutzlast zuviel, wurde allen Komponenten des nun beladen 470 t wiegenden VCON 3006 das Äußerste abverlangt. Er blieb bis zum Ende der 90er Jahre der größte zweiachsige Muldenkipper des 20. Jahrhunderts.

Als im Januar 1970 mit den ersten Entwürfen begonnen wird, stellt Pete Trenary sich folgende wichtige Entwicklungsaufgaben: Erheblich verbesserte Wirtschaftlichkeit, zu erzielen durch einen besser durchdachten Grundrahmen, drastisch höhere Lebensdauer der Reifen und günstigere Leistungsgewichte (Verhältnis Nutzlast/Leergewicht). Schon im Juli 1971 startet der erste VCON-Truck zur Jungfernfahrt (Bild 227).

Mit 250 sht (236 t) Nutzlast ist der VCON 3006 der bei weitem größte Muldenkipper seiner Zeit. Die Konstruktion des 3006 enthält mehrere gänzlich neuartige technische Konzepte. Anstatt wie bisher auf hinteren Zwillingsreifen fährt der 3006 auf acht Einzelreifen, die vier unabhängige oszillierende Radpaare bilden.

Das vielleicht wichtigste Merkmal des VCON-Trucks ist der vertikal bewegliche Rahmen, bestehend aus zwei parallel angeordneten Längsträgerarmen, die am Heck verdrehbar miteinander verbunden sind. Auch bei unebenen oder geneigten Fahrbahnoberflächen wird so eine gleichmäßige Lastverteilung erreicht, außerdem bilden sich keine Spannungen und Verwindungen im Rahmen selbst.

Der Rahmen trägt nur das Gewicht der Kabine, Antriebseinheiten und Zusatzaggregate; das Gewicht der Mulde und damit auch der Nutzlast wird direkt in die Reifen geleitet. Auf diese Weise wird der bewegliche Rahmen nur wenig beansprucht und kann so verhältnismäßig leicht gebaut werden. Das Leergewicht des VCON-Trucks ist dank dieser speziellen Rahmenbauweise mit 174 t vergleichsweise gering. Auch die vier Hydraulikzylinder zum Kippen der Mulde sind nicht am Rahmen befestigt, so dass die von den unteren Zylinderlagern ausgehenden Kräfte direkt in die Reifen fließen (Bild 228).

Eine besondere Flüssigkeitsfederung hat eine niedrigere Federkonstante als die Reifen. Das innerhalb kurzer Zeit austauschbare komplette Antriebsmodul setzt sich aus Dieselmotor, Generator, Kühler und Bremsgebläse zusammen und befindet sich zwischen Vorder- und Hinterachse. Als Motor benutzt VCON einen 16 t schweren, 3.000 PS leistenden Dieselmotor Alco 261-12.

Von den acht Rädern werden beliebig viele – je nach Tagebaubedingungen und Steigungen – von elektrischen Radnabenmotoren angetrieben. Vorteilhaft rollen alle Reifen unabhängig voneinander, so dass der Reifenverschleiß zum Beispiel in Kurven stark vermindert ist.

Von Juli 1971 bis Februar 1972 absolviert der VCON 3006 im Kupfererztagebau der Pima Mining Corporation 600 Teststunden zur Beobachtung der Reifen und Überprüfung des Gesamtkonzepts. Die Tests verlaufen sehr erfolgreich. Besonders stolz sind die Vehicle Constructors auf den geringen Reifenverschleiß, der ja ein wichtiger Kostenfaktor ist. Die Firma kann eine Garantie für die Lebensdauer der mit 3,76 m Durchmesser riesigen Reifen geben: 3.000 Stunden bei einer möglichen Nutzung von sogar 6.000 Stunden.

Bild 229: Der 13,3 m lange, 6 m breite und 5,1 m hohe Secmafer SF TT 150 wird im verbleibenden 20. Jahrhundert mit seinen 150 t Nutzlast der größte in Europa gebaute Muldenkipper bleiben.

Leider wird kein weiterer VCON-Muldenkipper gebaut werden. Dabei gibt es sogar fertige Pläne für 4.100 PS starke 360-t-Ausführungen, und falls größere Reifen zur Verfügung stünden, könnten nach gleichem Konzept Muldenkipper für 800 t Nutzlast gebaut werden. Stattdessen wird das VCON-Programm vom neuen Eigner ab 1975, der Marion Power Shovel Co. und damit von Dresser, nach wenigen Jahren eingestellt.

Auf der anderen Seite des großen Teichs, in Frankreich, unternimmt ein aus dem Bahngerätebau stammender Hersteller einen aus späterer Sicht etwas aussichtslosen Versuch, dem Muldenkipperbau neue Impulse zu verleihen. Die Firma Secmafer entwickelt eine Baureihe von Muldenkippern mit 40 bis 150 t Nutzlast, die sämtlich hydrostatisch angetrieben werden und nur auf jeweils vier Reifen stehen.

Zur Expomat 1973 erntet Secmafer mit dem brandneuen SF TT 115 für 115 t Nutzlast allerhand Aufmerksamkeit. Ein größerer SF TT 150 erscheint 1974 und wird von einem SACM-Diesel mit 16 Zylindern und 2.450 PS Leistung angetrieben (Bild 229). Sein hydrostatischer

Antriebsstrang arbeitet unter Hochdruck von 500 bar – ob es da nicht Dichtigkeitsprobleme gibt? – und bringt pro Minute 4.000 l Hydrauliköl in Umlauf! Theoretisch sollen bis zu 34 km/h Fahrgeschwindigkeit möglich sein, wobei fraglich ist, ob die Kühlleistung der Hydrostatik auch dem glühenden Klima Arizonas und Australiens getrotzt hätte…

Einige Jahre später bietet Secmafer sogar einen Muldenkipper mit 2.000 PS und 200 t Nutzlast an, obwohl der SF TT 150 anscheinend nie in einen echten Einsatz gelangt. Noch vor dem Ende des Jahrzehnts stellt Secmafer das Muldenkipperprogramm wieder ein.

Beladen ein halbes Tausend Tonnen

Nicht zu Unrecht gelten die 70er Jahre als das Jahrzehnt der interessanten, aber erfolglosen Muldenkipperkonstruktionen. Nun folgt nach dem Euclid R-210, Dart-Prototyp, VCON 3006 und Secmafer SF TT 150 die nächste: 1973 wagt der damals noch anders strukturierte und zu General Motors gehörende US-Hersteller Terex einen ganz außerordentlichen Größensprung und entwickelt einen Muldenkipper für 350 sht (318 t) Nutzlast.

Dies kommt gegenüber den bislang kaum bewährten 200-sht-Kippern (181 t) einer Steigerung um beachtliche 75 Prozent gleich – also fast einer Verdoppelung. Für fast drei Jahrzehnte hat es den Anschein, als würde der riesige Terex-Muldenkipper der Rekordhalter des 20. Jahrhunderts bleiben, doch wird er zum Ende der 90er Jahre diesen Titel abgeben müssen…

1974 präsentiert Terex mit viel Stolz und amerikanischem General-Motors-Marketing den dreiachsigen „Titan" 33-19 mit 350 sht Nutzlast und 554 t Gesamtgewicht (Bild 230). Ein dieselelektrischer

Bild 230: Der „Titan" machte seinem Namen alle Ehre, denn mit 318 t Nutzlast bei 231 t Leergewicht war er für fast ein Vierteljahrhundert der mit Abstand größte Muldenkipper der Welt.

Bild 231: Der Terex „Titan“ 33-19 war gewaltig: 20,4 m Länge, 7,8 m Breite, 6,9 m Höhe. Die Ladefläche der Mulde hatte 11,2 m Länge und 5,9 m Ladehöhe – der Arbeiter zwischen den Hinterrädern könnte leicht übersehen werden.

Antrieb verleiht dem beladenen Fahrzeug 48 km/h Geschwindigkeit. Der Generator und ein 3.300 PS starker 16-Zylinder-Zweitakt-Dieselmotor von Detroit Diesel mit 169 l Hubraum und Turbolader wiegen zusammen 38 t. Im Motorraum herrscht erhöhter Luftdruck, um das Antriebskraftwerk staubfrei zu halten. Für zwei Einsatztage reicht die 5.900-l-Tankfüllung des „Titan“.

Der auf zehn 3,7 m durchmessenden Reifen fahrende, dreiachsige Muldenkipper ist 20,4 m lang, 7,8 m breit und 6,9 m hoch. Besonderer Wert wurde auf die Abmessungen gelegt, denn der „Titan“ durfte nicht zu hoch geraten, damit er von normalen Tagebaubaggern beladen werden kann. Er durfte auch nicht zu breit sein, um die Transportwege gängiger Muldenkipper mit damals noch durchschnittlich 120 bis 170 sht Nutz-last mitbenutzen zu können. Und eine gewisse Wendigkeit war ebenfalls erforderlich, denn ein schwerfälliges Fahrzeug ist im Betrieb zu langsam (Bild 231).

Trotz all dieser Überlegungen, trotz der zur Minderung des Reifenverschleißes bei engeren Kurvenradien leicht mitlenkenden beiden Hinterachsen – was konstruktiv recht aufwendig ist – wird es nur ein Exemplar des beeindruckenden „Titan“ geben. Einige technische Probleme, die stets Bedenken auslösende Dreiachsbauweise und der zu vehemente Größen- oder besser Nutzlastsprung geben dem „Titan“ gegenüber den nun schon weit verbreiteten 170-sht-Muldenkippern keine Chance.

Dennoch heißt es sogar 1980 beim Betreiber Kaiser Resources Ltd., „Titan“-Muldenkipper würden nach 1,5 erfolgreichen Testjahren die bestehende Flotte von 22 Unit Rig „Lectra Haul“ M-200 mit 200 sht Nutzlast ersetzen. Leider wird das Vorhaben nicht in die Realität umgesetzt, so dass es bei einem Terex „Titan“ bleibt. Ende der 90er Jahre wird der „Titan“ als technisches Denkmal im fernen Kanada gewürdigt und vor der Verschrottung gerettet.

Sogleich folgt der passende Bagger

Mit viel Aufmerksamkeit werden die neuen Entwicklungen bei den Muldenkippern von den amerikanischen Baggerbauern verfolgt. Sollte sich mit dem Terex „Titan“ eine neue Nutzlastklasse abzeichnen? Dann wären die vorhandenen Hochlöffel-Seilbagger viel zu klein und müssten solche Muldenkipper mit sechs oder sieben anstatt der angestrebten drei Ladespiele beladen.

Diese Erwägungen führen dazu, dass 1978 Harnischfeger mit dem P&H 5700 den ersten Schritt in Richtung übergroßer Seilbagger vollzieht. Der P&H 5700 ist mit seinem 46 m³ fassenden Löffel zum Beladen des weltgrößten Muldenkippers Terex „Titan“ mit 350 sht Nutzlast gedacht (Bild 232).

Bild 233: Der Baggerführer des P&H 5700 musste den 46 m³ fassenden Löffel behutsam bedienen, da die 154 t (170 sht) fassenden Mulden der Terex 33-15 in weniger als eine Minute mit nur zwei Ladespielen gefüllt wurden.

Bild 232: Was der Maler schaffte, klappte in der Realität nicht: Der 350 sht ladende Terex „Titan“ konnte sich nicht durchsetzen und wurde nur einmal gebaut, so dass dem riesigen P&H 5700 mit seinem 46-m³-Löffel zunächst die passenden Muldenkipper fehlten.

Der 1.670 t schwere P&H 5700 steht infolgedessen plötzlich „allein da“, er eilt seiner Zeit ohne passende Muldenkipper zu weit voraus. Stattdessen wird der erste P&H 5700 als „Stripping Shovel“ mit langem Ausleger und 19,1 m³ Löffel für die Abraumbewegung eingesetzt.

Dessen ungeachtet verfolgt Harnischfeger das Konzept weiter und kann in den kommenden Jahrzehnten mehrere dieser Bagger zum Beladen von 170-, 190- und 240-sht-Muldenkippern verkaufen. So unglaublich es klingen mag, es werden beim ersten Ladeeinsatz des P&H 5700 in der Bloomfield Collieries Hunter Valley-Kohlenmine in Australien große Terex-Muldenkipper mit nur zwei Ladespielen gefüllt (Bild 233).

Können Grader und Kettendozer folgen?

Auch bei großen Planiergeräten – Gradern, Raddozern und Kettendozern – stehen die 70er Jahre ganz im Zeichen der Experimentierfreude. Die Leistungsanforderungen an Grader und Dozer steigen parallel zum Größenwachstum der Bagger, Muldenkipper und Abraumfördergeräte.

Bild 234: Der 48 t wiegende Grader RayGo „Giant" hatte zwei Triebköpfe mit jeweils 318 PS Leistung vorne und hinten und eine doppelte, also vordere und hintere Knicklenkung.

Immer größere Muldenkipper fahren auf immer breiteren Trassen, für die normale Grader zu schmal und damit unproduktiv sind. Große Abraumflächen sind freizulegen, Abraummassen schnell fördernder Bagger und Radlader abzuschieben. Riesige Abraumhalden müssen nach den jetzt aufkommenden Umweltschutzauflagen eingeebnet und rekultiviert werden.

Die Förderleistungen vorhandener Grader und Dozer reichen nicht mehr. Werfen wir vor den Dozern zunächst einen Blick auf die auffälligsten Grader dieser Jahre. Beim amerikanischen Hersteller RayGo macht man sich Gedanken, wie Grader grundsätzlich zu verbessern wären, und entwirft 1972 den „Giant" (deutsch: Riese), einen außergewöhnlichen Doppelmotorengrader (Bild 234).

Bild 235: Ein Grader, der die Schubleistungen eines Kettendozers erbrachte: Der Champion 100-T arbeitete mit einer 7,3 m breiten und 1,4 m hohen Schar, die hydraulisch voll beweglich war.

Der unbestritten weltgrößte Grader – und zudem, abgesehen vom Acco-Grader, der größte des 20. Jahrhunderts – ist der Champion 100-T mit 100 short tons Einsatzgewicht, was 91 metr. t entspricht, und 720 PS starkem Cummins-Motor. In moderner Bauweise verfügt der 15 m lange und 6 m hohe Riesengrader sogar schon über eine hydraulische Rahmenknicklenkung (Bild 235).

Bild 236: Der O&K G 350 war vorwärts und rückwärts gleichermaßen schnell – 40 km/h – und konnte dank dieses hohen Tempos in kurzer Zeit lange und breite Fahrtrassen der Muldenkipper pflegen.

Überraschenderweise taucht zum Ende des Jahrzehntes auch aus Deutschland ein sehr großer Grader auf. Bei O&K konzentriert man sich bei der Entwicklung des RH 300 intensiv auf den Bergbausektor und stellt dem riesigen Hydraulikbagger 1979 einen passenden Grader zur Seite, den größten in Europa gebauten. Der G 350 ist ein 11,5 m langer und 40,3 t wiegender Riesengrader mit 4,9 m breiter Schar und 343 PS starkem Cummins-Motor (Bild 236).

Bild 237: Der „Big Dude", im Rahmen eines groß angelegten Versuchsprogramms entworfen und gebaut, konnte mit dem breiten Schild sehr effektiv die von „Stripping Shovels" erzeugten Halden einebnen.

Noch weitaus mehr Schwierigkeiten als Grader haben Kettendozer, den Anforderungen im Tagebau Folge leisten zu können. Große Kettendozer mit über 40 t Gewicht wurden in den 60er Jahren ursprünglich für umfangreiche Erdbauvorhaben entwickelt. Nun aber sollen sie bei der Abraumbewegung und Rekultivierung Erd- und Felsmassen bewegen oder Fahrtrassen für Muldenkipper anlegen.

Auch die größten Kettendozer, beispielsweise Fiat-Allis HD-41B, Cat D9G oder Komatsu D355A, können besonders die bei der Rekultivierung von Abraumhalden benötigten Förderleistungen nicht erbringen, nicht einmal die „doppelte", weil nebeneinander angeordnete Side-by-Side SxS D9G.

1970 initiiert daher die Pittsburg & Midway Coal Mining Co. in Zusammenarbeit mit der amerikanische Bergbaubehörde, dem US Bureau of Mines, ein grundlegendes Forschungs- und Versuchsprogramm, das die maschinellen Voraussetzungen zum Einebnen der von „Stripping Shovels" aufgeschütteten Abraumhalden verbessern soll. Gemeinsam mit namhaften Herstellern beginnt man in Kansas dort zu experimentieren, wo 1968 die „Stripping Shovel" Big Brutus riesige Abraumflächen hinterlassen hat.

Zunächst wird von der Balderson Inc. ein 12 m breiter und 2,2 m hoher Schild gebaut, der in einem Winkel von 40° starr an einer D9G-Raupe befestigt wird. Er wiegt 10 t. Am Heck der Raupe muss, um das Gerät ausbalancieren zu können, ein entsprechendes Gegengewicht angebracht werden (Bild 237). Um überhaupt genügend Schubkraft zum Fortbewegen des Schildes unter Belastung zur Verfügung zu haben, wird eine weitere D9G über ein 8 m langes Seil mit der vorderen Ecke des Schildes verbunden und dient so als Zugmaschine. Diese Kombination wird unter dem Namen „Big Dude"

Bild 238: Die gewaltigen Ausmaße des von den beiden Fiat-Allis-41-B-Raupen bewegten Schildes erforderten eine gesamte zur Verfügung stehende Leistung von 1.048 PS.

bekannt. Die beiden Raupen mit zusammen 770 PS sind über mehrere Jahre im Einsatz. Sie bewegen unter optimalen örtlichen Bedingungen bis zu 7.500 m^3 Abraum pro Stunde.

Nachdem, um gewisse einsatztechnische Nachteile des „Big Dude“ zu vermeiden, erfolgreich eine SxS-Kombination (side by side) von zwei seitlich versetzt fahrenden D9H-Raupen erprobt wird, die einen 15 m breiten Schild im ebenfalls fixen Winkel von 45° vor sich her schieben, entschließt man sich, einen noch größeren Schild zu bauen.

Dieser 18,3 m breite Schild soll aus einsatztechnischen Gründen einen veränderbaren Winkel ermöglichen. Er wird von Fiat-Allis gebaut und nach Fertigstellung mit zwei je 524 PS starken 41-B-Raupen so verbunden, dass die vordere Kante des Schildes über eine aufreißerähnliche Konstruktion mit dem Heck der vorderen Raupe fest, aber variabel im Winkel verbunden wird. Die andere 41-B schiebt den Schild, mit dem sie ebenfalls so verbunden ist, dass der Schildwinkel verändert werden kann (Bild 238). Diese Gerätekombination geht 1976 in Betrieb und bewährt sich bis zum Ende der Laufzeit des Großversuches.

Wo hätten die Experimente von P&M und des Bureau of Mines wohl hingeführt, wenn nicht Baumaschinenhersteller wie Caterpillar und Komatsu die Initiative ergriffen und wesentlich größere und leistungsfähigere Kettendozer konstruiert hätten? Ob wir gar drei-, vier- oder fünffach gekuppelte Kettendozerungetüme kennen gelernt hätten?

Bild 239: Direkt von der Bauma 1977 gelangte der mit 76 t Einsatzgewicht für kurze Zeit weltgrößte Kettendozer Komatsu D 455 A zu einem deutschen Steinbruch nach Ibbenbüren-Püsselbüren.

Zur Bauma 1977 präsentiert die japanische Firma Komatsu die D 455 A, die zu jener Zeit mit 620 PS Antriebsleistung und dem „Gigant-Einzahnaufreißer mit hydraulischer Schnittwinkelverstellung“ mit 76 t Gewicht als größter Kettendozer der Welt bezeichnet wird (Bild 239). Die Kraftübertragung ist eine eigenartige Konstruktion: Einem Zwölf-Zylinder-Cummins-Motor sind zwei Drehmomentwandler sowie zwei Acht-Gang-Planeten-

Bild 240: Die erste europäische Caterpillar D 10 wurde ab 1978 in einem englischen Steinbruch bei Bishop Middleham für einen äußerst harten Reißeinsatz genutzt. Der Erfolg führte unmittelbar zum Kauf einer größeren Reißraupe Cat D 11 N.

lastschaltgetriebe nachgeschaltet, damit jede Kettenseite individuell angetrieben werden kann. Bei den Wandlern und Getrieben handelt es sich um langjährig bewährte Komponenten des nächst kleineren Komatsu-Kettendozers D 355 A.

Die D 455 A wird nur für wenige Monate der Rekordhalter sein: Am 13. September 1977 präsentiert Caterpillar der Welt nicht nur den größten, sondern auch einen völlig neuartigen Kettendozer. Sechs Jahre Entwicklungszeit mit 188 Mio. Dollar Kosten stecken in der Caterpillar D 10 von 1977. Speziell für ihre Fertigung wurde in Illinois eine Fabrik „um die D 10 herum" aufgebaut.

Die Konstruktion der 700 PS starken und mit Aufreißer 86 t wiegenden D 10 ist von Grund auf neu. Durch eine Laufrollenfederung wird eine wesentlich verlängerte Lebensdauer von Fahrwerk und Rahmen erzielt. Die Modul-Bauweise ermöglicht den zeitsparenden Ausbau und Wechsel von einzelnen Baugruppen wie Getriebe, Lenkkupplungen und Seitenantrieben.

Die Antriebszahnräder befinden sich nicht mehr am Ende der Raupenketten dicht über dem Boden, wo sie Schmutz und Stößen ausgesetzt sind. Bei der D 10 sind die Antriebszahnräder erhöht angeordnet und bilden so mit den vorderen und hinteren Umlenkrollen das innovative Deltalaufwerk (Bild 240).

Erdballungen zwischen Turaszähnen und Kettenbuchsen werden durch dieses weltweit patentierte Cat-Deltalaufwerk vermieden, außerdem kommt es zu einem Selbstreinigungseffekt der Ketten beim Hochlaufen zum Turas. Das Deltalaufwerk wird sich bis zum Ende des Jahrhunderts in mehr als 80.000 Caterpillar-Kettendozern aller Größen bewähren.

Raddozer nehmen 1.000-PS-Grenze

In den 70er Jahren lernen wir viele ungewöhnliche Maschinenkonzepte kennen, oftmals mutige Schritte kleiner, kaum bekannter Hersteller. Zwar kein kleiner Hersteller ist die zu Clark gehörende amerikanische Firma Melroe – weltberühmt für die antriebsgelenkten Bobcat-Kompaktlader –, doch keineswegs bekannt auf dem Sektor großer Erd- und Tagebaumaschinen.

Das soll sich Mitte der 70er Jahre mit dem bemerkenswerten Raddozer M-870 ändern. Der so genannte Melroe-Dozer von Melroe Multi Wheel unterscheidet sich grundlegend von allen bisher bekannten Raddozern – obwohl eine gewisse Ähnlichkeit – gar eine Verdoppelung der Räder…? – mit den winzigen Bobcats nicht zu verleugnen ist (Bild 241).

Alle acht Räder des mit Schild 11,9 m langen M-870 sind angetrieben. Dazu werden die Räder jeder Seite von jeweils einem 335 PS leistenden Motor, einem Drehmomentwandler und einen Clark-Lastschaltgetriebe bewegt. Dies gestattet

Bild 241: Der 79,4 t schwere Melroe M-870 stammte von den Kompaktladern ab und wurde trotz seiner acht Räder genauso wie die kleinen Bobcats gelenkt. Der 7,9 m breite und 2,1 m hohe Schild konnte an beiden Maschinenenden montiert werden.

Bild 242: Vornehmlich für die Haldenbewirtschaftung entwickelte Marathon LeTourneau den 87,5 t wiegenden, 800 PS starken Raddozer D-800 mit 6,8 m breitem und 2,8 m hohem Kohleräumschild.

Bild 243: Der von Pete Trenary und seinen Vehicle Constructors gebaute VCON V-220 gilt mit 140 t Gewicht und 1.523 PS Motorleistung als das stärkste und größte Planiergerät des 20. Jahrhunderts.

auf einfache Weise gegenläufige Radbewegungen und damit das Wenden auf der Stelle.

Ein etwas konventionellerer Raddozer wird auf Basis der dieselelektrisch angetriebenen Radlader bei Marathon LeTourneau konstruiert. Der D-800 mit Einsatzgewichten zwischen etwa 87 und 98 t wird in verschiedenen Versionen mit Erd- und Felsschild, Kohleschild oder speziellem Rekultivierungsschild angeboten (Bild 242). Bei Einsätzen auf Kohlenhalden bewegt der D-800 pro Förderspiel rund 50 m^3 Kohle über 200 bis 500 m Entfernung – und dies bei einem Schubtempo von mehr als 5 km/h.

Stark verschärfte Umweltschutzbestimmungen der amerikanischen Regierung fordern die Rekultivierung der von einem Tagebau beanspruchten Landschaft. Für diese Zwecke wird von Pete Trenary und seinen Vehide Constructors in Texas 1971 der VCON V-220 Tractor/Dozer entwickelt, ein riesiger Raddozer (Bild 243). Sein hauswand-großer Planierschild ist 7,9 m breit und 2,5 m hoch.

Ein 1.523-PS-Motor treibt beim V-220 einen Generator an, dessen Strom die vier Elektromotoren in den Radnaben arbeiten lässt. VCON spart so ein kompliziertes Lastschaltgetriebe, das in diesem Fall sehr hohen Belastungen standhalten müsste. Damit der in über 5 m Höhe sitzende Fahrer beim Rückwärtsfahren den Überblick behält, ist am Heck des V-220 eine Fernsehkamera montiert, die die Bilder auf einen Monitor in die Fahrerkabine überträgt. Der V-220 wird – für VCON-Verhältnisse – fast in Serie gebaut: Immerhin entstehen ein Prototyp und zwei Endversionen.

Schade, dass wir die 70er Jahre verlassen, denn so einmalige und außergewöhnliche Entwicklungen wie in diesem Jahrzehnt werden uns im 20. Jahrhundert nicht mehr begegnen. Dieses Jahrzehnt ist geprägt durch eine „technologische Aufbruchstimmung“: Alles wurde probiert, überall wurden die Grenzen des technisch Machbaren angetastet. In den hektischeren, sehr viel mehr von wirtschaftlichen Gesichtspunkten geprägten 80er Jahren mag sich niemand mehr derartig wagemutigen Versuche wie in den 70er Jahren leisten.

VIII.

80er Jahre

Perfektion verdrängt Experimente

Aus dem vergangenen Jahrzehnt ist uns das gigantische Tagebauprojekt Hambach im Rheinland noch in Erinnerung. Nun, am 17. Januar 1984, wird fünf Jahre nach dem Beginn der Abraumförderung vom Schaufelradbagger Nr. 290 in dem bald größten Tagebau der Welt erstmals Braunkohle gewonnen. Diesem Moment waren Investitionen in Höhe von rund 3,7 Mrd. Mark vorausgegangen. Wer zum Ende des 20. Jahrhunderts die Schätze der Erde bergen möchte, darf weder lange Zeiträume noch hohe Kosten scheuen …

Fortschritte in den Bereichen Konstruktion, Elektronik, Hydraulik, Antriebstechnik sowie Fertigung bieten inzwischen Leistungssteigerungen bei gleichbleibenden Gerätegrößen, an die noch vor 20 Jahren niemand zu denken vermochte. Eine bedeutende Rolle spielen dabei computergestützte Konstruktionsmethoden, besonders die Finite-Elemente-Methode, bei der stark belastete, wichtige Maschinenkomponenten mittels Computerprogramm in kleinste Teilchen zerlegt werden. Auf diese Weise lässt sich der gesamte Kraftfluss durch das Bauteil optimieren.

Wurden früher die bei jedem Ladespiel stark belasteten Tagebaugeräte „möglichst robust“ und damit auch schwer gebaut, bieten sich im Stahlbau nun dank der theoretischen Zerlegung aller beanspruchten Komponenten in finite Elemente samt anschließender Festigkeits- und Gewichtsoptimierung völlig neue Perspektiven. Nicht nur die zu verbauenden Stahlmassen, sondern auch die bei jedem Ladespiel eines Baggers oder Radladers zu beschleunigenden, zu hebenden und zu bremsenden Massen lassen sich beträchtlich reduzieren. Das wiederum wirkt sich positiv auf Energieeinsparungen und Verkürzungen der Spielzeiten aus.

Elektronik und Computer leisten nicht nur hilfreiche Dienste bei der Konstruktion unserer Giganten, sondern greifen auch zunehmend den Fahrern und Geräteführern unter die Arme. Elektronische Kontrollen erleichtern die Bedienung, den Einsatz, die Betriebsplanung und auch die Wartung.

Bild 244: 6.200 t wiegender „Walking Dragline" Marion 8750 bei der Förderung schieferartig gepresster Ölsande bei Fort McMurray im kanadischen Bundesstaat Alberta.

Hier zeichnet sich für Tagebauriesen der vielleicht größte Entwicklungsfortschritt seit Dampfmaschine, Dieselmotor und Hydraulik ab. In frühen Entwicklungsphasen wurde viel Aufmerksamkeit den Dampfmaschinen, dann den Elektro- und Dieselantrieben, schließlich der Hydraulik geschenkt – in den letzten beiden Jahrzehnten dieses Jahrhunderts ist die Elektronik an der Reihe.

Dies geht zu Lasten der Vielfalt. Während in früheren Jahren unzählige mehr oder weniger erfolgreiche Versuche unternommen wurden, nicht nur die „interne" Maschinentechnik, sondern auch die Grundkonzepte zu verändern und zu optimieren, überwiegt inzwischen die Standardisierung. Die Perfektion der vorhandenen Technologien wird zeit- und kostenaufwendigen Experimenten, die in der Vergangenheit oft kaum die gewünschten Resultate brachten, vorgezogen. Dadurch ähneln sich die meisten Giganten äußerlich immer mehr – was die Faszination jedoch keineswegs schmälern sollte!

Schreitbagger als Schlüsselgeräte

Deutlich werden die starken Veränderungen im Innenleben der Giganten am Beispiel des Schreitbaggers Marion 8750, dessen kombinierte Hub-, Zug- und Schwenkleistung im Zeitraum von fünf Jahren bei gleichbleibendem Gewicht um etwa 40 Prozent verbessert und dessen Spieldauer trotz durchschnittlich 22 Prozent größerer Schleppkübel verkürzt wurde (Bild 244). Dank der erzielten Leistungssteigerungen kann zudem mit längeren Auslegern gearbeitet werden.

Der Rekord liegt 1984 bei 128 m Auslegerlänge. Ein Bucyrus-Erie 2570-W der Saskatchewan Power Corp. wird zum Einsatz in der Poplar River Mine mit einem solchen Ausleger versehen, der von einem 59 m hohen Mast im 30°-Winkel gehalten wird. Durch den langen Ausleger werden 49 m Grabtiefe, 46 m Abschütthöhe und 116 m Arbeitsradius ermöglicht.

Bild 245: Eine ungewöhnliche Perspektive aus dem Hubschrauber wählte die Costain Mining Ltd. 1987 – die Auslegerspitze gehört einem von oben klein erscheinenden Schreitbagger Bucyrus-Erie 1350-W in Australien.

Nach wie vor gelten Schreitbagger – trotz hoher Investitions- und Betriebskosten – als Schlüsselgeräte für die Abraumförderung (Bild 245). Bei 60 bis 70 Sekunden Spieldauer und Drei-Schicht-Betrieb fördert ein bis 100 Mio. Mark teurer Schreitbagger jährlich riesige Mengen Abraum; jeder Stillstand und jede geringfügig ungünstigere Einsatzplanung verursachen unnötige Kosten. Einige dieser Geräte stehen, außer zur Wartung, ausschließlich am Weihnachtstag still (Bild 246).

Weil das Verhältnis Maschinengewicht/Kübelinhalt bei Schreitbaggern mit zunehmender Größe schlechter wird, sind Anbieter wie auch Betreiber um die Erhöhung der Kübelinhalte bemüht. Eine Möglichkeit ist mit dünnwandigen Kübeln gegeben, die zwar schneller verschleißen, aber wegen des 5 bis 10 Prozent höheren Nutzinhaltes wirtschaftlicher sind als konventionelle Kübel.

Die zwei bis vier Kübelhub- und Zugseile messen je nach Schreitbaggergröße 60 bis 125 mm, so dass am Ausleger neben dem Kübelgewicht 10 bis 25 kg pro m Seillänge hängen – bei einem 90 m langen Ausleger kann sich dies zu etwa 7 t hängendem Seilgewicht summieren. Bei Reduzierung dieses Gewichtes werden mehrere Kubikmeter Kübelinhalt frei, deshalb werden nun Versuche mit synthetischen Seilen durchgeführt.

Der Kreis der ohnehin schon wenigen Hersteller von Schreitbaggern reduziert sich in diesem Jahrzehnt drastisch: Bucyrus-Erie erwirbt die Rechte an den Schreitbaggern des englischen Herstel-

Bild 246: Mit 69 m³ Inhalt des Schleppkübels war der 5.990 t schwere „Walking Dragline" 2570-W von Bucyrus-Erie aus dem Jahre 1980 der größte des Jahrzehnts – die Zeit der Supergiganten mit mehr als 8.000 t Gewicht war vorbei.

lers Ransomes & Rapier, und der amerikanische Harnischfeger-Konzern erwirbt 1988 die Produktionsrechte der Schreitbaggerbaureihe von Page, dem ältesten Hersteller von Schleppkübelbaggern. Die ersten ausgelieferten Maschinen tragen noch Page-Typenbezeichnungen, aber schon das P&H-Zeichen (Bild 247). Innerhalb von vier Jahren überarbeiten Harnischfeger-Ingenieure die etwas veralteten Konstruktionen jedoch vollständig und wagen sich sogar an Neuentwicklungen.

In der Sowjetunion werden Schreitbagger für Bergbauzwecke weiterhin von Uralmasch (UZTM) in Swerdlowsk hergestellt. Neu ist das Werk Krasnojorskij; es übernahm die Produktion des von UZTM konstruierten 3.100 t schweren ESh 40.85C (Bild 248). Zwischen 1977 und 1984 werden vier Bagger dieses Typs gebaut.

Bild 247: Phosphat in Jordanien förderten die ersten P&H-Schreitbagger – eigentlich 2.260 t schwere Page 752 mit dem so typischen Aussehen des Schreitwerkes, doch ab 1988 schon mit P&H-Zeichen versehen.

Bild 248: Russischer UZTM-Schreitbagger ESh 40.85C mit 40 m³ großem Kübel, 85 m langem Ausleger, zwei Kabinen und hydraulischem Schreitwerk im ostsibirischen Tagebau Azeisk in Irkutsk.

Bild 250: Am Ende der Nachtschicht um kurz nach sieben Uhr brach bei dem 8.200 t schweren Bucyrus-Erie 3850-B – Anfang der 60er Jahre der größte Bagger dieser Art – plötzlich der 64 m lange Ausleger samt Stiel und 88-m³-Löffel ab und krachte zu Boden. Ursache: Materialermüdung.

Bild 249: Am 15. Februar 1984 kippte diese „Stripping Shovel" Marion 5761 in Kentucky während des Umsetzens in einen anderen Minenbereich langsam, aber unaufhaltsam um. Ursache war eine unbemerkte weiche Stelle in der Fahrbahn. Nur zwei riesige Raupenfahrwerke (ganz links) blieben einfach stehen.

Die uns durch viele Jahrzehnte begleitenden „Stripping Shovels", die größten Hochlöffelbagger der Welt, werden nun nicht mehr gebaut, leisten aber in vielen Tagebaugruben rund um den Globus nach wie vor ihre Arbeit. Doch die Riesenbagger kommen in die Jahre, werden unwirtschaftlich und vereinzelt schon verschrottet – oder fallen gar durch katastrophale Unfälle aus.

Wenn bei einem 8.160-t-Bagger der Ausleger abbricht oder ein 3.000-t-Bagger auf weichem Boden umkippt, dann ist das für die Minenbetreiber schon mehr als ärgerlich. Das erste Unglück legt den Bagger für Monate lahm, das zweite ist leider gleichbedeutend mit seinem Ende und führt dazu, dass 88 Minenarbeiter für einige Wochen zu Hause bleiben dürfen. (Bilder 249, 250).

Schaufelradbagger ziehen um

Im September 1986 ist es so weit: Ein Konvoi, bestehend aus einem 200.000-m³-Schaufelradbagger, einem 240.000-m³-Absetzer und einem Bandschleifenwagen, macht sich quietschend und ratternd, begleitet von einem Tross an Hilfsgeräten, auf den Weg vom Tagebau Fortuna der Rheinbraun zum Tagebau Hambach. Dort werden sie bereits dringend erwartet, muss doch wegen der steigenden Teufe eine weitere Fördersohle angelegt werden.

Der Transport – er führt über eine Distanz von 13 km – ist eine Attraktion für die Bevölkerung (Bild 251). Wann hat man schon einmal die Gelegenheit, derartige Großgeräte aus nächster Nähe zu erleben? Besondere Brennpunkte sind

Bild 251: Bagger, Absetzer und Bandschleifenwagen auf dem Weg zum Tagebau Hambach. Solch ein Transport erfordert immense Vorbereitungen, ist aber dennoch wesentlich wirtschaftlicher als eine Demontage und der anschließende Wiederzusammenbau der Geräte.

Überquerungen von Straßen und Gleisen. Diese müssen durch Anschütten von meterhohen Lagen von Kies geschützt werden, um Schäden zu vermeiden. Mehrere Hochspannungsleitungen müssen wegen der Höhe der Geräte von knapp 80 m vorübergehend gekappt werden.

Oftmals müssen von den Geräten im Verlauf der Transporttrasse so enge Kurven befahren werden, dass dies nur durch mehrmaliges Vor- und Zurückfahren möglich ist. Dies stellt einen echten Belastungstest für das Raupenfahrwerk dar. Auch der Fluss Erft wird gekreuzt. Sein Bett ist vorübergehend zugeschüttet, das Wasser durch Rohre umgeleitet worden. In regelmäßigen Abständen muss die Stromzuleitung zu den Geräten neu verlegt werden, da die Kabel nun einmal nur eine bestimmte Länge besitzen. Endlich, nach 22 Tagen, ist das Ziel der Reise erreicht. Im Tagebau Hambach werden die Großgeräte freudig begrüßt.

Die letzten großen Eimerkettenbagger?

1980 beginnt in der Lausitz der Aufschluss des Braunkohletagebaues Reichwalde, dessen Lagerstätte sich auf 50 km² Fläche erstreckt. Genehmigt wird zunächst der Abbau von 395 Mio. t Braunkohle. 1985 setzt die Abraumförderung ein, 1988 geht eine weitere rekordverdächtige, weil 600 m lange Förderbrücke F 60 in Betrieb.

Die politische Wende und das Ende der DDR bringen für die Braunkohlengewinnung in der Lausitz drastische Veränderungen mit sich: Während in diesem Revier 1989 noch 195 Mio. t Braunkohle jährlich gefördert werden, reduziert sich dies schon 1995 auf „nur“ 70 Mio. t. Die Belegschaft vermindert sich im gleichen Zeitraum von 73.200 auf wenig mehr als 18.000 – und weitere Stilllegungen sind geplant.

Damit endet auch die Ära der großen von Takraf in der ehemaligen DDR gebauten Eimerkettenbagger. Die letzten großen sind der Es 3150 und 3750 (siehe Bild 188). Auch im weltweiten Tagebau begegnen uns Eimerkettenbagger nun schon seltener und sind nur noch speziellen Einsatzzwecken vorbehalten. So geht 1980 immerhin noch der weltgrößte Eimerketten-Tiefbagger im Tagebau Rørdal beim größten dänischen Zementhersteller in Betrieb. Die von Buckau R. Wolf gebaute Maschine dient zum Abbau grubenfeuchter Kreide unter Wasser, hat eine Kapazität von mehr als 1.000 t/h und erreicht bei 50° Böschungsneigung eine Abbautiefe von 43 m unter Fahrplanum.

Was Eimerkettenbagger im Vergleich zu Schaufelradbaggern jedoch leisten können, beweisen 1985 die tschechischen Konstruktionen der Stahl- und Maschinenbauwerke Klement Gottwald Vítkovice. Der RK 5000 wiegt 4.900 t, ist mit waagerecht gestellter Eimerkette und Übergabebrücke beachtliche 158 m lang – und bewegt sich anders als jeder andere Eimerkettenbagger (Bild 252).

Der RK 5000 ist für den Braunkohlentagebau mit Abtragshöhen im Hoch- oder Tiefschnitt von jeweils 29 m über oder unter dem Baggerplanum konzipiert. Zwei Elektromotoren mit 4.354 PS Gesamtleistung treiben die Eimerkette mit ihren jeweils 3,6 m^3 fassenden Baggereimern an, damit sich unter normalen Grabbedingungen in jeder Minute 20,6 solcher Eimer entleeren können – dies entspricht einer theoretischen Förderleistung von immerhin 4.450 m^3/h oder etwa täglichen 100.000 m^3.

Die „Cross Pit Spreader“

Abgesehen von den „Walking Draglines“, die ja ihren gebaggerten Abraum direkt über die Grube hinweg verstürzen, werden in den 80er Jahren auch andere Konzepte für den Direktversturz weiterverfolgt. Ein rund 60 Mio. Mark kostendes Abraumfördersystem, bestehend aus zwei Kompaktschaufelradbaggern und einem Direktversturzabsetzer, wird 1986 von Mannesmann Demag im Kohlentagebau Big Brown bei Fairfield, Texas, in Dienst gestellt (Bild 253). Die Anlage wird „Cross Pit Spreader“ genannt, was soviel wie „Quer-über-die-Grube-Absetzer“ heißt und in typisch amerikanischer Abkürzung XPS genannt wird.

Bild 252: Mit zwei patentierten Kegelschreitwerken – eines von 33 m Durchmesser unter dem Bagger, ein zweites unter dem Verladeband 7 – bewegte sich der 4.900 t wiegende tschechische Eimerkettenbagger RK 5000 mit einer Schreitgeschwindigkeit von 100 m/h in beliebige Richtungen.

Bild 253: Der Demag-Direktversturzabsetzer XPS und die beiden Schaufelradbagger erreichten stündliche Förderleistungen von mehr als 3.000 m^3/h. Die Blockbreite lag trotz des 205 m langen Abwurfauslegers letztendlich nur bei 36 m.

Bild 254: Größter je gebauter Kolbe-Bagger war der Bucyrus-Erie 5872WX, der anders als europäische Schaufelradbagger über einen Vorschub des Schaufelradauslegers von 15,3 m verfügte. Basis des 5872WX war eine ausgediente Marion 5860 „Stripping Shovel".

Während in diesem Tagebau die unteren Abraumschichten von zwei großen Schreitbaggern direkt auf Vorkippen verstürzt werden, graben zwei Kompaktschaufelradbagger Demag HD 710 mit je 1.430 PS Leistung bis zu 20 m mächtige Deckböden ab und übergeben das Fördergut auf einen nicht schwenkbaren und nur abbauseitig auf drei Raupenfahrwerken verfahrenden Direktversturzabsetzer mit einem in der Höhe verstellbaren, immerhin 205 m langen Abwurfausleger. Durch den direkten Weg über den Tagebau-Aufschlussgraben müssen die Abraummassen nicht mehr auf Umwegen wie mit um die Grube führenden Bandanlagen oder herumfahrenden Muldenkippern verstürzt werden.

Beim Thema Direktversturz begegnet uns erneut ein alter Bekannter mit langer Tradition – der amerikanische Schaufelradbagger W-3. Er wird 1981 nochmals in einen anderen Tagebau umgesetzt, und wieder wird er zuvor umgebaut. Diesmal erhält er einen neuen Unterwagen. So ganz neu ist dieser allerdings auch nicht mehr, stammt er doch von der allerersten „Stripping Shovel" Bucyrus-Erie 1050-B, die 1941 gebaut worden war. In der Industry Mine räumt der W-3 zusammen mit einer weiteren „Stripping Shovel" 1050-B den Abraum über einem Kohlenflöz beiseite.

Der W-3 ist schließlich der letzte aller seitens der United Electric Coal Co. in eigener Regie gebauten Schaufelradbagger, der noch arbeitet. Er bleibt im Einsatz, bis die Mine 1995 aufgrund der verschärften Umweltschutzgesetzgebung geschlossen werden muss. Mit seiner endgültigen Außerdienststellung endet in diesem Jahr gleichzeitig auch eine immerhin 51 Jahre währende Tradition dieses Tagebaubetreibers im Bau und im erfolgreichen Einsatz von kontinuierlichen Direktversturzgeräten.

Doch dann zieht noch einmal, vermutlich endgültig zum letzten Mal, ein neuer, nach dem Kolbe-Prinzip gebauter Bagger das Interesse der Fachwelt auf sich. Es handelt sich um den Bucyrus-Erie 5872WX, der 1986 in der uns bereits aus den 60er Jahren bekannten Captain Mine in Betrieb geht. Er wird auf den Unterbau einer Marion 5860 „Stripping Shovel“ aufgesetzt, die zu diesem Zweck von einem anderen Tagebaubetreiber erworben wurde. Es ist dies das mit Abstand größte je gebaute Kolbe-Wheel mit einem Gewicht von 4.810 t und einem Schwenkradius des Abwurfauslegers von 139 m (Bild 254).

Diese Größe ergibt sich zwangsläufig aus der Abstimmung mit einem weiteren Großgerät. Wurde der Schaufelradbagger doch dafür konstruiert, um bei einer tendenziell zunehmenden Höhe der Abraumschicht über der Kohle auch noch längerfristig einen wirtschaftlichen Betrieb der weltgrößten „Stripping Shovel“ vom Typ Marion 6360 zu ermöglichen (siehe Bilder 146, 147).

Doch nur fünf Jahre später wird der „Captain“ durch ein Feuer so schwer beschädigt, dass eine Reparatur zu teuer käme und er daher schließlich verschrottet werden muss. Ersetzt wird er durch die letzte der großen in den USA gebauten „Stripping Shovels“, die ursprünglich 1971 in einem anderen Tagebau in Betrieb gegangen war, eine Marion 5900.

Hydraulikbagger mit mehr als 20 m³

Zweifellos ist dies das Jahrzehnt der Hydraulikbagger – sie verdrängen trotz anfänglicher Zweifel und mancher Probleme die schweren Hochlöffel-Seilbagger zusehends aus Tagebaubetrieben rund um den Globus. Der französische Hersteller Poclain hat 1983 bereits mehr als 150 Hydraulikbagger mit über 100 t Gewicht im Einsatz, O&K kann bis 1985 weltweit über 200 Stück vom RH 60 und RH 75 verkaufen, und schon mehr als 80 Exemplare des großen Demag H 241 arbeiten in Tagebauen vieler Länder.

Diese Zahlen regen auch amerikanische und japanische Hersteller an, die nun ebenfalls Hydraulikbagger für Tagebauzwecke entwickeln (Bild 255). 1985 werden daher weltweit schon von 13 Herstellern 21 Baggertypen mit über 100 t Dienstgewicht angeboten; die meisten davon sind mit Klappschaufel oder Tieflöffel einsetzbar.

Bild 255: Wo viel Platz ist, können Giganten bequem transportiert werden: Eine 600 PS starke Nicolas-Zugmaschine zog einen Tieflader gleichen Fabrikats, auf dem ein 160 t schwerer Hitachi UH801 mit 11 m³ fassendem Tieflöffel stand, zu einer Pipeline-Baustelle.

Bild 256: Vier Ladespiele mit dem 10,5-m³-Löffel des Liebherr R 994 waren erforderlich, um die Mulden der in Keirsbeth arbeitenden Euclid R-85 zu füllen. Der R 994 arbeitete in grobem, vorgesprengtem Sandstein von 2,4 t/m³ Dichte.

Der britische Kohletagebau gilt, zumindest in Europa, als geeignetes Testfeld für neu entwickelte Geräte, da die Abbauunternehmen ständig auf der Suche nach wirtschaftlicheren Gewinnungsmethoden sind. So gelangten seit 1970 fast sämtliche Prototypen schwerer Hydraulikbagger europäischer Fertigung zuerst in britische Kohlegruben.

Dank der auf diese Weise eingeführten neuen, größeren und leistungsfähigeren Geräte konnten die Förderkosten seit 1980 um etwa 30 Prozent reduziert werden, und dies trotz durchschnittlich 20 m³ zu förderndem Abraum pro Tonne Kohle. Daher werden inzwischen sogar Flöze bis hinab zu 0,1 m Mächtigkeit abgebaut, was unter Tage nicht mehr wirtschaftlich wäre.

Doch auch hier driften die Zahlen auseinander: Einerseits werden die Abraum/Kohle-Relationen ungünstiger, beispielsweise liegen sie bei einigen Tagebaugruben bereits bei mehr als 40:1, andererseits sind weitere Kostenreduzierungen unverzichtbar, um gegen Importkohle konkurrenzfähig bleiben zu können. Diese Entwicklungen führen dazu, dass in den Kohlefeldern Großbritanniens sehr fortschrittliche Tagebau-Gewinnungsgeräte eingesetzt werden.

So arbeitet in Keirsbeth im Süden Schottlands ein 200 t schwerer Liebherr R 994 mit Tieflöffel. Wegen der unübersichtlichen Flözverläufe muss der von einem 1.065 PS leistenden Cummins KTA 38 C 1050 angetriebene R 994 dort häufig den Einsatzort wechseln, so dass sich die Steigfähigkeit von 60 Prozent positiv auswirkt. Die stündliche Förderleistung liegt bei 570 m³ (Bild 256).

Anlässlich der Bauma 1980 berichtet der O&K-Vorstand vom großen Erfolg des RH 300: „Auch der RH 300 liegt auf Erfolgskurs. Mit zehn verkauften Maschinen wären die Entwicklungskosten wieder in der Kasse. Zehn Exemplare sind auch als wünschenswerter Jahresausstoß anzusehen.“ Doch es sollte anders kommen: Nur zwei dieser Giganten werden gebaut.

Was ist von Großhydraulikbaggern zukünftig im Tagebau zu erwarten? Viel, dachten sich die Konstrukteure des traditionellen amerikanischen Seilbaggerherstellers Marion und bauen schon 1980 ihren ersten schweren Hydraulikbagger. Nach 2.300 Teststunden im Kohletagebau

Bild 257: Größter amerikanischer Hydraulikbagger war ab 1982 der Marion 3560 mit 15,3 m³ großer Standardklappschaufel. Mit einem 70-t-Kran und sechs Arbeitern war der 285 t schwere Bagger in fünf Tagen montiert.

Island Creek in Kentucky wird der 3560 im Juli 1982 vorgestellt (Bild 257).

Von Anfang an ist der 3560 als Klappschaufel- und als Tieflöffelbagger konzipiert. Er soll ideal im Team mit Muldenkippern von 170 sht Nutzlast arbeiten können. Zur Vorstellung des 3560 kündigt Marion zwar die Entwicklung einer ganzen Baureihe hydraulischer Großbagger von 7,6 bis 23 m³ Klappschaufelinhalt an, doch der 3560 kann die in ihn gesetzten Erwartungen über die Jahre nicht erfüllen.

So bleibt der O&K RH 300 als größtes Einzelstück lange Jahre allein auf weiter Flur, bis 1983 die P&H Mining Division der Harnischfeger Corp. den 508 t wiegenden Hydraulikbagger 2200 ankündigt – insofern eine Sensation, weil Harnischfeger ja einer der weltweit führenden Hersteller von Bergbau-Seilbaggern ist. Der 2200 sollte eine 23 m³ große Klappschaufel tragen, wird aber nie gebaut. Stattdessen werden wir im kommenden Jahrzehnt eine etwas kleinere Version, den P&H 2250 mit 21 m³ Schaufelinhalt, kennen lernen.

1987 setzt O&K den zweiten RH 300 ein, nun mit 26 m³ großer Klappschaufel im chilenischen Kupfererztagebau. Auf Wunsch des Betreibers erhält dieser 514 t wiegende RH 300 einen elektrischen Antrieb. In vielen Pressemitteilungen wird hervorgehoben, dass nun Großhydraulikbagger auch Einzug in den Festgesteintagebau halten. Sämtliche ersten Einsatzfotos zeigen den elektrischen RH 300 jedoch nur im Einsatz an kleinkörnigen Abraumhalden.

Den Grund für die Entscheidung, einen RH 300 einzusetzen, möchte die Bergbaugesellschaft auch auf Anfrage mehrerer Redaktionen internationaler Fachzeitschriften nicht mitteilen. Interessanterweise erwirbt der Kupfererztagebau zwischen 1987 und 1990 zwei 33-m³- und gleich vier 35-m³-Seilbagger, jedoch keinen weiteren Hydraulikbagger.

In den frühen 80er Jahren wird erstaunlicherweise in der damaligen Sowjetunion im Uralmasch-Werk der zu jener Zeit weltgrößte Hydraulikbagger gebaut und getestet, der 570 t schwere EG-20 mit 20 m³ fassender Klappschaufel (Bild 258). Als Antrieb dienen, wie auch bei Hochlöffel-Seilbaggern üblich, ausschließlich Kabelstromzuführung von 6.000 V und Elektromotoren, allerdings mit einer gering anmutenden Leistung von 1.714 PS. Mit 14,8 m Ausschütthöhe zum Beladen von Muldenkippern mit 200 t Nutzlast übertrifft der EG-20 den O&K RH 300 noch um 2,9 m. Der EG 20 bietet höchste Grabkräfte von 1.960 kN, einen größten Grabradius von 19 m und eine Grabhöhe von 18 m.

Bild 258: Der 570 t wiegende russische Hydraulikbagger EG-20 mit 20 m³ großer Klappschaufel war für 18 m Wandhöhe und 1.400 m³/h Förderleistung vorgesehen. Die Spieldauer soll nur 28 Sekunden betragen haben.

Von den bereits in den 70er Jahren in der Sowjetunion entworfenen großen hydraulischen Klappschaufelbaggern (EG) und Tieflöffelbaggern (EGO) mit Kapazitäten von 8, 12, 20 und 40 m³ und Dienstgewichten von 160 bis 900 t werden von UZTM bisher nur der EG 12A und der EG-20 produziert. Der erste EG 12A nahm bereits 1978 im Tagebau Kedrovoje in den Kohlefeldern den Betrieb auf.

Auch im australischen Kohlebergbau geht ein außergewöhnlicher Großhydraulikbagger in den Testeinsatz. Beim 420 t wiegenden SMEC 4500 handelt es sich um den ersten Großhydraulikbagger japanischer Herkunft. Er wird mit staatlicher Unterstützung im Rahmen einer 1983 ins Leben gerufenen Technologie- und Forschungsvereinigung, organisiert von elf japanischen Baumaschinenherstellern, gemeinschaftlich von der Kobe Steel Co. (Kobelco) und Mitsubishi Heavy Industries entwickelt (Bild 259). Anscheinend wird nur ein solcher Bagger gebaut, da das SMEC-Programm nicht weitergeführt wird und das Gerät sich im harten Einsatz nicht bewähren kann.

Ein wesentlich erfolgreicherer Bagger erblickt 1986 in einem Vorort von Düsseldorf das Licht der Welt. Mannesmann Demag präsentiert den H 485, ein 475 t schweres Baggerungetüm mit 23 m³ großer Klappschaufel (Bild 260). Der H 485 wird anschließend im schottischen Kohletagebau Roughcastle bei Falkirk in Südschottland als einziges Gerät für die Abraumförderung eingesetzt. Dort sollen bis 1991 neun Flöze auf einer Fläche von 117 ha bis zu einer Tiefe von 70 m abgebaut werden. Bei einer jährlichen Kohleförderung von 120.000 t beträgt das Abraumverhältnis bis zu 32:1.

Bild 259: Der von Kobe Steel Co. (Kobelco) und Mitsubishi Heavy Industries entwickelte SMEC 4500 lud mit seiner 22 m³ fassenden Klappschaufel Abraum auf LeTourneau-Muldenkipper mit 180 t Nutzlast.

Da der H 485 in abrasivem Abraum aus grobstückig vorgesprengtem Feuerstein, Kalksandstein und Ton-Schiefer-Einschlüssen arbeitet, rechnet der Betreiber zunächst damit, dass drei 130 t ladende Muldenkipper ausreichen. Doch schon bald zeigt sich, dass die Transportleistungen nicht genügen. Die Ladegeschwindigkeit und Schaufelgröße des H 485 verlangen nach einem vierten Muldenkipper, aber auch dies reicht nicht (Bild 261).

Daher wird schon bald die Anschaffung neuer Muldenkipper mit 170 bis 200 t Nutzlast erwogen, um der Förderleistung des H 485 von mehr als 1.300 m³/h

Bild 260: Wenn der größte Hydraulikbagger der Welt feierlich enthüllt wird, muss ein Kran die Verhüllung lupfen, um den Baggerriesen H 485 von Mannesmann Demag vor den staunenden Augen der aus aller Welt angereisten Gäste erscheinen zu lassen.

Bild 261: Der Demag H 485 war ein bedeutender Größensprung in der Entwicklung der Hydraulikbagger. In Schottland erwiesen sich Muldenkipper mit 130 t Nutzlast als zu klein für seine 23 m³ fassende Klappschaufel.

gerecht zu werden. Im Zeitraum von knapp zehn Jahren werden vom Demag H 485 weltweit mehr als 20 Stück verkauft; er wird damit zum erfolgreichsten Großhydraulikbagger der „zweiten Generation".

Die Anerkennung, die die Großhydraulikbagger jetzt weltweit in zahlreichen Bergbaubetrieben ernten, führt schnell zur Entwicklung neuer Typen. Im Jahre 1989 – die Konzeption des RH 300 ist mittlerweile zehn Jahre alt – wird von O&K auf der Bauma in München mit dem 475 t wiegenden RH 200 für 26 m³ Klappschaufelinhalt ein Nachfolgemodell vorgestellt, das sich wie der große Konkurrent Demag H 485 als sehr erfolgreich erweisen wird.

Der erste RH 200, direkt von der Bauma in Komponenten zum englischen Kohletagebau West Chevington bei Newcastle transportiert, übernimmt dort die Abraumförderung: Bei einem Abraum-Kohle-Verhältnis von 25:1 sind zur Freilegung der neun Kohleflöze wöchentlich 500.000 t Ton-Schiefer-Gemisch abzutragen. Die gesamte Abraummenge liegt bei 90 Mio. m³ (Bild 262).

Dank der hohen Losbrech- und Vorschubkräfte der TriPower-Auslegerkinematik von jeweils 1.500 kN bricht der RH 200 schwere Einschlüsse aus mehr als 6 m hohen Abbauwänden. Für seinen Antrieb sorgen zwei Cummins-Dieselmotoren mit 2.060 PS Gesamtleistung.

Der Betreiber setzt die Bergbaugeräte in West Chevington rund um die Uhr im Zwei-Schicht-Betrieb ein, um hohe Produktionsleistungen von wöchentlich etwa 10.000 t Kohle zu ermöglichen. Innerhalb des ersten halben Jahres können weltweit schon neun RH 200 verkauft werden. So ordert der englische Betreiber umgehend einen zweiten 400-t-Baggerriesen für einen anderen Kohletagebau.

In Japan, in den 80er Jahren neben Deutschland das führende Land in der Entwicklung von Hydraulikbaggern,

Bild 262: Mit seiner 20 m³ fassenden Klappschaufel belädt der RH 200 Cat-Muldenkipper 789 mit 190 sht Nutzlast in nur vier bis fünf Ladespielen. Wegen der kurzen Spieldauer von 25 Sekunden wurden die Muldenkipper in schneller Folge beladen.

interessiert man sich wegen der Einsatzerfolge der Großbagger ebenfalls stärker für dieses Marktsegment. In der Folge präsentiert Hitachi 1988 die ersten beiden Modelle einer neuen Großbaggerserie, den 175 t wiegenden EX 1800 und den 330 t wiegenden EX 3500, der – abgesehen vom Einzelstück SMC 4500 – für lange Zeit den größten in Japan produzierten Hydraulikbagger darstellt (Bild 263).

Die meisten Hydraulikbagger werden von Dieselmotoren angetrieben, nur einige wenige wie die Hochlöffelbagger elektrisch. Dann haben sie allerdings einen Nachteil: Sie sind nicht mehr so leicht umzusetzen und fern von Stromanschlüssen auf beliebigen Sohlen einzusetzen. Abhilfe schaffen mobile Stromaggregate (Bild 264).

Bild 263: Der EX 3500 wird von zwei Cummins-Dieseln mit zusammen 1.656 PS Leistung angetrieben und trägt Klappschaufeln mit 18 bis 25 m³ oder Tieflöffel mit 15 bis 22 m³ Inhalt.

Bild 264: Um einen elektrisch angetriebenen 303-t-Hydraulikbagger Demag H 285 auch ohne Stromversorgung einsetzen zu können, wurde ein Sattelauflieger mit einem etwa 1.500 PS starken Dieselmotor samt Generator gebaut.

Hochtechnisierte Seilbagger

Europa war von Anfang an der Ursprungsort aller wichtigen Schritte im Hydraulikbaggerbau, die Vereinigten Staaten dagegen Heimat nahezu aller großen Bergbau-Seilbagger. Dies mag dazu geführt haben, dass in Europa nun die Ansicht verbreitet ist, Seilbagger seien technisch veraltet und mittlerweile nicht mehr wirtschaftlich einzusetzen. Doch die Zeit bleibt auch vor Seilbaggern nicht stehen, denn die wichtigsten Hersteller bringen unter großem Konstruktionsaufwand ihre Seilbagger ständig auf den neuesten Stand der Technik.

Bild 265: 1986 stellte Marion mit dem 301-M für 41 m^3 Löffelinhalt den ersten Seilbagger vor, der eigens für die Beladung von mehr als 200 sht tragenden Muldenkippern konzipiert war, besonders aber für die 240-sht-Klasse.

Bild 266: Der 870 t wiegende 395-B mit 31 m³ großem Standardlöffel wurde durch das neue hochfrequente „Acutrol"-System von Bucyrus-Erie angetrieben, bei dem statische Wechselstromwandler wartungsintensive Gleichrichter ersetzten.

Bild 267: Mit standardmäßig 35 m³ Löffelinhalt und 947 t Einsatzgewicht war der P&H 2800 XP/A der ideale Bagger zum Beladen der neuen 190 bis 240 sht tragenden Muldenkipper der späten 80er Jahre.

Aus diesen Gründen unterscheiden sich die Leistungen der modernen Seilbagger durchaus von denen ihrer Vorgänger. Die neuen Seilbaggertypen sollen die 120 bis 130 m³ fassenden Mulden der neuen Muldenkipperklassen mit den idealen drei Ladespielen füllen. Dagegen betragen die Schaufel- oder Löffelinhalte der größten Hydraulikbagger nur 26 m³, liegen demnach noch weit unter denen der Seilbagger.

So ahnt man beim Baggerhersteller Marion die zukünftigen Erfolge der sich abzeichnenden neuen Muldenkipperklassen mit 190 und 240 sht Nutzlast voraus und konstruiert den Seilbagger 301-M mit 19 bis 50 m³ Löffelinhalt bzw. 85 sht Löffelnutzlast (Bild 265). Der erste 301-M arbeitet im australischen Eisenerztagebau Mt. Newman, jedoch wegen des hohen Eisenanteils im Fels mit „nur" 22 m³ großem Löffel. Als Antwort auf den 301-M entwickelt Bucyrus-Erie den 395-B mit 21 bis 46 m³ fassenden Löffeln (Bild 266).

Der 907 t wiegende 301-M bildet eine „Zwischengröße" zwischen dem damals zu großen P&H 5700 (nur zwei Ladespiele für 190-sht-Kipper) und den anderen damals verfügbaren Seilbaggern (vier bis sechs Ladespiele für 240-sht-Kipper). Dennoch wird der P&H 5700 weiterhin vereinzelt im Team mit 190-sht-Muldenkippern eingesetzt. Als bestens geeigneter Bagger zum Beladen der größten Muldenkipper wird der P&H 2800 zum leistungsfähigeren und größeren P&H 2800XP/A überarbeitet (Bild 267).

Bild 268: Ab 1980 wurden in den sibirischen Kohletagebauen Neryungri und Jakutugol zur Beladung amerikanischer „Lectra Haul"-Muldenkipper M-200 russische EKG-20 mit 20 m³ Löffelinhalt eingesetzt.

Auch bezüglich der elektrischen Antriebssysteme folgen sämtliche Hersteller neuen Konzepten. Die Gleichrichtung des Eingangswechselstromes wird mit statischen Elektronik-Thyristoranlagen vorgenommen, rotierende Teile herkömmlicher Motor-Generator-Gleichrichter gibt es jetzt nicht mehr. Dank dieser Technik verbessert sich die Gesamtwirtschaftlichkeit der Seilbagger-Antriebsstränge um zehn bis 15 Prozent. Durch das Entfallen beweglicher Gleichrichterkomponenten werden außerdem Geräuschemission und Vibrationen reduziert, der Wirkungsgrad erhöht, und die Wartung diverser Lager und Bürsten erübrigt sich.

Verbesserungen werden auch bei Löffel und Ausleger durchgeführt. Das Verhältnis von Löffelbreite zu -höhe hat sich von 1,2:1 auf heute 1,6:1 geändert, durch breitere Löffel werden bis zu 15 Prozent bessere Füllfaktoren erzielt. Mit verstärkten Auslegern sind trotz vergrößerter Breite höhere Schnittkräfte pro Zentimeter Löffelschneide möglich. So genannte „Fastfill"-Löffel von Bucyrus mit einem veränderten Verhältnis der Breite zur Höhe sorgen für bis zu 15 Prozent bessere Füllfaktoren und einen kürzeren Materialweg beim Füllen und Entleeren.

Bild 269: Der P&H 2355 trug an einem 49 m langen Ausleger einen Schleppkübel mit 15 m³ Inhalt, was 45 t hängender Gesamtlast entsprach. Für den Antrieb sorgten zwei Motoren von Cummins, Detroit Diesel oder Caterpillar mit 2.060 PS Gesamtleistung.

Außerdem werden die Löffel dank computergestützter Konstruktion und besserer Werkstoffe leichter. So kann das Löffeleigengewicht von etwa 2,4 t pro m³ Fassungsvermögen auf 1,8 bis 1,5 t pro m³ vermindert werden, was höhere Löffelnutzlasten bei gleicher Seilbelastung erlaubt. Daher beträgt der Nutzlastanteil an der Seillast heute bis zu 55 Prozent, noch vor wenigen Jahren waren es nur 40 Prozent.

In der Sowjetunion werden Elektro-Hochlöffelbagger in den Werken Ishorskij Sawod bei Leningrad, Novokramatorsk (NKMZ) bei Kramatorsk in der Ukraine, Uralmasch (UZTM) in Swerdlowsk und Krasnojorskij in Sibirien hergestellt. Drei Basismodelle von Elektro-Hochlöffelbaggern werden bei Ishorskij gebaut: der 370 t schwere EKG-8 und die Ausführung mit langer Reichweite EKG-4U, der 688 t schwere EKG-6.3U als Version des EKG-12.5 mit langer Reichweite sowie der 675 t wiegende EKG-15 in drei Varianten, u.a. mit Spezialstahl für Umgebungstemperaturen von – 45 bis – 60 °C.

Das UZTM-Werk baut neben dem 197-t-EKG-5A seit 1980 den größten Elektro-Hochlöffelbagger der Sowjetunion, den EKG-20 mit über 1.000 t Dienstgewicht (Bild 268). Dieser Baggertyp ist wegen des Bedarfs an leistungsfähigeren Geräten für den Kohleabbau in Neryungri in Süd-Yakutsk zum Beladen von Muldenkippern mit 180 t Nutzlast unverzichtbar. Für die Gleichstromumwandlung wird beim EKG-20 Thyristorelektrik verwendet. Insgesamt verlassen 16 EKG-20 das Uralmasch-Werk.

Im vergangenen Jahrzehnt setzten gleich mehrere Hersteller – American Hoist & Derrick, Bucyrus-Erie und Manitowoc – große Erwartungen in schwerste Schleppkübelbagger auf Raupenfahrwerken. 1981 folgt auch Harnischfeger mit dem P&H 2355 diesem Trend (Bild 269). Nach Aussagen von Harnischfeger ist der 545 t schwere P&H 2355 der größte Schleppkübelbagger auf zwei Raupen weltweit. Bei einem Einsatz im australischen Hunter Valley bewegt ein P&H 2355 während jeder 110-Stunden-Woche durchschnittlich 65.000 m^3 Abraum.

Neue Baureihen von Großradladern

In diesem Jahrzehnt erwächst den großen Bergbaubaggern, seien es Seil- oder Hydraulikbagger, zunehmende Konkurrenz von schweren Radladern. Bei gleichem Schaufelinhalt wiegen Radlader weniger als Bagger, sie benötigen weniger Maschinen- und Stahlbaumasse, und insofern sind die Investitionskosten auch geringer als bei Baggern (Bild 270).

Bild 270: Der „PAYloader" 580, ursprünglich von International Harvester entwickelt, wurde nun mit 16,6 m^3 Schaufelinhalt und 1.100 PS Motorleistung von Dresser angeboten und galt vor dem Cat 994 als größter mechanisch angetriebener Radlader der Welt.

Zwar sind die Instandhaltungs- und Reparaturkosten bei Baggern niedriger, weil sie mehr oder weniger stationär arbeiten und nicht so beansprucht werden wie die hin- und herfahrenden Radlader. Aber durch den geringeren Investitionswert ist die kürzere Nutzungsdauer auszugleichen.

Die gestiegenen Nutzlasten der Muldenkipper veranlassen mehrere Hersteller, erneut Großradlader zu entwickeln, die in ihren Ladeleistungen den neuen Muldenkipperklassen entsprechen. Die neuen Radlader sollen 100 t tragende Muldenkipper mit drei Ladespielen füllen, die von 120- bis 150-t-Kippern mit vier bis fünf Spielen. Dabei werden kurze Spielzeiten von etwa 35 bis 40 Sekunden angestrebt, die nur unwesentlich über denen schwerer Hydraulikbagger liegen.

Bild 271: Der japanische SMEC-Radlader mit 19-m³-Schaufel leitete 1987 die zweite Generation von Großradladern ein; getestet wurde der einzige Prototyp des 180-t-Giganten im australischen Kohletagebau.

Die erneute Aufnahme der technischen Entwicklung schwerster Radlader wird 1987 mit der Ankündigung eines Großladers durch Caterpillar und dem Testeinsatz eines 180 t schweren japanischen Radladers von Kawasaki eingeleitet. Dieser Radlader wird ebenfalls im Rahmen des bereits erwähnten japanischen SMEC-Projektes gebaut. Kawasaki spielt dabei als bedeutender Radladerhersteller eine maßgebliche Rolle. Anfänglich wird der SMEC-Lader im japanischen Okumura-Steinbruch bei Himeji getestet, anschließend beim Kohleabbau im australischen Hunter Valley.

Der SMEC-Lader verfügt über eine 19-m³-Schaufel und wird – ähnlich wie der Michigan 675 aus dem Jahre 1970 – von zwei je 684 PS leistenden Cummins-Motoren angetrieben (Bild 271). Kawasaki konstruiert für den SMEC das elektronisch geregelte, dreistufige Automatikgetriebe KATS für bis zu 28 km/h Geschwindigkeit. Elektronische Kontrollen regeln auch lastabhängig die Drehzahlen und Abstimmungen der beiden Cummins-Motoren sowie sämtliche Schaufelbewegungen, die dadurch völlig ruckfrei sein sollen. Ein von Kawasaki entwickeltes, integriertes Kontrollsystem mit der Bezeichnung KICS hält den Energieverbrauch der Hydraulik ständig so gering wie möglich.

Die Großradlader bewegen sich beim Sprengen schneller von der Wand weg und wieder hin als Hydraulikbagger und können bei Wartung und Reparatur kurzfristig zur Werkstatthalle fahren. Obwohl Radlader bei jedem Ladespiel ihre gesamte Eigenmasse bewegen, ist ihr Energieverbrauch aufgrund der bei Hydraulikbaggern hin- und herschwenkenden Oberwagenmasse nicht wesentlich höher. Während Hydraulikbagger nur etwa 10 Prozent ihres Eigengewichtes als Schaufelnutzlast bewegen, sind dies beim Radlader immerhin etwa 20 Prozent.

Einen etwas ungewöhnlichen Weg in der Antriebskonzeption der Großradlader schlägt 1982 der US-Hersteller Marathon LeTourneau ein. Um die elektrischen Radnabenmotoren der dieselelektrisch

Bild 272: Der 13-m³-Lader TCL-1000 von Marathon LeTourneau sollte über eine Stromzuführung per Kabel und eine schwenkbare Rolle mit automatischer Spannvorrichtung angetrieben werden und einen freien Aktionsradius von 61 m haben.

angetriebenen LeTourneau-Großlader besser und effektiver nutzen zu können, entwerfen LeTourneau-Konstrukteure einen rein elektrischen Antrieb. Ausreichend leistungsfähige Batteriepakete gibt es nicht, so bleibt nur die Stromzuführung per Kabel (Bild 272). Ob sich diese aus dem untertägigen Bergbau stammende Art der Energieversorgung im harten Tagebaualltag bewährt hätte, ist anzuzweifeln. Wir werden es nicht erfahren, denn anscheinend gelangt kein derartiger Radlader in die Einsatzpraxis.

Plötzlich sind die 240-Tonner da

Die Weiterentwicklung der Muldenkipper ist in diesem Jahrzehnt weniger von mutigen, aber hoffnungslosen Experimenten geprägt, als von soliden, einsatztauglichen und damit zukunftsträchtigen Fahrzeugkonzepten. In der ehemaligen Sowjetunion nimmt das Belorussische Automobilwerk (Belaz) 1988 die Produktion des 75211 auf, der beachtliche 170 t, also 187 US short tons, laden kann (Bild 273).

Der russische Riese wird von einem 2.300 PS starken V-12-Motor dieselelektrisch angetrieben und erreicht beladen mit 329 t Gesamtgewicht Geschwindigkeiten bis zu 50 km/h. Bei 30 km/h verbraucht der Motor auf 100 km Strecke rund 630 l. Belaz gibt freimütig sogar die zu erwartende wirtschaftliche Lebensdauer des 75211 an – nach 450.000 km darf er in den Ruhestand gehen.

Bild 273: Der 14,6 m lange und 7,7 m breite Belaz 75211 wäre dank seiner fast 190 sht Nutzlast von einem amerikanischen Hersteller sicher als B-190 oder ähnlich bezeichnet worden.

Bei Muldenkippern kann zur Mitte dieses Jahrzehntes eine bemerkenswerte Steigerung der Nutzlasten verzeichnet werden: Ohne spektakuläre Ankündigungen präsentieren alle namhaften Hersteller schwerer Muldenkipper um 1986/87 neue Modelle mit größeren Nutzlasten im

Bereich von etwa 180 bis 240 sht. Damit stellen Caterpillar, Dresser (mit den ehemaligen Wabco „Haulpak“), LeTourneau sowie Unit Rig plötzlich eine gänzlich neue Muldenkipperklasse auf die Räder, die die bisherige 170-sht-Klasse um immerhin rund 40 Prozent Nutzlast übertrifft, und folgen damit dem US-Hersteller Wiseda – ein bislang auf dem Muldenkippermarkt unbekannter Name.

Bild 274 A und B: 40 Prozent mehr als die zu Beginn der 80er Jahre verbreiteten Muldenkipper mit 170 sht Nutzlast lud der Wiseda KL-2450 „King of the Lode“ dank seiner 240 sht (218 t) Nutzlast. Das Chassis für 334 t Gesamtgewicht wurde manchmal auf durchaus amerikanische Weise zum Einsatzort gebracht…

Wiseda leistet 1981 mit der Vorstellung eines neuen 200 sht tragenden zweiachsigen Muldenkippers Pionierarbeit. Nach Werksangaben wurde der KL-2450 „King of the Lode“ (König der Erzader) über 17.000 Stunden getestet, bevor er als größter Muldenkipper in die Produktion geht. Nach Testeinsätzen kann die Nutzlast 1985 auf 220 sht und 1987 auf 240 sht gesteigert werden (Bild 274). Die ersten KL-2450 werden ab 1986 im Kohletagebau des Powder River Basin in Wyoming eingesetzt und liefern den Anlass zur Entwicklung vergleichbarer Muldenkipper anderer Hersteller.

Motoren von Caterpillar, Cummins oder Detroit Diesel mit 2.030 bis 2.440 PS Leistung treiben den 12,5 m langen und 7,3 m breiten Giganten an. Neuartige stärkere Radnabenmotoren von General Electric werden erfolgreich mitgetestet. Die Abfederung übernehmen längliche Elastomer-Elemente an jedem Rad; Parallellenker an beiden Vorderrädern nehmen Brems- und Lenkkräfte auf. Der Rahmen des KL-2450 wurde um 33 Prozent schwerer ausgebildet als bei Muldenkippern der 170-sht-Klasse.

Betrachten wir die neue 240-sht-Nutzlastklasse genauer, lautet die exakte Umrechnungszahl eigentlich 217,72 metr. t, doch der Einfachheit halber dürfen wir getrost 1 Prozent dazu rechnen und somit 220 t angeben. Dabei handelt es sich ja um die Sollnutzlast, die üblicherweise stets unter- und oft auch überschritten wird. Insofern ist es nicht sinnvoll, Nutzlasten in solchen Größenordnungen auf Dezimalstellen umzurechnen. Wägetests im australischen Kupfererztagebau Mt. Whaleback zeigen, dass die dortigen Wiseda-Muldenkipper statt der rechnerischen 220 t durchschnittlich 225 bis 230 t luden, in Ausnahmen bis 320 t, was 353 sht entspricht!

Die Einsatzerfahrungen mit 170-sht-Kippern liefern hohe Zielvorgaben für die Konstruktion der neuen Muldenkipperklasse, denn einige ältere Modelle erreichen eine nahezu unglaubliche Nutzungsdauer von über 75.000 Betriebsstunden, und das im harten Drei-Schicht-Betrieb. Beim Pkw entspricht dies etwa 6 Mio. km Fahrleistung, allerdings nicht im rauen Grubenbetrieb, sondern auf ebener Straße…

Erste Erfahrungen mit 220 t-Muldenkippern im australischen Mt.-Whalebeck-Kupfererztagebau zeigen, dass gegenüber Fahrzeugen mit 170 sht Nutzlast Produktionssteigerungen von annähernd 50 Prozent zu erwarten sind. Dies wird auch von anderen Betreibern bestätigt, beispielsweise im US-amerikanischen Kohletagebau.

Begrüßt wird zudem, dass sich die neuen Muldenkipper mit den vorhandenen der 150- und 170-sht-Klassen mischen und sogar gemeinsame Fahrtrassen benutzen können. Dank der hohen Motorleistungen kann beobachtet werden, wie die im Gesamtgewicht um mehr als 100 t schwereren Fahrzeuge ihre leichteren Brüder an langen Steigungen sogar überholen – ein sicheres Zeichen für verkürzte Umlaufzeiten. Allerdings ist die hohe Wirtschaftlichkeit der neuen Muldenkipper auch nötig, weil jeder einen beachtlichen Investitionswert darstellt: Für einen Muldenkipper der 240-sht-Klasse sind mindestens 1,4 bis 1,7 Mio. US-Dollar zu veranschlagen.

Besonderes Augenmerk wird den vorderen Rad- und hinteren Achsaufhängungen geschenkt. Die Hersteller verfolgen – wie auch bei der Rahmenbauweise – unterschiedliche Philosophien. Zu berücksichtigen ist, dass sich die Fahrzeugtechnik hier stets in einem Grenzbereich des gerade noch Machbaren bewegt.

Die Vorderräder werden durch hydropneumatische oder Gummielement-Dämpfungszylinder oder Parallellenker und Gummidämpfer aufgehängt. Zwischen den extrem breiten Zwillingsreifen der Hinterachse verbleibt mit etwa 2,5 m nur wenig Raum für die Achsaufhängung und Dämpfung, obwohl ungefähr zwei Drittel des Gesamtgewichts, also 250 bis 300 t, von der Hinterachse aufgenommen werden müssen. Auch hier bedient man sich hydropneumatischer oder spezieller Gummidämpfungen.

Bild 275: Die erste Version des Caterpillar 789 bot bis zu 177 t Nutzlast und 292 t Gesamtgewicht. Mit seinem 1.825 PS leistenden Cat-Diesel erreichte der 789 über 52 km/h Tempo – er war der größte dieselmechanisch angetriebene Muldenkipper der Welt.

Eigens für die neue 240-sht-Klasse entwickeln namhafte Reifenhersteller den 3,60 m durchmessenden und 1,15 m breiten Typ 40.00-57 als Diagonal- oder Radialreifen. Diese Reifen sichern weiche Fahreigenschaften, hohe Stabilität und hervorragenden Wärmeabbau. Trotzdem sind im warmen Klima Betriebstemperaturen der Reifen von 75 bis 85 °C durchaus normal.

Der dieselelektrische Antrieb bietet zwar hohe Wirkungsgrade, jedoch nur in einem engen Geschwindigkeitsbereich. Mit einem dieselmechanischen Antrieb sind ab etwa 8 km/h bis zur Höchstgeschwindigkeit hohe Wirkungsgrade von 80 bis 90 Prozent möglich. Der mechanische Antrieb soll spürbare Vorteile beim Befahren langer Steigungen bewirken, besonders hinsichtlich höherer Geschwindigkeiten bei geringerem Kraftstoffverbrauch.

Deshalb entwickelt Caterpillar eine Baureihe schwerer Tagebaukipper mit hydromechanischem an Stelle des dieselelektrischen Antriebs. Schon 1982 werden Pläne bekannt, dass Caterpillar die Muldenkipperreihe mit 35, 50 und 85 sht Nutzlast erweitern wird. 1985 und 1986 stellt das US-Unternehmen die beiden Muldenkipper 785 und 789 mit variablen Nutzlastbereichen von 130 bis 150 und 170 bis 195 sht vor (Bild 275).

Der 789 verfügt dank seines groß dimensionierten Drehmomentwandlers über die höchsten Raddrehmomente in seiner Klasse und über ausgezeichnete Beschleunigungseigenschaften. An allen Rädern befinden sich ölgekühlte Lamellenbremsen für Bremsleistungen bis 2.130 PS, so dass der 789 unter voller Nutzlast von 40 km/h innerhalb von 20 m zum Stehen gebracht werden kann – eine bei derartigen Muldenkippern bislang für unerreichbar gehaltene Bremswirkung. 1989 kündigt Caterpillar ebenfalls die Entwicklung eines 240-sht-Muldenkippers, des 793, an.

Einige Jahre zuvor entwickelte auch Komatsu einen großen dieselmechanischen Muldenkipper, den HD 1600 M, obwohl das japanische Unternehmen später nach der Übernahme von Dressers „Haulpak"-Baureihe eindeutig die Vor-

teile des dieselelektrischen Antriebs propagieren wird. Der HD 1600 M wird von einem 1.496 PS starken Cummins-Motor über einen Drehmomentwandler und ein mikroprozessorgesteuertes Lastschaltgetriebe angetrieben. Seine Mulde fasst 2:1 gehäuft rund 90 m³ (Bild 276).

Der Dresser „Haulpak“ 830E ist 1988 nach dem Wiseda der zweite Muldenkippertyp für 240 sht Nutzlast. Die US-amerikanische „Haulpak“ Division gehört inzwischen der in Nord- und Südamerika gemeinsam kooperierenden Komatsu-Dresser Co. und geht auf die 1984 von Wabco übernommene Baureihe der „Haulpak“-Muldenkipper zurück. Der 830E verfügt über bis zu 2.540 PS starke, allein schon 7 t schwere 16- oder 20-Zylinder-Motoren von Detroit Diesel oder später auch von MTU (Bild 277).

Der amerikanische Hersteller Marathon LeTourneau baut nun neben den bewährten Modellen 33-15C mit 154 t und 33-15D mit 172 t Nutzlast aus der ehemaligen kanadischen Terex-Produktion Muldenkipper der Baureihe Titan 2000 mit Nutzlasten von 170 bis 240 sht (Bild 278). Die Fahrzeuge zeichnen sich durch einige besondere Merkmale aus, so beispielsweise durch zwei elektrische Antriebs-

Bild 276: Die Typenbezeichnung HD 1600 M könnte über die tatsächliche Nutzlast des nicht dieselelektrisch, sondern mechanisch angetriebenen Komatsu-Muldenkippers hinwegtäuschen: Es waren 160 metr. t und somit beachtliche 176 US-short-tons.

Bild 277: Zweiter 240-sht-Muldenkipper auf dem Markt war der 13,5 m lange, 7,3 m breite Dresser „Haulpak“ 830E, der mit seinen 376 t Gesamtgewicht bis zu 57 km/h erreichen konnte.

Bild 278: Marathon LeTourneau ergänzte das Programm um den beladen 306 t schweren T-2000. Für den Antrieb stehen drei verschiedene Motoren von Cummins, Detroit Diesel und MTU mit 2.000 bis 2.100 PS zur Auswahl.

motoren aus eigener Produktion, die nicht wie beim Wettbewerb von Reliance oder General Electric stammen und die nicht wie üblich in den Radnaben der Hinterräder angeordnet sind, sondern im hinteren Rahmenbereich.

Seit den 60er Jahren sind die „Lectra Hauls“ des US-Herstellers Unit Rig & Equipment Co. zu einem festen Begriff bei schweren Tagebaumuldenkippern geworden. Doch die Konstruktion des großen M-200 stammt von Ende der 60er Jahre, so dass neue Muldenkipper entwickelt werden müssen, um mit dem Wettbewerb Schritt zu halten.

Daher entstehen 1985 der MT1900 mit 190 sht, 1988 der MT2050 mit 205 sht und im gleichen Jahr der MT4000 mit 240 sht Nutzlast. Der MT4000 hat mit 5,8 m den gleichen Radstand wie der MT2050 und verfügt damit über den gleichen Grundrahmen, nun aber für eine erhöhte Nutzlastkapazität.

Bodenentleerer-Sattelzüge für den Kohletransport werden inzwischen schon mit Nutzlasten von über 200 t gebaut. Der BD-240 von Unit Rig gilt mit 27 m Länge als weltgrößter Bodenentleerer. Seine Zugmaschine ist bei Bedarf in einen 154 t tragenden Hinterkipper Lectra Haul Mark 36 umzubauen. Die Mulde des BD-240 von Unit Rig fasst bei 2:1-Häufung 271 m^3 Kohle (Bild 279). Bei diesem Ladevolumen benötigt auch ein Seilbagger mit 30-m^3-Löffel noch neun Ladespiele oder etwa vier bis fünf Minuten zum Füllen der Mulde.

Bild 279: Mit 220 t Kohle im Sattelauflieger erzielte der 27 m lange BD-240 beladen Geschwindigkeiten von über 40 km/h und bewältigte sechs- bis achtprozentige Steigungen.

Für einen australischen Kohletagebau in Queensland entwickelt VME 1987 gemeinschaftlich mit BHP den CH-210, einen 210 sht (190 t) ladenden Bodenentleerer-Sattelzug. Als Zugmaschine dienen modifizierte Fahrgestelle des dieselmechanisch angetriebenen Euclid-Muldenkippers R-130 mit 1.340 PS Motorleistung (Bild 280).

Ende 1985 kommt ein Hersteller mit zwei Bodenentleerern auf den Markt, der bislang nichts mit Muldenkippern und ähnlichen Fahrzeugen zu tun hatte, und zwar die amerikanische Holland Loader Co., bekannt für die von Kettendozern gezogenen und geschobenen, kontinuierlich fördernden Bandlader. Holland entwickelt jeweils 163 t (180 sht) ladende Sattelzug-Bodenentleerer für den Erdbau und Kohletransport. Die Erdtransporter werden erstmals für 1,1 Mio. m³ Erdbewegung beim Bau einer Start- und Landebahn in Colorado eingesetzt.

Bild 280: Ein interessantes Schutzdach für das Fahrerhaus und einen 1987 noch ungewohnten, treppenartigen und damit sichereren Aufstieg als bei Leitern bot der australische Euclid CH-210.

Bild 281: Vier dieser aufklappenden Seitenkipper-Sattelzüge mit 163 t Nutzlast, 1.200 PS Leistung aus vorderem und hinterem Motor und mit bis zu 64 km/h Geschwindigkeit baute Holland Loader 1985.

Erstaunlicherweise greift Holland bei den Zugmaschinen nicht auf bekannte Fabrikate zurück, sondern konstruiert und baut auch diese selbst. Die Erdbau-Bodenentleerer sind eigentlich gar keine, sondern eher „aufklappende Seitenkipper" (Bild 281). Die Mulden weisen eigens für die Beladung durch die Holland-Bandlader ein sehr niedriges Profil auf. Die Hinterachse der Sattel-„anhänger" wird durch einen zweiten 600 PS starken Cummins-Diesel am Heck ebenfalls angetrieben.

Das uns schon von Dart und Wabco aus den 60er Jahren bekannte Konzept der Hinterkippanhänger, die auf bewährte Muldenkipperchassis aufgesattelt werden, lässt die kanadische Firma Atlas Hoist & Body wieder aufleben. Dabei greift die Firma in erster Linie auf die inzwischen weltweit bewährten Fahrgestelle der 85 sht ladenden Caterpillar 777 zurück, die als Zugmaschinen die Cat-Typenbezeichnung 776 tragen (Bild 282).

Auf ähnliche Weise dienen in einigen großen Tagebaubetrieben ausgediente Muldenkipper als Abschleppfahrzeuge für havarierte Muldenkipper oder als Zugmaschinen für schwerste Satteltieflader. Sofern die ursprünglichen Muldenkipper Nutzlasten von 120 bis 150 t oder gar mehr hatten, entstehen entsprechend riesige Sattelzüge mit hohen Traglasten. Ein in der Werkstatt des Glenharold

Bild 282: Der 136 t fassende Hinterkippanhänger von Atlas Hoist & Body erhöhte die Nutzlast eines Caterpillar 777 (776) um bemerkenswerte 59 t. Ungeachtet des hohen Gesamtgewichtes konnte der Sattelzug noch beladen Steigungen von 10 Prozent befahren.

Fortschritt
schafft Erfolge.
Spitzentechnik von Liebherr.
Liebherr-Hydraulikbagger GmbH
D-88457 Kirchdorf
Tel.: (0 73 54) 80-0
Fax: (0 73 54) 807-294
Liebherr-France S.A.
2, Avenue Joseph Rey
B.P. 287, F-68005 Colmar-Cedex
Téléphone: 03 89 21 31 23
Tééfax: 03 89 21 35 52
www.liebherr.com
LIEBHERR
T 252
LIEBHERR
Mining Power.

Bild 283: Der selbstgebaute Tieflader wird in einem Tagebaubetrieb hauptsächlich zum Transport von Raupen über größere Entfernungen und von überholungsbedürftigen „Dragline"-Kübeln in die Betriebswerkstatt eingesetzt.

Kohletagebaus in North Dakota selbstgebauter Tiefladeanhänger transportiert Nutzlasten bis zu 181 t. Als Zugmaschine dient der Traktor eines Kohle-Bodenentleerers Unit Rig BD-180 mit 1.200 PS. Das Leergewicht der gesamten Einheit beträgt 136 t (Bild 283).

Muldenkipper hängen an der Oberleitung

In den vergangenen Jahrzehnten hörten wir vereinzelt von schweren Tagebaukippern, die ihren Antriebsstrom wie elektrische Lokomotiven oder Straßenbahnen aus der Oberleitung erhielten. Blicken wir kurz zurück, erfahren wir, dass 1971 bis 1976 erstmals im großen Rahmen Trolley-Muldenkipper im kanadischen Lac-Jeannine-Tagebau bis zur Erschöpfung der Rohstoffvorräte eingesetzt wurden. Bei 22 Muldenkippern mit 75 und 90 t Nutzlast erzielte man Geschwindigkeitssteigerungen um bis zu 246 Prozent und eine Reduzierung des Kraftstoffverbrauchs um 87 Prozent.

Besonders in den späten 70er und frühen 80er Jahren findet die Idee der Trolley-Anlagen viele Interessenten. Ursache dafür sind die erheblich ansteigenden Rohölpreise (in Südafrika beispielsweise von 1980 bis 1985 um 320 Prozent). Deshalb werden schon 1980 bei Sishen in Südafrika Oberleitungsstrecken eingerichtet. Der Kraftstoffverbrauch verringert sich bei den 150 t ladenden Kippern von 320 auf 80 l/h, die Geschwindigkeit an einer 1,5 km langen 9-Prozent-Steigung erhöht sich von 12 auf 20 km/h. Bis 1984 werden sämtliche 66 Kipper auf Trolley-Betrieb umgerüstet, das Trolley-Streckennetz umfasst 6,9 km.

In den 80er Jahren bemühen sich die afrikanischen Eisenerztagebaue Nchanga, Palabora, Rössing, Gecamines sowie Grotekeluk um wirtschaftlichere Einsatzmethoden ihrer dieselelektrisch angetriebenen Muldenkipper und installieren deshalb ebenfalls Oberleitungen. Auch im sowjetischen Kasachstan finden ab 1985 Versuche mit 75 t fassenden Belaz-Kippern statt – in einer Erzgrube versieht man eine 800 m lange 8-Prozent-Steigung mit Oberleitung.

1981 werden im südafrikanischen Kupfertagebau Palabora sämtliche Muldenkipper auf Trolley-Stromzuführung umgestellt (Bild 284). Alle wichtigen Auffahrrampen besitzen auf einer Gesamtlänge von 7 km Oberleitungen. Nach Schätzungen sind in Palabora über die Lebensdauer des Tagebaues durch die Oberleitung 480 Mio. Liter Kraftstoff zu

Bild 284: In Palabora wurden alle 78 „Lectra Haul" Mark 36 für 170 sht Nutzlast auf Oberleitungsbetrieb umgestellt. So konnten allein 1986 bei insgesamt 1,7 Mio. Fahrkilometern 38 Mio. Liter Kraftstoff eingespart werden.

sparen. Mit Dieselantrieb betrugen die Betriebskosten eines Muldenkippers pro Meile 13,8 Dollar – durch Trolleyunterstützung sinken die Kosten auf weniger als fünf Dollar.

Die in Palabora vorhandenen 8-Prozent-Steigungen werden von den beladen etwa 260 t wiegenden Kippern mit durchschnittlich 20 km/h befahren – das ist 30 bis 50 Prozent schneller als zuvor. Die erhöhten Geschwindigkeiten unter Last verkürzen die Umlaufzeiten merklich, so dass sich die Umläufe pro Fahrzeug und Schicht ebenfalls erhöhen, was zu einer verbesserten Nutzung der Geräte führt. Bei diesem speziellen Einsatz wird durch die Trolley-Systeme eine bis zu achtzigprozentige Produktivitätssteigerung erwartet.

Kettendozer erreichen auch 1.000 PS

Der weltweit sinkende Bedarf an Kettendozern lässt die Zahl der Hersteller schrumpfen. Gehörten noch vor wenigen Jahren Namen wie Allis-Chalmers, International, Euclid und Terex sowie die deutsche Firma Kaelble zu den Herstellern von Großraupen mit mehr als 40 t Gewicht, so hat sich der Kreis nun auf wenige Hersteller wie Caterpillar, Dresser, Fiatallis, Komatsu und Liebherr reduziert.

In der Gewinnungsindustrie wird das Sprengen wegen schärferer Umweltschutzauflagen zunehmend schwieriger. Mit schweren Reißraupen erübrigt es sich weitgehend. Viele große Kettendozer werden sogar gleichermaßen für das

Schieben und Reißen konzipiert und bei etlichen Einsätzen demzufolge als Reißraupen bezeichnet.

Reißraupen müssen groß, stark und schwer sein; „kleine" Kettendozer versagen beim Reißen kläglich. Lockert eine immerhin ausreichend groß und mächtig wirkende 50-t-Raupe in härterem Fels mit einer seismischen Wellengeschwindigkeit von 2.300 bis 3.000 m/s nur etwa 150 t/h, kann eine nicht einmal doppelt so große 90-t-Raupe mit 300 bis 400 t/h durchaus weit mehr als das Doppelte schaffen.

Mit der Großraupe D555A beweist Komatsu, dass es technisch möglich ist, die 1.000-PS-Grenze zu erreichen. Auf der amerikanischen Conexpo stellt die japanische Firma 1981 einen Prototypen dieses größten Kettendozers der Welt vor (Bild 285). Die hohe Motorleistung der D555A ist erforderlich, um den riesigen Planierschild mit 45 m³ Materialfüllung schieben zu können. Die 120 t schwere Raupe fährt auf gefederten Laufwerken, so dass jederzeit guter Bodenkontakt der Ketten gewährleistet ist. Zusätzlich werden Stoßbelastungen abgefangen. Im Verlauf dieses Jahrzehnts wird von der D555A jedoch nichts mehr vernommen…

…so dass Caterpillar 1986 mit der D 11 N den Titel „größte Raupe" nach Amerika zurückholen kann. Die D 11 N ist mit 817 PS Motorleistung und 97 bis 103 t Dienstgewicht nun eindeutiger Rekordhalter (Bild 286). Mit dem bemerkenswerten, von Caterpillar entwickelten „Impact Ripper" kann die D 11 N sogar als unreißbar geltenden Kalkstein mit seismischen Wellengeschwindigkeiten von mehr als 4.000 m/s wirksam lösen und abschieben.

Der größte im 20. Jahrhundert gebaute Kettendozer stammt weder von einem der namhaften Hersteller noch ist er für den Tagebaueinsatz bestimmt. Vielmehr entwickelt der italienische Bauunternehmer Umberto Acco 1980 in Eigenregie einen wahrhaft gewaltigen Kettendozer für ein Bauvorhaben in Libyen, das jedoch wegen politischer Differenzen wieder eingestellt wird.

Wie besonders in den 50er und 60er Jahren bei einigen amerikanischen Herstellern wie Dart und Euclid üblich, nutzt Acco für seinen Kettendozer zwei

Bild 285: Erster Kettendozer mit mehr als 1.000 PS war 1981 der Komatsu-Prototyp der D555A. Allerdings ging die 120-t-Raupe nie in die Serienproduktion, sondern lieferte die Entwicklungsbasis für die spätere D575A-2.

Bild 286: Wie die erste europäische Cat-Raupe mit Deltalaufwerk, die D10, gelangte dank der guten Einsatzerfahrungen auch eine der ersten Cat D 11N in Europa im gleichen nordenglischen Steinbruch bei Bishop Middleham zum Einsatz.

Bild 287: Der Vergleich mit einer Cat D10 (links) zeigt, welche Dimensionen der 166 t wiegende, nur in einem Exemplar gebaute Acco-Dozer hatte: 12 m Länge, 5,4 m Höhe bis zum Fahrerhausdach, 6,4 m Schildbreite, 2,4 m Schildhöhe.

getrennte Antriebsstränge mit zwei Motoren, und zwar von Caterpillar mit 1.300 PS kombinierter Leistung, zwei Drehmomentwandlern und zwei Lastschaltgetrieben für jede Kettenseite. Neben zahlreichen weiteren Cat-Komponenten nutzt Acco auch die einsatztechnischen Vorteile des von Caterpillar entwickelten Deltalaufwerkes (Bild 287).

Auch Giganten brennen

Bedingt durch die hohen Investitions- und Betriebskosten verlangen Tagebaumaschinen eine möglichst sorgfältige Behandlung. Dazu zählen die regelmäßige Pflege und vorbeugende Wartungsmaßnahmen, angemessene Ersatzteilhaltung sowie die Einhaltung von Sicher-

Bild 288: Aus brennenden Großgeräten wie diesem 170 sht ladenden Euclid R-170 muss der Fahrer womöglich aus beträchtlicher Höhe abspringen, so dass von Ansul automatisch betätigte, hochwirksame Feuerlöschsysteme entwickelt wurden.

heitsvorschriften. Oft wird dabei ein wesentlicher Risikofaktor unterschätzt – die Brandgefährdung der Geräte.

Im Zeitraum zwischen 1983 und 1988 fingen beispielsweise im britischen Kohletagebau 23 Großgeräte Feuer, wobei die durchschnittliche Schadenhöhe mit umgerechnet 540.000 Mark angegeben wird. Diese Zahl berücksichtigt ausschließlich die Reparatur- und Instandsetzungskosten, jedoch nicht die wochenlangen Ausfallzeiten mit entsprechenden Folgekosten und Förderverlusten.

Worauf ist die hohe Brandgefährdung von Tagebaumaschinen zurückzuführen? Mit zunehmender Baugröße und Komplexität der Maschinen steigt das Brandrisiko, ihre kompakte Bauweise liefert ideale Voraussetzungen für die plötzliche und unbemerkte Bildung eines Feuers.

Die Hydrauliksysteme arbeiten mit großen Drücken, Dieselmotoren laufen unter relativ hohen Drehzahlen, komplizierte elektrische Systeme stehen teilweise unter beträchtlichen Stromstärken, und dies alles im harten, jahrelangen Dauerbetrieb unter ständiger Einwirkung von Vibrationen und rauen Umgebungseinflüssen. Das Brandrisiko wird außerdem durch Ölfilme, Staub, vertrocknete Vegetationsreste und Schmutzablagerungen erhöht.

Motoren, Turbolader, Auspuffanlagen, Getriebe, Bremsen, Hydrauliksysteme und -pumpen produzieren ständig viel Wärme. Durch undichte Komponenten des Hydrauliksystems, schadhafte Ölfilter und Leitungsverbindungen kann Öl auf heiße Motor- und Auspuffteile sprühen. Beschädigte, gealterte und durchgescheuerte Kabelverbindungen führen, begünstigt durch Feuchtigkeit, schnell und unbemerkt zu Kurzschlüssen.

Heißgelaufene Bremsen lassen Gummi- und Kunststoffteile entflammen. So sind viele Möglichkeiten aufzuzählen, die dazu führen, dass eine Tagebaumaschine plötzlich und innerhalb kürzester Zeit, manchmal nur nach Sekunden, in hellen Flammen steht (Bild 288).

Die Wirkung von tragbaren Handlöschern verpufft dann meist wirkungslos. Sie werden bei Panik in der Kabine oder am Führerstand vergessen oder sind außen an der Maschine durch zu hohe Wärmeabstrahlung nicht mehr erreichbar. Mit der Hilfe der Feuerwehr darf nicht gerechnet werden, da die Einsatzorte oft abgelegen sind. Raues Gelände führt zu weiteren Verzögerungen bei der Anfahrt von Löschfahrzeugen.

Abhilfe schaffen automatische, mit Brandsensoren ausgestattete Feuerlöschsysteme, die in diesem Jahrzehnt von spezialisierten Herstellern wie Ansul erstmals eigens für schwere Tagebaumaschinen konzipiert werden. Einige Baumaschinenhersteller werden derartige Systeme bei schwersten Baggern, Radladern und Muldenkippern in den 90er Jahren bereits serienmäßig installieren.

Der elektronische Tagebau

In den 80er Jahren findet in der Bergbautechnik fast unbemerkt eine Revolution statt – die mannigfaltigen Vorteile der Elektronik werden erkannt. Immer mehr Hersteller und Zulieferer bieten elektronische Fehlerdiagnose- und Kontrollsysteme an. Bei den Funktionskontrollen hört die Entwicklung jedoch keineswegs auf, im Gegenteil, die Betriebsüberwachung mit moderner Computertechnologie eröffnet im Bergbau völlig neue Einsatzperspektiven.

Sehr interessant gestaltet sich nun die Entwicklung computerüberwachter Führungs- und Leitsysteme für den Tagebau. Eine solche „Dispatch"-Anlage besteht aus einem Zentralcomputer in einem Kontrollturm, der über digitale Datenfunkkommunikation mit Mikrocomputern in allen wichtigen Tagebaumaschinen verbunden ist.

Die Idee von Tagebau-Leitsystemen ist eigentlich gar nicht so neu: Schon 1967 wurde in der Lac-Jeannine-Erzgrube der Quebec Cartier Mining Co. ein einfaches Computersystem installiert, das nach dem Ende der Grube von der Gould Inc. weiterentwickelt wurde und in den 70er Jahren in Mount Wright Anwendung fand.

Bild 289: Einer von vielen im Tagebau aufgestellten Datentransmitter identifizierte und registrierte beim „Dispatch"-System der amerikanischen Firma Modular Mining die Position und Geschwindigkeit vorbeifahrender Muldenkipper.

An bedeutenden Fahrtrouten und sämtlichen Lade- und Entladestellen befinden sich bei einem „Dispatch"-System spezielle Transmitter, die vorbeifahrende Muldenkipper und andere Fahrzeuge elektronisch erfassen (Bild 289). So ist ständig die Position aller Maschinen, besonders die der Muldenfahrzeuge, bekannt.

Diese Informationen werden mit im Programm definierten Ladezeiten, Fahrzeiten (beladen und unbeladen), Kippzeiten, Wartezeiten (an Ladegerät, Kippe und Brecher), Rangierzeiten sowie Steigungen, Gefällen, Wartungsintervallen und anderem mehr verglichen. Die daraus ermittelten, in der jeweiligen Tagebausituation optimalen Fahrstrecken oder Anlauforte (Ladegeräte, Kippen, Brecher) werden in den Kabinen der Muldenfahrzeuge angezeigt (Bild 290).

Der Computer erkennt natürlich auch sich anbahnende zu geringe Auslastungen bestimmter Ladegeräte oder durch zu viele Muldenkipper verursachte Staubildungen an Steigungen. Er leitet dann entsprechende Informationen an die Geräteführer und Fahrer weiter.

Schon in den 90er Jahren werden „Dispatch"-Systeme Einzug in Tagebaubetriebe aller Art halten. Die äußerst positiven Erfahrungen der Grubenbetreiber bestätigen die bisher geleistete Pionierarbeit.

Bild 290: Die im Fahrerhaus jedes Muldenkippers installierte Datenfunkanlage samt Microcomputer und Display gab dem Fahrer stets das aktuelle Ziel an, also welches Ladegerät, welcher Brecher und welche Kippe anzusteuern waren.

Die „Dispatch"-Systeme dieses Jahrzehnts sind die Wegbereiter der in den späten 90er Jahren aufkommenden satellitengestützten „Dispatch"-Anlagen, bei denen alle wichtigen Maschinen mit GPS-Empfängern (GPS bedeutet Global Positioning System) ausgestattet sind. So treten einige moderne Tagebaubetriebe nun schon munter die Reise in die Zukunft an, hin zum Jahr 2000 und weiter...

IX.

90er Jahre

Wettrennen der Giganten

Immer ungünstigere Verhältnisse von Abraum zu Rohstoff verlangen nach immer größeren Transportkapazitäten, um den Abraum fortzuschaffen. Während beispielsweise zu Beginn des 20. Jahrhunderts das in Arizona gewonnene Erz noch 5 bis 10 Prozent Kupfer enthielt, hat sich dies inzwischen auf etwa 0,6 Prozent verschlechtert – für 1 t Kupfer müssen demnach 600 t (!) Gestein abgetragen, verladen, aus der Grubentiefe transportiert und verkippt werden.

Bei weltweit stark ansteigenden Personalkosten, besonders in vielen Rohstoff fördernden Ländern, ebenfalls steigenden Fördermengen und ungünstigeren Abraum-Rohstoff-Verhältnissen kommt leistungsfähigeren Baggern und Muldenkippern immer größere Bedeutung zu. Werden zum Beispiel 1995 weltweit „nur" 308 der zu jener Zeit noch recht neuen, großen Muldenkipper mit 220 t Nutzlast (240 US-Short-tons) verkauft, sind es 1996 schon 581 Stück.

Außerdem bestimmen zwei weitere Trends dieses Jahrzehnt. Die großen Tagebaumaschinen werden zu einem wichtigen Marketingfaktor. Welcher Hersteller die größte Maschine ihrer Art baut, gewinnt zunehmend an Bedeutung. Diese Entwicklung führt zu regelrechten Wettrennen.

Besonders betrifft dies die Schaufelinhalte und Betriebsgewichte hydraulischer Großbagger und die Nutzlasten der riesigen Muldenkipper. Der Imagegewinn durch das weitere Hochschrauben der technischen Limits wird in den 90er Jahren für einige wenige weltweit operierende Hersteller zu einem nicht zu vernachlässigenden Werbefaktor.

Hier kommen wir zum zweiten wichtigen Trend: der drastisch schrumpfenden Herstellerzahl. Viele große Tagebaubetriebe ziehen es vor, alles „aus einer Hand" zu beziehen. Dies beinhaltet nicht nur Bagger, Muldenkipper und Hilfsgeräte, sondern auch Motoren, Service sowie Ersatzteilhaltung und -versorgung und reicht bis zur Finanzierung und Einsatzplanung. Deshalb konzentrieren etwas mehr als eine Handvoll weltweit operierender Hersteller in diesem Jahrzehnt viele der alten, uns wohl vertrauten Marken. Die folgende Aufzählung der bedeutendsten Veränderungen ist bezeichnend lang und stimmt etwas nachdenklich…

Die kontinuierlich fördernden O&K-Schaufelradbagger gelangen zu Thyssen Krupp, MAN übernimmt die Fertigung von Takraf aus der DDR, Demag wie auch die amerikanische „Haulpak"-Muldenkipperreihe werden von Komatsu übernommen, Liebherr erwirbt die Wiseda-Muldenkipperproduktion, Terex übernimmt den Großbaggerbereich von O&K und die Muldenkipperfertigung von Unit Rig, Bucyrus schluckt den amerikanischen Erzkonkurrenten Marion, Harnischfeger erwirbt die Baurechte der Schreitbagger von Page und kooperiert mit dem ehemals sowjetischen Baggerwerk Uralmasch, Caterpillar übernimmt die Fertigungsrechte der australischen Tiger-Raddozer, Hitachi kauft Clark und Volvo die Anteile am traditionsreichen Muldenkipperhersteller Euclid ab. All dies bewirkt eine Konzentration der Tagebaumaschinen auf nur sehr wenige Anbieter und kennzeichnet damit zum Ende des 20. Jahrhunderts auch das Ende einer großen Ära.

„Giganten auf Wanderschaft"

Die solide Bauweise der Giganten, besonders hinsichtlich des Stahlbaus, führt dazu, dass sich der Bedarf in den 90er Jahren drastisch reduziert. In erster Linie betrifft dies kontinuierlich fördernde Schaufelrad- und Eimerkettenbagger sowie Schleppkübel-Schreitbagger („Walking Draglines"). Oft werden nun sogar Tausende von Tonnen schwere Maschinenriesen von Grund auf moder-

Bild 291: Wer rumort da in der Nachbarschaft…? Wie ein urzeitlicher Tross von Sauriern wirkten die dicht an Wohnhäusern vorbeiziehenden Takraf-Eimerkettenbagger und -Absetzer, die 1994 von der Lausitzer Braunkohle AG (Laubag) vom Tagebau Klettwitz-Nord zum Tagebau Welzow-Süd umgesetzt wurden.

Bild 292: Wenn Giganten wie der 995 t wiegende Eimerketten-Schwenkbagger Takraf Ers 710 eine mit dicken Sandlagen geschützte Autobahn überqueren, hier die A 13 bei Freierzhufen, ist das ein publikumswirksamer Anlass für eine Vollsperrung.

nisiert, indem sie neue Antriebsmotoren mit elektronischer Regelung und computergesteuerte Kontrollen erhalten.

Die in zahllosen Tagebaugruben vorhandenen Giganten werden auch dann weiter genutzt, wenn die Förderung ausläuft und keine Rohstoffe mehr zu gewinnen sind. Dies bringt weltweit, besonders in Europa und in den Vereinigten Staaten, oft „Giganten auf die Wanderschaft“.

Für solche Transporte werden Autobahnen und Bahnlinien gesperrt und mit etlichen Tausend Kubikmetern Sand überschüttet, werden Flüsse umgeleitet und zugefüllt, werden Hochspannungsleitungen demontiert (Bilder 291, 292). All dieser Aufwand ist stets wesentlich kostengünstiger als das Demontieren, Transportieren und erneute Montieren oder gar das Verschrotten und Aufbauen neu erworbener Fördermaschinen (siehe dazu auch: „Faszination Baumaschinen – Schwertransporte auf dem Weg durch die Jahrhunderte“).

Dichter zusammenrücken auf dem Weltmarkt

Schon früher war der Reigen der Schreitbaggerhersteller mit den amerikanischen Herstellern Bucyrus-Erie, Marion und Page, den britischen Ransomes & Rapier und Ruston-Bucyrus sowie Uralmasch aus der UdSSR recht klein.

Einhergehend mit den weltweiten wirtschaftlichen Entwicklungen und einem geringeren Bedarf an Schreitbaggern reduziert sich die Zahl der Hersteller erheblich: Ruston-Bucyrus geht in R-B (International) auf und produziert keine Schreitbagger mehr, die Konstruktionsrechte der Schreitbagger von Ransomes & Rapier werden von Bucyrus-Erie (heute Bucyrus International) übernommen.

Bild 293: Mit 4.500 t Gewicht, 120 t Kübelnutzlast und 94,5 m Auslegerlänge gilt der P&H 757, in England „Ace of Spades“ getauft, als größter diskontinuierlich fördernder Bagger Europas.

Wie bereits erwähnt, übernahm Harnischfeger 1988 die Page-Schreitbagger, von denen aufgrund der besseren Beratung und Vermarktung nun weltweit gleich mehrere verkauft werden. So errichtet Harnischfeger für den englischen Stobswood-Kohletagebau einen P&H-Page-Schreitbagger 757 (Bild 293).

Derartige Schreitbagger sind mit bis zu 93 Wechselstrom- und 22 Gleichstrom-E-Motoren, 32 Gleichstrom-Generatoren, 95 Hydraulikpumpen und 435 Lüftern/Gebläsen äußerst komplexe Maschinen, deren Komponenten sämtlich überwacht, geregelt, koordiniert und gewartet werden müssen – dies verlangt eine aufwendige Technik. Hilfreich sind hier moderne Computer- und Mikroprozessorsysteme, die eine exakte Betriebsdaten- und Funktionsüberwachung gestatten.

Ende 1995 geht Harnischfeger beim Schreitbaggerbau ein Joint Venture mit dem russischen Hersteller Uralmasch ein. Zudem kauft Bucyrus International von der Global Industrial Technology den US-Hersteller Marion. Damit fusionieren zwei der ältesten Baggerhersteller der Welt. Zusammen mit dem Joint Venture P&H-Uralmasch schrumpft der Kreis der Hersteller von Schreitbaggern nun stark zusammen.

Bucyrus International produziert eine Baureihe von neun verschiedenen Schreitbaggern mit 12 bis 103 m^3 Kübelinhalt und 58 bis 128 m Auslegerlänge (Bild 294). Der Typ W 2000 für 24 bis 34 m^3 große Kübel und 75 bis 101 m lange Ausleger stammt aus der ehemaligen englischen Ransomes & Rapier-Baureihe.

Bild 294: Für den Bucyrus-Erie-Schreitbagger 2570-WS entwickelte Siemens eine neuartige Antriebstechnik des Schwenkwerkes mit Drehstrom-Induktionsmotoren. Nun dürfen bis zu fünf der 14 Schwenkmotoren mit jeweils 700 PS Leistung ausfallen, ohne dass der Baggerbetrieb maßgeblich beeinträchtigt wird.

Von Marion, dem ursprünglich stärksten Wettbewerber von Bucyrus-Erie, sind vor der Übernahme neun verschiedene Schreitbaggertypen erhältlich, und zwar von 8 bis 43 m^3 Kübelinhalt, 43 bis 99 m Auslegerlänge und 590 bis 1.996 t Gewicht aus der 7000er-Serie und von 43 bis 153 m^3 Kübelinhalt, 76 bis 128 m Auslegerlänge und 3.357 bis 7.711 t Gewicht aus der 8000er-Serie. Die zulässigen Lasten am Seil reichen von 25 t beim Typ 7250 bis 454 t beim größten Typ 8950.

Die Baureihe der neuen P&H-Schreitbagger des Harnischfeger-Konzerns basiert auf den ursprünglichen Page-Maschinen. Produziert werden fünf verschiedene Schreitbaggertypen mit 22 bis 122 m^3 Kübelinhalt und 53 bis 130 m Auslegerlänge. Der 5.170-t-Schreitbagger P&H 9020 mit 97,5 m langem Ausleger, an dem ein 88-m^3-Schleppkübel hängt, steht auf einer Basisplattform mit 19,5 m Durchmesser.

Jeder der beiden Schreitfüße wird von einem 1.573 PS starken Elektromotor über ein Planetengetriebe und eine Exzenterwelle angetrieben; die maximale Schreitgeschwindigkeit beträgt bei 2,3 m Schrittlänge 0,19 km/h. Nach vierjähriger Entwicklungszeit benötigen 35 bis 50 Arbeiter insgesamt 17 Monate für die Montage dieses Schreitbaggers im australischen New South Wales.

Neu von Harnischfeger ist auch der P&H-Schreitbagger 9160, dessen Entwicklung ebenfalls vier Jahre in Anspruch nahm. Mit 7.710 t Einsatzgewicht und 36.676 PS Gesamtleistung bietet der 9160 den längsten Schreitbagger-Ausleger des 20. Jahrhunderts (Bild 295).

Besonders bezüglich ihrer interessanten, mit Seilen abgespannten Auslegerkonstruktion als Dreikantenfachwerk und ihrer hydraulischen Schreitwerke unterscheiden sich russische Uralmasch-Schreitbagger auch in diesem Jahrzehnt von allen anderen. Weltweit arbeiten, besonders in den Ländern der ehemaligen UdSSR, in Indien, Korea, China,

Bild 295: Mit 130 m Länge bietet der 7.710 t wiegende P&H 9160 von Harnischfeger den längsten Ausleger, hier für große Schütthöhen steil angestellt. Die Entfernung von der Auslegerspitze bis zum Heck des sechs Stockwerke hohen Maschinenhauses beträgt 157 m.

Bild 296: Größter Uralmasch-Bagger der 90er Jahre war der 1991 in einem Exemplar für den ostsibirischen Tagebau Tulun gebaute, 5.450 t schwere ESh 65.100 mit hydraulischem Schreitwerk, 65 m³ Kübelinhalt und 100 m Auslegerlänge.

Vietnam und Afrika, mehr Uralmasch-Schreitbagger als von allen anderen Herstellern, wobei es sich um technisch hochwertige, bezüglich der Leistungsanforderungen auch westlichen Ansprüchen standhaltende Schreitbagger handelt.

Von dem russischen Stahlbauunternehmen, das 1993 noch 60.000 Menschen beschäftigt, werden zu jener Zeit sechs Basismodelle produziert, die in zahlreichen Modifikationen den Einsatzgegebenheiten anzupassen sind. Die Gewichte reichen von 1.700 bis 5.500 t, die Auslegerlängen von 90 bis 120 m, die Kübelinhalte von 20 bis 65 m³ (Bild 296).

Weil das Verhältnis Maschinengewicht/Kübelinhalt bei Schreitbaggern mit zunehmender Größe ungünstiger wird, sind Hersteller wie auch Betreiber um die Vergrößerung der Kübelinhalte bemüht. Eine Möglichkeit ist hier mit dünnwandigen Kübeln gegeben, die zwar schneller verschleißen, aufgrund des 5 bis 10 Prozent höheren Nutzvolumens dennoch wirtschaftlicher sind als konventionelle Kübel.

Die zwei bis vier Kübelhub- und -zugseile durchmessen je nach Baggergröße 60 bis 125 mm, so dass am Ausleger außer dem Kübelgewicht bis zu 25 kg pro Meter Seillänge hängen – bei einem 90 m langen Ausleger kann sich dies bei vier Zug- und vier Hubseilen zu etwa 12 t hängendem Seilgewicht summieren. Um dieses Gewicht reduzieren und damit bis zu 7 m^3 mehr Kübelinhalt realisieren zu können, werden Versuche mit synthetischen, leichteren Seilen durchgeführt.

Aus „Satterwhite Wheel" wird der deutsche „Surface Miner"

Der kontinuierliche, selektive Abbau von Rohstoffen und Zwischenmitteln ist gegenüber der sehr verbreiteten diskontinuierlichen Förderung im Tagebau mit vielen Vorteilen verbunden. Daher bemühen sich weltweit seit rund einem Vierteljahrhundert verschiedene Hersteller, hierfür geeignete Maschinenkonzepte zu entwickeln. Entstanden ist dabei die gegenwärtig wohl exklusivste Maschinengattung im weltweiten Tagebaugeschehen, der so genannte Surface Miner.

Der Begriff „Surface Miner" bildete sich in den 70er Jahren und ist frei mit „Tagebau-Arbeiter", wörtlich hingegen nur mit „Oberflächen-Arbeiter" zu übersetzen. Obwohl der Begriff „Surface Miner" also recht unzulänglich ist, hat er sich doch international durchgesetzt – und das trotz der unveränderten Exotenrolle derartiger Maschinen. Mangels eines geeigneten deutschen Begriffes ziehen es die Verfasser vor, beim „Surface Miner" zu bleiben, denn Bezeichnungen wie „kontinuierlich selektiv förderndes Tagebau-Abbaugerät" führen auch nicht weiter …

Das allen Surface Minern eigene kombinierte Schneid- und Grabwerkzeug in Form einer Fräs- oder Schrämwalze oder eines Schaufelrades baut, abhängig von der Maschinengröße, Material in beliebigen Blockhöhen von wenigen Zentimetern bis hin zu 10 m und in Blockbreiten von mehreren Metern kontinuierlich ab. Bestens eignen sich harte Materialien wie Steinkohle, Sandstein, Schiefer, Gips, aber auch Braunkohle und mergelartige Zwischenmittel. Das abgetragene Material wird bei allen Surface Minern über integrierte Bandförderer an mitfahrende Muldenkipper oder rückbare Bandstraßen übergeben.

Diese Arbeitsweise bringt für Tagebaubetriebe diverse Vorteile: Das Material muss nicht zur Auflockerung gesprengt werden, wodurch auch der Aufwand für das Bohren entfällt. Das vom kombinierten Schneid- und Grabwerkzeug aufgenommene Material ist bereits zu relativ kleinen Korngrößen von 200 bis 300 mm vorgebrochen, was einen Primärbrecher erübrigt und die nachfolgende Aufbereitung vereinfacht. Die Durchsatzleistungen in der Kohlewäsche erhöhen sich bei Kohle, die von einem Surface Miner mit entsprechend feiner Körnung gewonnen wurde, um bis zu 80 Prozent.

Das Entfallen von Bohr- und Sprengarbeiten sowie das genaue selektive Abtragen verhindern unerwünschte Vermengungen von Rohstoff und Abraum. Dadurch ist der Reinheitsgrad der mit einem Surface Miner abgetragenen Kohle

Bild 297: 410 t wiegender Surface Miner KSM 4000 von Krupp beim kontinuierlichen Beladen von bis zu 3.000 m³(fest)/h auf 190 sht tragende Euclid-Muldenkipper im amerikanischen Steinkohletagebau.

besser als bei einem Bagger oder Radlader. Dies steigert den Heizwert um bis zu 30 Prozent und führt zu einer entsprechenden Reduzierung des Aschegehaltes von bis zu 45 Prozent. Neben der Qualitätsverbesserung kann auch die Kohleausbeute einer Lagerstätte erhöht werden, weil mit einem selektiv arbeitenden Surface Miner nun auch Flöze abzubauen sind, die früher bei der Gewinnung mit konventionellen Geräten zum Abraum gerechnet wurden.

Vom texanischen Bauunternehmer Satterwhite wurde schon 1967 der kontinuierlich arbeitende „Satterwhite Loader" für eigene Bauaufgaben entwickelt. Zu Beginn der 70er Jahre erwarb der Muldenkipperhersteller Unit Rig das Satterwhite-Konzept, anschließend nach keinerlei Verkaufserfolgen 1985 die amerikanische Firma McNally-Pittsburg. Ein 113 t schwerer, radmobiler Prototyp erbrachte zwar Förderleistungen von bis zu 2.000 m³/h, konnte aber keine Einsatzerfolge verbuchen.

1988 übernahm Krupp Fördertechnik die Satterwhite-Technik und nutzte den Prototypen als Basis zur Weiterentwicklung bis hin zum KSM 4000, der zunächst in einem Steinkohletagebau in den Vereinigten Staaten zum Einsatz gelangte (Bild 297).

Für einen Einsatz in einem westsibirischen Steinkohletagebau entwickelt Krupp Fördertechnik den Surface Miner KSM 2000 R, mit dem in einer Mehrflözlagerstätte Abraumgesteine wie Schiefertone und weiche Sandsteine mit einer mittleren Druckfestigkeit von 30 MPa sowie feste Steinkohle gewonnen werden.

Die Nennförderleistung im kontinuierlichen Surface-Miner-Betrieb liegt bei 1.400 m³/h, wobei am Schaufelradantrieb eine mittlere Antriebsleistung von 1.560 PS zur Verfügung steht. Das frontseitige Schaufelrad kann 7,1 m breite und 2,9 m hohe Blöcke abbauen. So ist der Vorschub ausreichend klein, damit vom schwenkbaren Heckband zu beladende Muldenkipper nicht mitfahren müssen, sondern stehen können.

Krupp Fördertechnik nennt als generelle Einsatzgebiete für die Surface Miner der Baureihe KSM sprödbrechende Materialien. Einsatzgrenzen ergeben sich deshalb im Lockergestein, insbesondere bindigen Böden mit plastischer Konsistenz, und in Richtung festerer Gesteine durch die begrenzte Einzelkraft pro Meißel am Schaufelrad bei noch technisch-wirtschaftlicher Spantiefe und beherrschbarem Meißelverschleiß. Dennoch wird der Surface Miner zumindest in den 90er Jahren keine nennenswerten Erfolge verzeichnen können.

Hydraulikbagger legen kräftig zu

Etwas schade ist es schon, dass das 20. Jahrhundert so plötzlich endet, denn fast hätten Hydraulikbagger nach nur knapp fünfzig Jahren Entwicklungszeit noch die 1.000-t-Hürde genommen. Doch so schafften sie es bis zur Jahrhundertwende nur bis zu etwas mehr als 800 t, wie wir bald erfahren werden…

Während in Europa, Nordamerika und Japan Mitte der 90er Jahre acht Hersteller Hydraulikbagger mit mehr als 100 t Gewicht bauen und ein entsprechend großer Bedarf auf dem Weltmarkt vorhanden ist, halten sich die Stückzahlen der Großbagger mit Schaufelinhalten von 20 m^3 und mehr in Grenzen.

Nach wie vor wird der Markt in dieser Größenordnung von Seilbaggern beherrscht, die mit Löffelinhalten von bis zu 65 m^3 auch schwerste Muldenkipper mit 220 t Nutzlast mit den idealen drei Ladespielen füllen können. Hier ist anzumerken, dass keinesfalls die Bagger, sondern vielmehr Muldenkipper die aktuellen Entwicklungstrends in der Baggertechnik bestimmen.

Bei Seilbaggern können sich Bergwerksbetreiber bei der Relation von Investition zu Verfügbarkeit und Nutzungsdauer auf Erfahrungswerte stützen, bei Hydraulikbaggern dieser Größenordnung zeigt man sich vorsichtiger. Die ersten Einsatzerfahrungen liegen jedoch vor – Hydraulikbagger der 20-m^3-Klasse bewähren sich seit nunmehr rund zehn Jahren im Tagebau.

1990 stellt Harnischfeger den 2250 vor, einen je nach Ausführung 338 bis 352 t wiegenden Großbagger mit Klappschaufeln von 11 bis 25 m^3 und Tieflöffeln von 14 bis 25 m^3 Inhalt (Bild 298). Um den 2250 schnell auf den Markt zu bringen, wählt Harnischfeger den US-Bundesstaat Nevada und bietet Minenbetreibern an, diese Bagger auf „Cent-pro-Tonne“-Basis anmieten zu können. Beim Unterwagen folgt Harnischfeger der auch bei den P&H-Seilbaggern bewährten Konzeption mit hochgesetztem und daher aus der Schmutz- und Stoßzone befreitem Antriebsturas.

Inzwischen produziert Caterpillar auch schwere Muldenkipper für die Gewinnungsindustrie, aber die Baureihe der Hydraulikbagger endet in der 70-t-Klasse. Der Gedanke liegt nahe, dass Caterpillar auch in die Produktion von Großbaggern einsteigen werde, um Minenbetreibern Muldenkipper und Bagger aus einer Quelle anbieten zu können. Tatsächlich kündigt der Hersteller Ende

Bild 298: Für den Antrieb des P&H 2250 bevorzugte Harnischfeger das Einmotorenkonzept; ein Caterpillar-Diesel lieferte 1.825 PS Antriebsleistung. Typisch ist die von den Elektro-Hochlöffelbaggern bekannte einziehbare Leiter.

1991 die zukünftige Großbaggerbaureihe 5000 an.

Bald werden die ersten dieser Bagger auf den Markt gebracht, es sind die Typen 5080, 5130 und 5230 mit 84, 170 und 315 t Einsatzgewicht. Der Cat 5130, der mit 10 bis 14,5 m^3 großen Tieflöffeln geliefert werden kann, wurde zum Beladen von Muldenkippern der 60- bis 100-t-Nutzlastklassen entwickelt. Angetrieben wird der 5130 von einem 815 PS starken Cat-Dieselmotor mit zwei Turboladern und Ladeluftkühlung sowie elektronisch geregelter Einspritzung. Der Hersteller gibt für den Bagger je nach Einsatzbedingungen Produktionsleistungen von 1.600 bis 2.200 t/h an.

Ein neues, von Caterpillar entwickeltes Hydrauliksystem mit Druckwaage fördert stets die entsprechend den Einsatzbedingungen benötigte Ölmenge und vermindert die Fördermenge, wenn keine Hydraulikleistung verlangt wird. Der 5130 ist mit dem Überwachungssystem VIMS für betriebsnotwendige Informationen ausgestattet, das den Baggerführer über ein Meldezentrum in der Kabine mit einer Vielzahl von Kontrollinformationen versorgt.

Bild 299: Einen dicken Brocken gab es 1996 bei der Minexpo in Las Vegas zu bestaunen: Der 315 t wiegende, von einem Caterpillar-Dieselmotor mit 1.500 PS Leistung angetriebene 5230 war der viel besuchte Mittelpunkt des Caterpillar-Standes.

Bild 300: Der 685 t wiegende Demag H655S durfte mit 35 m³ Schaufelinhalt zunächst mit Abstand als weltgrößter Hydraulikbagger gelten und konnte 220 t ladende Muldenkipper mit vier Ladespielen füllen.

Der Größte der neuen Caterpillar-Baggerreihe ist der 5230 mit 315 t Gewicht und 14 bis 17 m³ Klappschaufelinhalt (Bild 299). Er nimmt als Konkurrent des Demag H 285 S, Hitachi EX 3500 und P&H 2250 im Phosphattagebau Smokey Canyon in Idaho 1994 seine Arbeit auf und belädt 140 t tragende Caterpillar-Muldenkipper mit nur vier Arbeitsspielen.

Mannesmann Demag bringt ebenfalls einen neuen Großbagger auf den Markt, den 455 t schweren H 455S mit 25 m³ fassender Klappschaufel oder 22 m³ fassendem Tieflöffel. Der H 455S ist zum Beladen von Muldenkippern mit 135 bis 220 t Nutzlast mit drei bis fünf Ladespielen konzipiert, kann dank seiner Grabkinematik noch in bis zu 9,5 m Höhe Material selektiv abbauen und Wandhöhen bis zu 15 m erreichen. Der Bagger wird von zwei Cummins-Dieselmotoren mit 2.285 PS Gesamtleistung angetrieben, wahlweise kann auch ein Elektroantrieb mit 1.700 kW Leistung installiert werden.

Interessant sind die Unterschiede der theoretischen Förderleistungen des Baggers, abhängig von der Größe der zu beladenden Muldenkipper: Bei 135-t-Muldenkippern werden 2.560 bis 3.200 t/h angegeben, bei 220-t-Muldenkippern hingegen bis zu 4.280 t/h. An diesen Zahlen ist zu erkennen, wie viel produktiver größere Muldenkipper sind und wie viel unproduktive Zeit für das stets zu wiederholende Rangieren unter den Bagger verloren geht.

Der 1986 anfänglich 475 t schwere H 485 wird zum 640 t schweren H 485S weiterentwickelt, was einer Gewichtssteigerung von beachtlichen 35 Prozent entspricht, also einer Vergrößerung des Baggers um rund ein Drittel. Ebenso kann der Klappschaufelinhalt von ursprünglich 23 m³ auf nunmehr 30 bis 33 m³ gesteigert werden, was sogar einer Vergrößerung um 44 Prozent gleichkommt. Für den Antrieb sorgen zwei Cummins-Dieselmotoren mit 3.048 PS Gesamtleistung oder ein 2.100 kW starker Elektroantrieb. Nach der Übernahme von Demag durch Komatsu wird die Typenzeichnung –

besser dem inzwischen erneut erhöhten Gewicht entsprechend – in H 655S geändert (Bild 300).

Größter Hydraulikbagger von Liebherr war der 220 t wiegende R 994, doch dann präsentiert Liebherr-France im Werk Colmar den neuen 530-t-Bagger R 996 mit 28 m^3 Inhalt der Standardklappschaufel (Bild 301). Die Entwicklung des R 996 wurde aufgrund verschiedener Kundenforderungen, vornehmlich aus Australien, in Angriff genommen.

Zwei Cummins-Dieselmotoren mit zusammen 3.048 PS Leistung treiben den R 996 an, der damit als leistungsstärkster Hydraulikbagger seiner Klasse bezeichnet werden darf, denn der ebenso motorisierte Demag H 485S ist ja um rund 110 t schwerer. Ein 13.000 l fassender Kraftstofftank garantiert einen Drei-Schicht-Betrieb ohne Tankunterbrechung.

Bislang wurde die Kabine bei Liebherr-Großbaggern stets auf der linken Baggerseite angeordnet, doch beim R 996 wählt man erstmals – wie bei schweren Seilbaggern üblich – eine Kabinenanordnung auf der rechten Baggerseite. Dies soll das wechselweise Beladen von beiderseits des Baggers stehenden Muldenkippern erleichtern, wobei immer der eine gerade beladen wird, während der andere unter den Bagger rangiert.

Von O&K wird anlässlich der Bauma 1995 mit dem neuen RH 170 die Programmlücke zwischen dem 227 t schweren Hydraulikbagger RH 120 C und dem 475-t-Bagger RH 200 geschlossen. Der 340 t wiegende RH 170 bietet 21 m^3 Klappschaufel- und 20 m^3 Tieflöffelinhalt. Der erste RH 170 wird während der Bauma in München an Richard Budge (RJB Mining) zum Einsatz im britischen Kohletagebau übergeben.

Bild 301: Wie bei anderen Liebherr-Baggern wurde beim R 996 viel Wert auf ein ausgewogenes Gewichtsverhältnis zwischen Oberwagen, Unterwagen und Ausrüstung gelegt. So entfallen 40 Prozent des Gesamtgewichts, das sind 208 t, auf den Unterwagen.

Der zum Ende des vergangenen Jahrzehntes vorgestellte O&K RH 200 wird für einen außergewöhnlichen Einsatz benötigt: Er dürfte der größte Hydraulikbagger sein, der bislang auf einer Baustelle, also nicht im Tagebau, zum Einsatz gelangt. Für den Bau des Flugplatzes Chek Lap Kok in Hongkong müssen in nur 41 Monaten 367 Mio. m^3 Fels, Sand, Schlamm und Boden bewegt werden. Das sind jeden Monat 9 Mio. m^3, was 200 m^3 Massenbewegung pro Minute gleichkommt. Ein großer Teil dieser unvorstellbaren Massen wird von der 23 m^3 großen Klappschaufel eines RH 200 gefördert.

Seilbagger sind nicht einzuholen

Besonders die Fortschritte und weltweiten Markterfolge der heimischen Hersteller schwerer Hydraulikbagger wie Liebherr, Mannesmann Demag und O&K geben nun Anlass zu der Vermutung, dass die bisher zum Beladen großer Muldenkipper eingesetzten Hochlöffel-Seilbagger veraltet seien und über kurz oder lang vollständig von modernen Großhydraulikbaggern verdrängt werden würden.

Dass dies aber nicht der Fall ist, zeigt eine Betrachtung der Entwicklungen im Bereich der Hochlöffel-Seilbagger. Seilbagger mit Dienstgewichten zwischen rund 600 und 1.700 t werden nicht etwa nur vereinzelt eingesetzt, sondern, wie die Verkaufszahlen belegen, in beachtlichen Stückzahlen weltweit und in den größten Tagebauen gleich dutzendweise. Allein Harnischfeger verkauft in 15 Jahren bis 1995 mehr als 130 schwere P&H-Seilbagger der Typen 2300 und 2800 mit bis zu 950 t Gewicht.

Solche Bagger werden auch bis weit nach der Jahrhundertwende die wirtschaftlichsten Geräte zum Beladen schwerster Muldenkipper sein. Beispielsweise ist der Mitte der 90er Jahre größte Hydraulikbagger Demag H 485 SE im Hartgestein- und Erzabbau „nur“ mit maximal 33 m^3 Schaufelinhalt einzusetzen – das sind 29 m^3 oder 45 Prozent weniger als der größte Hochlöffel-Seilbagger mit 61 m^3 Löffelinhalt. Großhydraulikbagger anderer Fabrikate wie der Hitachi EX 3500, O&K RH 200 und P&H 2250 haben sogar „nur“ durchschnittliche Schaufelinhalte von 20 bis 24 m^3.

Insofern sind auch die größten Hydraulikbagger noch nicht in der Lage, schwere Muldenkipper mit den als ideal angesehenen drei Ladespielen zu beladen. Vielmehr sind sechs, sieben oder gar acht Ladespiele erforderlich mit entsprechend langen Verweilzeiten (= Stillstandzeiten) der teuren Muldenkipper. Die Hersteller großer Seilbagger wissen um diesen Vorteil und entwickeln demzufolge eine neue Größenklasse mit durchschnittlichen Löffelinhalten um 40 m^3 bis hin zu außergewöhnlichen 61 m^3.

Die Entwicklung der Seilbagger verläuft seit den 60er Jahren parallel zur Größenentwicklung der schweren Tagebau-Muldenkipper mit Nutzlasten von 120 sht in den 60er Jahren, von 150 bis 170 sht in den 70er und 80er Jahren und von 240 sht in den 90er Jahren. Den Weltmarkt der schweren Seilbagger teilen sich die drei US-amerikanischen

Bild 302: Eigens für die neue Muldenkipperklasse mit 240 sht Nutzlast entwickelte Bucyrus den 1.084 t wiegenden 495-B mit 41 m³ Löffelinhalt, so dass nur drei Arbeitsspiele zum Beladen erforderlich sind.

Hersteller Bucyrus, Harnischfeger und Marion, wobei Marion letztendlich ja von Bucyrus als Wettbewerber eliminiert wird, sowie Uralmasch aus Russland.

Der erste Marion 301-M aus den 80er Jahren hat bereits zigtausend Betriebsstunden erfolgreich absolviert und bestätigt das Konstruktionskonzept. Sämtliche ausgelieferten 301-M kommen Mitte der 90er Jahre zusammen schon auf mehr als 175.000 Betriebsstunden und haben geschätzte 520 Mio. m³ bewegt. Beispielsweise ersetzen mehrere Marion 301-M im kanadischen Ölsandabbau bei Syncrude und Suncor im Team mit 240-sht-Muldenkippern ältere O&K-Schaufelradbagger.

Der Marion 301-M stimuliert Bucyrus, als nächstgrößeres Modell nach dem 395-B den 1.100 t schweren Seilbagger 495-B mit ebenfalls 41 m³ Standard-Löffelinhalt zu bauen (Bild 302). Wie der Marion 301-M gelangt auch der 495-B sofort mehrfach in verschiedene Festgesteintagebaue.

Der 900-t-Seilbagger P&H 2800 erscheint für einige Einsätze zu „klein“, der P&H 5700 hingegen zu groß. Der inzwischen vielfach bewährte Marion 301-M und der neue Bucyrus-Erie 495-B veranlassen deshalb Harnischfeger, in ähnlicher Größe den Seilbagger P&H 4100 auf den Markt zu bringen und so die Programmlücke zu füllen (Bild 303). Der 4100 wiegt wie der 495-B rund 1.100 t

Bild 303: Dritter der neuen Seilbaggerklasse war der P&H 4100 mit 1.077 t Einsatzgewicht und 41 m³ Löffelinhalt, hier beim Beladen eines „Lectra Haul“ MT-4400 von Unit Rig.

und trägt ebenfalls einen Löffel mit 41 m^3 Standardinhalt, der auf die drei nötigen Ladespiele zum Füllen der 240 sht (220 t) fassenden Mulden abgestimmt ist.

Damit stehen ab 1995 drei verschiedene Baggerfabrikate annähernd gleicher Größe mit 41 m^3 Standardlöffelinhalt zur Verfügung, also eine komplett neue Seilbaggerklasse. Die technischen Verbesserungen, die in diese drei Neukonstruktionen flossen, werden auch auf andere Seilbagger aller drei Hersteller übertragen, so dass auch hier modernste Baggerkonzepte angeboten werden können.

Weil allein 60 Prozent der Spieldauer für das Schwenken verbraucht werden, wurde das Schwenk-Drehmoment durch verstärkte, auch doppelte Antriebe sehr vergrößert. Als Resultat erzielen die neuen Seilbagger auch mit 41 m^3 im Löffel – das sind rund 80 t – kurze Spielzeiten von 30 Sekunden oder weniger. Die dazu erforderlichen Schwenkbeschleunigungen und -bremskräfte stellen ungeheure Anforderungen an die Antriebstechnik.

Wesentliche Verbesserungen werden an den Löffeln der neuen Seilbagger vorgenommen. Dank computergestützter Konstruktion und neuer Stahllegierungen kann das Löffel-Totgewicht von etwa 2,4 t pro m^3 Fassungsvermögen auf 1,8 bis 1,5 t pro m^3 minimiert werden, was höhere Löffelnutzlasten bei gleicher Seilbelastung gestattet und die erforderlichen Schwenkbeschleunigungen und -bremskräfte herabsetzt. Für den Marion 301-M wird sogar ein nur dreiseitiger Löffel entworfen, dessen Rückwand ein Bestandteil des Löffelstieles ist.

Der mögliche Informationsgrad während des Betriebes ist für den Baggerführer bei den modernen Seilbaggern sehr hoch, die ohnehin mit einer umfangreichen Elektronik für die Regelung und Kontrolle des elektrischen Antriebes angefüllt sind: Elektronische Systeme wie Sparc (Acet), Bepal II (Bucyrus) und Load Monitor (Harnischfeger) überwachen mittels Sensoren die Arbeitsabläufe Schwenken, Löffelhub und -vorschub. Über einen Monitor wird der Baggerführer über Ablaufzeiten, Spieldauer, Energieverbrauch und Förderleistung informiert.

Wesentliche Veränderungen hat auch die Geometrie von Ausleger, Löffelstiel, Seilanlenkung und -führung sowie des Löffels selbst erfahren. Die Auslegeranlenkung erfolgt bei kleineren Winkeln und am Oberwagen höher als früher üblich, damit der Löffelstiel für eine bessere und schnellere Entleerung in die Mulden möglichst waagerecht steht. Die Seilanlenkung am Löffel und die Seilführung über den Auslegerkopf sind dergestalt, dass auch stärkste einseitige Belastungen beim Füllen nicht zu Verdrehungen führen beziehungsweise sicher aufgenommen werden.

Die Entwicklung in diesem Jahrzehnt vollzieht sich rasant, und wie wir bald erfahren werden, steht in der zweiten Hälfte der 90er Jahre schon wieder eine neue Muldenkipperklasse, die „Ultra Hauler", vor der Tür. Deshalb überarbeitet Marion die Konstruktion des 301-M und stellt 1995 den 351-M vor, kurz vor der Übernahme durch den Konkurrenten

Bild 304: Der 351-M, hier in seltener Ausführung mit zwei Kabinen für gleichwertige Ladevorgänge zur linken und rechten Seite, bietet 44 m³ nominelle Löffelkapazität bei einer Standard-Auslegerlänge von 18,3 m und einem Einsatzgewicht von 1.137 t.

Bucyrus (Bild 304). Wenige Jahre später wird dieser Löffelbagger daher auf identischen Bildmotiven dank erfolgreicher Computerretusche als Bucyrus 595B bezeichnet.

Aufgrund einer Anfrage eines australischen Kunden nach einem recht großen, aber hochmobilen Schleppkübelbagger entwickelt Marion 1990 einen weiteren Seilbagger, der ein Weltrekord ist. Der 305-M gilt mit 1.110 t Einsatzgewicht und einem 17 m³ fassenden Schleppkübel an einem 69 m langen Ausleger als größter Bagger dieser Art auf Raupenfahrwerken. Für den Antrieb sorgt ein 2.180 kW starkes Diesel-Generator-Aggregat.

Da beim zeitgleichen Kübelheben und Schwenken Spitzenleistungen von bis zu 4.060 PS benötigt werden, entwickeln Marion-Ingenieure ein bislang bei Baggern weltweit einmaliges Antriebskonzept: Beim Abbremsen und Kübelsenken wird überschüssige Energie mit einem Schwungradsystem gespeichert und jederzeit zum Erzielen der Spitzenleistungen wieder abgegeben. Dadurch reicht es, die Leistung des Diesel-Generator-Aggregates nur auf den durchschnittlichen Bedarf abzustimmen.

Großradlader der neuen Generation

Anders als im Erdbau, in Kiesgruben und in Steinbrüchen werden Radlader im Tagebau bislang nur selten als Hauptgewinnungsgeräte eingesetzt. Bedingt durch die zur Verfügung stehenden Gerätegrößen und die hiervon abhängigen, bisher nur unzureichenden Förder- und Ladeleistungen werden in der übertägigen Abraumbewegung und Rohstoffgewinnung stattdessen Hochlöffel-Seilbagger und große Hydraulikbagger mit Tieflöffel oder Klappschaufel bevorzugt. Da Radlader aber eine Reihe interessanter Vorteile bieten, entwickeln jetzt mehrere Hersteller neue, überschwere Lader ausschließlich für den Gewinnungseinsatz.

Die 90er Jahre bringen daher eine komplett neue Radladerklasse, die mit der Abgrenzung „ab 10 m³ Schaufelinhalt" nicht mehr definiert werden kann. Schon 1987 kündigte Caterpillar einen neuen Großlader an, doch erst 1990 kommt der 175 t wiegende 994 mit 18 m³ großer Felsschaufel auf den Markt wobei „Haulpak" ursprünglich eine reine Muldenkipperbezeichnung war. Außergewöhnlich ist die Modulationskontrolle, die die Antriebsenergie des Motors lastabhängig auf den Getriebestrang sowie die Schaufel- und Hubarmhydraulik verteilt (Bild 306). Infolge dieses Modulationssystems kann der Antriebsmotor

Bild 305: Mit 5,53 m Ausschütthöhe ist der 994 in der Lage, auch noch Muldenkipper bis 177 t Nutzlast (195 sht) ohne High-Lift-Ausrüstung zu beladen, hier im spanischen Kupfererztagebau Rio Tinto.

(Bild 305). Angetrieben wird der 994 von einem 1.250 PS starken Caterpillar-Diesel. Die Kipplast des 994 im geraden, also nicht eingeknickten Zustand beträgt 108,8 t. Die Förderleistung des 994 liegt je nach Einsatzgegebenheiten zwischen 1.800 und 2.600 t/h.

Der bereits 1975 von International Harvester vorgestellte Großlader „PAY-loader" 580 wird 1991 von Dresser zum „Haulpak" 4000 mit 18 m³ Inhalt der Standardfelsschaufel weiterentwickelt, ähnlich wie beim dieselelektrischen Antrieb der LeTourneau-Lader frei von Lastwechseln mit konstanter Drehzahl arbeiten, was bezüglich Verschleiß und Kraftstoffverbrauch Vorteile bietet.

Als größter Radlader der Welt gilt Anfang der 90er Jahre der neue Marathon LeTourneau L-1400 mit 177 t Dienstgewicht und 21,4 m³ fassender Felsschaufel. Dieser Großradlader arbeitet ab 1991 in einem Kohletagebau in West Virginia, wobei die Ladespiele zum Füllen

Bild 306: Das Getriebe des „Haulpak" 4000 mit Modulationskontrolle ermöglichte es, dass die wahlweise eingebauten Cummins- oder Detroit-Diesel mit 1.370 PS Leistung bei nahezu konstanter Drehzahl arbeiten konnten.

der 200 t tragenden Muldenkipper nur 38 bis 43 Sekunden dauern. Mit seinen 21,4 m^3 Schaufelinhalt kann der L-1400 durchaus mit den größten Hydraulikbaggern verglichen werden, wiegt aber statt 420 bis 500 t rund 60 Prozent weniger.

Für den Antrieb des L-1400 sorgt wahlweise ein Cummins- oder Detroit-Diesel-Motor mit 1.650 PS Leistung. Die Kraftübertragung erfolgt wie üblich bei LeTourneau dieselelektrisch, wobei die vier elektrischen Radnabenmotoren dergestalt von einem Bordcomputer gesteuert werden, dass jeglicher Radschlupf ausbleibt. Auch ohne Reifenschutzketten sollen so im Festgesteintagebau Reifenstandzeiten von etwa 5.000 Betriebsstunden möglich sein.

1994 bricht LeTourneau den eigenen Rekord und präsentiert mit dem L-1800 den nun eindeutig größten Radlader der Welt. Der 217 t wiegende L-1800 wird von einem Cummins- oder Detroit-Diesel mit 1.825 PS Leistung dieselelektrisch angetrieben und verfügt über eine 25,2 m^3 fassende Standardfelsschaufel (Bild 307). Er ist mit abgesenkter Schaufel 17,8 m lang, seine Schaufel ist 6,4 m breit und bietet eine beachtliche Auskipphöhe von 6,55 m, in „HighLift"-Version sogar von 7,16 m.

Bild 307: Durch seinen dieselelektrischen Antrieb verfügt der L-1800, der größte Radlader des 20. Jahrhunderts, über eine niedrige Schwerpunktlage – wichtig beim Fahren mit in 10 m Höhe gehobener, beladen rund 55 t schwerer Schaufel.

Galten Radlader im Tagebau noch vor ein oder zwei Jahrzehnten als Vielzweck- und Stand-by-Geräte, falls der Bagger ausfallen sollte, hat sich das Bild dank der neuen Radlader inzwischen gewandelt. Zunehmend mehr Betriebe nutzen Radlader aufgrund ihrer Leistungsfähigkeit als Hauptgewinnungsgeräte. Entsprechend anders sind die Entwicklungsschwerpunkte der neuen Großradlader. Priorität haben hohe Ladeleistungen bei geringem Kraftstoffverbrauch und ein minimaler Wartungsaufwand.

Konzentration der Hilfsgeräte

In jedem Tagebau sind ungeachtet aller Leistungen der Bagger, Radlader und Muldenkipper auch zahlreiche Hilfsgeräte wie Kettendozer, Grader und Raddozer unentbehrlich. Stammten noch vor wenigen Jahren solche Maschinen von einer Vielzahl verschiedener Hersteller, konzentriert sich dies in den 90er Jahren eigentlich nur noch auf Caterpillar und Komatsu, zumindest was ausreichend leistungsstarke Maschinen für Tagebauzwecke betrifft.

Bild 308: Größter Kettendozer der Welt war in den 90er Jahren die japanische Komatsu D575A-2 mit 132 t Einsatzgewicht, 1.050 PS starkem Motor und 6,81 m breitem Planierschild.

1991 taucht das praxistaugliche Resultat des 1980 vorgestellten Raupenprototypen D555A von Komatsu auf. Es ist die innerhalb von zehn Jahren weiterentwickelte D575A-2. Die Kabine der D575A-2 ist erstmals bei einem Kettendozer extrem nach rechts seitenversetzt, um dem Fahrer bessere Sicht auf den Schild zu bieten (Bild 308).

Bild 309: Bei dem neuartigen, 6,7 m breiten und 3,3 m hohen Schild der Cat D11R CD (CD steht für „Carrydozer") können dank spezieller Seitenflügel zusätzlich zur geschobenen Masse fast 5 m³ innerhalb des Schildes mitgeführt und transportiert werden.

Der Rahmen ist nicht als Trägergerüst, sondern rumpfartig ausgebildet, ähnlich wie bei einem Schiffskörper, was gegenüber herkömmlichen Trägerkonstruktionen bei 28 Prozent Gewichtseinsparung höhere Festigkeit und Stabilität gewährleisten soll. Die Laufrollen sind in Paaren pendelnd aufgehängt.

Eine gänzlich neue Art von Planierschild entwickelt Caterpillar für den innovativen „Carrydozer" D11R CD. Dieser Kettendozer weist gegenüber dem Standardmodell eine erheblich größere Schildkapazität von fast 44 m³ auf. Die D11R CD ist der erste Kettendozer mit einem computergesteuerten Dozerkontrollsystem (Bild 309).

Die größten Grader der letzten Jahrzehnte, der O&K G350 und der Champion T100, werden nun nicht mehr produziert. Stattdessen nimmt Caterpillar die Konstruktion des größten in Serie produzierten Graders der Welt auf. 1994 wird der 24H präsentiert, eine 62 t schwere Maschine mit beeindruckenden 15,8 m Gesamtlänge (Bild 310). Für den Antrieb des 24H sorgt ein 507 PS starker Cat-12-Zylinder-Turbodiesel.

Bild 310: Durch die 7,3 m breite Schar kann der nun weltgrößte Grader, der Cat 24H, die bis zu 50 m breiten Fahrtrassen der neuen 240- bis 360-sht-Muldenkipper mit fünf bis acht Übergängen instand halten.

Bild 311: Der Hinterwagen des 87,6 t schweren, 690 PS starken Tiger 690D stammte samt Antriebsstrang vom Cat-Radlader 992D, Komponenten der Planiereinrichtung und Hydraulik vom Cat-Kettendozer D11N.

Auch bei Raddozern gibt Caterpillar inzwischen den Ton an, nachdem Volvo Construction Equipment (bzw. zuvor VME) die Produktion der Michigan-Raddozer einstellte und sich auch LeTourneau aus diesem Marktsegment zurückzog. 1997 übernimmt Caterpillar die Produktion der Raddozer der australischen Firma Tiger Engineering, die zuvor weltweit in Tagebaubetrieben als Hilfsgeräte und in Kraftwerken zur Bewirtschaftung von Kohlehalden überraschend schnell Anerkennung fanden und so gut wie alle namhaften Wettbewerber verdrängten.

Tiger baute seit 1981 Raddozer wie den 690A, der weitgehend auf Cat-Komponenten basierte (Bild 311). Die beiden neueren Tiger-Raddozer 590B und 790G werden 1998 nach der Übernahme in das Produktprogramm von Caterpillar integriert und erhalten die neuen Typenbezeichnungen 844G und 854G.

Größter Hydraulikbagger für kanadischen Ölsand-Tagebau

Die Hersteller großer Hydraulikbagger realisieren Mitte der 90er Jahre, dass sie mit der Größenentwicklung der Muldenkipper Schritt halten müssen – wir haben schon von den Einsatz- und Zeitvorteilen der Hochlöffel-Seilbagger erfahren. Wie wir zudem bald sehen werden, zeichnet sich eine neue „Ultra-Klasse" von Muldenkippern mit Nutzlasten von 300 bis 360 sht ab.

1997 stellt die O&K Mining GmbH, zu jener Zeit noch eine Tochtergesellschaft von O&K Orenstein & Koppel in Dortmund, den weitaus größten Hydraulikbagger der Welt vor. Mit 42 m³ Schaufelinhalt stößt der Bagger in Leistungsklassen vor, die bislang den etwa 1.000 t wiegenden Elektro-Seilbaggern mit Hochlöffel vorbehalten waren (Bild 312).

Der RH 400 gilt als markanter Meilenstein in der Weiterentwicklung der Hydraulikbagger, übertrifft er mit 840 t Dienstgewicht den bislang größten Hydraulikbagger um bemerkenswerte 23 Prozent und mit seiner 42 m³ großen Klappschaufel um 28 Prozent. Gegenüber relativ verbreiteten Hydraulikbaggern beträgt die Steigerung bei Dienstgewicht und Schaufelinhalt sogar rund 50 Prozent, stellt also annähernd eine Verdoppelung dar.

Der RH 400 wurde aufgrund einer Anfrage des kanadischen Bergbauunternehmens Syncrude entwickelt, das als weltgrößter Betrieb dieser Art den Abbau und die Aufbereitung von Ölsand mit 14.000 Beschäftigten betreibt und mit leistungsfähigeren Baggern die Förderraten steigern möchte. Bei Syncrude werden schon zwei O&K-Bagger RH 200 mit jeweils 480 t Dienstgewicht eingesetzt.

Das Syncrude-Betriebsgelände nimmt eine Fläche von 40.000 ha ein, wobei der Tagebau gegenwärtig 5 x 7 km groß und 60 m tief ist. Sämtliche Bergbaumaschinen werden bei Temperaturen von bis zu – 45 °C an sieben Tagen in der Woche rund um die Uhr eingesetzt; pro Woche ist lediglich eine Wartungsschicht vorgesehen.

Zur Gewinnung von 75 Mio. Barrel Rohöl pro Jahr werden hier jährlich 71 Mio. m³ oder 150 Mio. t Ölsand abgebaut. Für die Abraumförderung wurden bisher hauptsächlich vier große Schreitbagger mit Schürfkübeln von 61 bis 68 m³ Inhalt eingesetzt, die durch Hydraulikbagger und Muldenkipper ersetzt werden sollen.

Da der anstehende Ölsand außerordentlich abrasiv ist, unterliegen die Grabgefäße der Abbaumaschinen und die Mulden starken Verschleißbeanspruchungen. Syncrude führt in diesem Zusammenhang einen anschaulichen Vergleich an: Alle 24 Stunden wird bei allen Maschinen zusammengenommen ausreichend Stahl abgerieben, um daraus zwei vollständige Lieferwagen produzieren zu können!

Die acht Hauptpumpen des RH 400 wälzen 13.000 l Hydrauliköl mit 8 x 924 l/min Durchflussmenge um. Für den Antrieb des RH 400 sorgen zwei Cummins-Dieselmotoren mit 3.400 PS Gesamt-

Bild 312: Um den Vertretern der internationalen Fachpresse und Gästen aus aller Welt zu demonstrieren, wie groß eine Klappschaufel ist, die 42 m^3 fasst, hatte O&K eine Überraschung vorgesehen: 42 Kinder mitsamt fünf Kindergärtnerinnen kletterten ins Schaufelinnere.

leistung. Bei einem durchschnittlichen Verbrauch von 2 x 295 l/h reichen die 16.000 l Kraftstoff im Tank für 28 Stunden Dauereinsatz. Dank einer Hochdruck-Betankungsanlage wird der Tank in nur 17 Minuten aufgefüllt – bei rund 1.000 l/min Förderstrom, um die unproduktive Stillstandzeit des Baggers möglichst kurz zu halten.

Bild 313: Mit einer Spieldauer von unter 30 Sekunden kann der 840 t wiegende O&K RH 400 die Caterpillar-Muldenkipper mit 240 sht Nutzlast im äußerst abrasiven Ölsand mit nur drei Ladespielen füllen.

Im Rahmen der einsatzbezogenen Ausstattung wird auch der Baggerführer nicht vergessen, der bei Syncrude regelmäßig Zwölf-Stunden-Schichten absolvieren muss. Dabei ist zu berücksichtigen, dass der Bagger auf dem weitläufigen Tagebaugelände in Kanada fernab jeglicher Infrastruktur arbeitet (Bild 313). Deshalb sind beim RH 400 in einer speziellen Ruhezone hinter der eigentlichen Kabine zwei Schwenksitze, Tisch, Kaffeemaschine, Wasserspender, Kühlschrank und Mikrowelle installiert.

Da der erste RH 400 die geforderten Produktionsleistungen von über 5.000 t/h erzielt, bestellt Syncrude drei weitere RH 400. Statt mit Cummins-Motoren werden der dritte und vierte RH 400 mit Cat-Motoren ausgestattet, da im Ölsandtagebau auch zuverlässige Cat-Muldenkipper arbeiten. Die Standardisierung auf Cat-Motoren vereinfacht die Ersatzteilhaltung und den Service.

Tiefbauchige Bodenentleerer

Ab Nutzlasten von etwa 100 bis über 200 t werden für den Kohletransport großvolumige Bodenentleerer-Anhänger zum Aufsatteln auf zweiachsige Chassis verwendet. Meist dienen nach wie vor herkömmliche Muldenkipperchassis der Nutzlastklassen 85 bis 150 sht als Zugmaschinen, die sich bei Bedarf wieder zum Aufsetzen einer Hinterkippmulde umrüsten lassen. Inzwischen werden aber auch Mulden-

Bild 314: Bodenentleererzug von Rimpull mit 1.500 PS für 245 t (270 sht) Gesamtnutzlast. Mit 46,2 m Zuglänge benötigt das Gespann sehr große Wendekreise, ist aber dank der vereinten Transportkapazität von Sattel- und Zuganhänger sehr wirtschaftlich.

kipper der 170- bis 190-sht-Klasse wie der Cat 789 als Zugmaschinen umfunktioniert.

Die lang gestreckten, tiefbauchigen Mulden der Bodenentleerer-Sattelanhänger vereinen die Vorteile niedriger Ladehöhe mit großer nutzbarer Ladelänge. Bodenentleerer sollten nur mit „fließender", nicht zu grobstückiger Kohle beladen werden, denn die Auslassöffnungen sind etwa um die Hälfte kleiner als die zum Beladen zur Verfügung stehende Fläche.

Pionier der größten Bodenentleerer-Sattelzüge ist Unit Rig mit den „Lectra Haul" BD-180 und BD-240 für 160 und 220 t Nutzlast. Der erneut vergrößerte BD-270 kommt bei 245 t Nutzlast – 2:1 gehäuft sind dies 283 m³ Nutzvolumen – auf 430 t Gesamtgewicht und eine Zuglänge von 27,05 m. Entsprechend groß ist der Wendekreisdurchmesser mit mindestens 32,5 m.

Weil sich an derartige Sattelzüge weitere Anhänger gleicher Bauart, allerdings auf ein- oder zweiachsige Dolly-Fahrgestelle gestützt, ankuppeln lassen, gelangen hin und wieder regelrechte Bodenentleererzüge mit zwei oder drei Anhängern für zusammen 245 bis 330 t Nutzlast zum Einsatz. Bei Zuglängen von 46 m sind ausreichend große Rangier- und Wendeflächen unverzichtbar (Bild 314).

Große Bodenentleerer-Sattelzüge sind auch von verschiedenen Zulieferfirmen mit Cat-Zugmaschinen erhältlich. Der größte Bodenentleereranhänger der 90er Jahre wird von der amerikanischen Firma Mega gebaut und auf eine Cater-

Bild 315: Als größter Bodenentleerer-Sattelzug des 20. Jahrhunderts darf der amerikanische Mega CH-290 für 265 t (290 sht) Kohlenutzlast gelten, aufgesattelt auf eine Zugmaschine Caterpillar 789B mit 1.800 PS Leistung.

pillar-Zugmaschine auf Basis des 170-t-Muldenkippers Cat 789B aufgesattelt (Bild 315). Der beladen über 500 t schwere Sattelzug kommt auf eine Gesamtlänge von fast 29 m.

Der Kress CH-300 ist der größte Kohletransporter der 90er Jahre, wobei das schon 1970 entstandene Fahrzeugkonzept erfolgreich über drei Jahrzehnte weiterentwickelt wurde (siehe Bild 223). Der CH-300 wiegt beladen trotz der hohen Nutzlast von 270 t nur 386 t und wird von einem 1.800 PS leistenden Motor über Drehmomentwandler und Automatikgetriebe dieselmechanisch, nicht aber dieselelektrisch angetrieben (Bild 316).

Die beladen zu erzielende Höchstgeschwindigkeit von 71 km/h verkürzt die Umlaufzeiten gegenüber langsameren Fahrzeugen. Nach Angaben von Kress könnte dank der neuen zur Verfügung stehenden Reifengrößen jederzeit ein gleichermaßen konzipierter Bodenentleerer mit 400 sht (363 t) Nutzlast gebaut werden, sofern ein Minenbetreiber dies wünschen sollte.

Zweiachskipper überschreiten die 300-t-Grenze

Konnten sich in der ersten Hälfte der 90er Jahre schwerste Muldenkipper mit 220 t Nutzlast (240 sht) weltweit als neue Nutzlastklasse durchsetzen, zeichnet sich in der zweiten Hälfte bereits eine weitere Steigerung auf bis zu 320 t Nutzlast (360 sht) ab.

Vornehmlich zwei Faktoren treiben die Nutzlaststeigerung der Muldenkipper erneut voran: Rohstofflager dicht unter der Oberfläche sind erschöpft, so dass auf tiefer liegende Vorkommen zurückgegriffen werden muss, und dies unter entsprechend ungünstigeren Abraum-Rohstoff-Verhältnissen und damit stets zunehmenden Abraummengen.

Des Weiteren steigen weltweit, auch in abgelegensten Ländern und Landstrichen, die Lohn- und Lohnnebenkosten, weshalb sich die durch größere Muldenkipper einzusparenden Fahrerkosten spürbar in den Betriebskosten niederschlagen. So wurde die Mitarbeiterzahl im US-amerikanischen Tagebau von

Bild 316: Der bislang größte Kohletransporter ist kein Sattelzug, sondern der 20,7 m lange, 6,9 m breite und 5,6 m hohe, dank der um 90° drehbaren Vorderradpaare auf der Stelle wendende Kress CH-300 für 270 t (300 sht) Nutzlast.

1,1 Mio. im Jahre 1981 bis 1995 auf 700.000 reduziert – bei einer um 90 bis 100 Prozent gestiegenen Produktion pro Mitarbeiter im gleichen Zeitraum.

Der weltweite Bedarf an überschweren Muldenkippern ist groß, werden in einigen Kohle- und Erzgruben doch mehr als 100 solcher Giganten mit Nutzlasten von mehr als 150 t eingesetzt. Demzufolge partizipiert inzwischen eine ganze Reihe von Herstellern an diesem Markt, der fälschlicherweise oft als Nischenmarkt bezeichnet wird. Der Trend hin zu größeren Nutzlasten stellt dabei eigentlich nichts grundlegend Neues dar, sondern fußt auf alten, bis in die 30er Jahre zurückgehenden Entwicklungen.

Caterpillar bringt 1991 mit dem 793 für 240 sht Nutzlast das dritte Modell der neuen Muldenkipperreihe auf den Markt (Bild 317). Hauptproblem bei der Konstruktion einer mechanischen Kraftübertragung dieser Größenordung sind die erheblichen Lastspitzen während der Gangwechsel. Eine Lösung wird in der Mikroprozessortechnik gefunden, die die Gangwechsel unter sehr weichen Drehmomentanstiegen automatisch vornehmen kann.

Der gegenüber dem konventionellen dieselelektrischen Antrieb grundlegend andere Antriebsstrang der Cat-Muldenkipper führt in der Branche zu heftigen Diskussionen. Wichtige betriebswirtschaftliche Faktoren wie Kraftstoffverbrauch, Fahrgeschwindigkeit (besonders an Steigungen) und Verfügbarkeit werden in der Fachpresse kontrovers behandelt.

Bild 317: Im Gegensatz zu allen anderen 240-sht-Muldenkippern wird der Caterpillar 793 nicht dieselelektrisch, sondern durch Drehmomentwandler und Automatikgetriebe angetrieben. Er wurde zum erfolgreichsten 240-Tonner: Bis Ende 1999 gelangten mehr als 800 Cat 793 zum Einsatz.

1992 veröffentlicht LeTourneau Pläne zum Bau eines innovativen Muldenkippers für 320 sht Nutzlast (Bild 318).

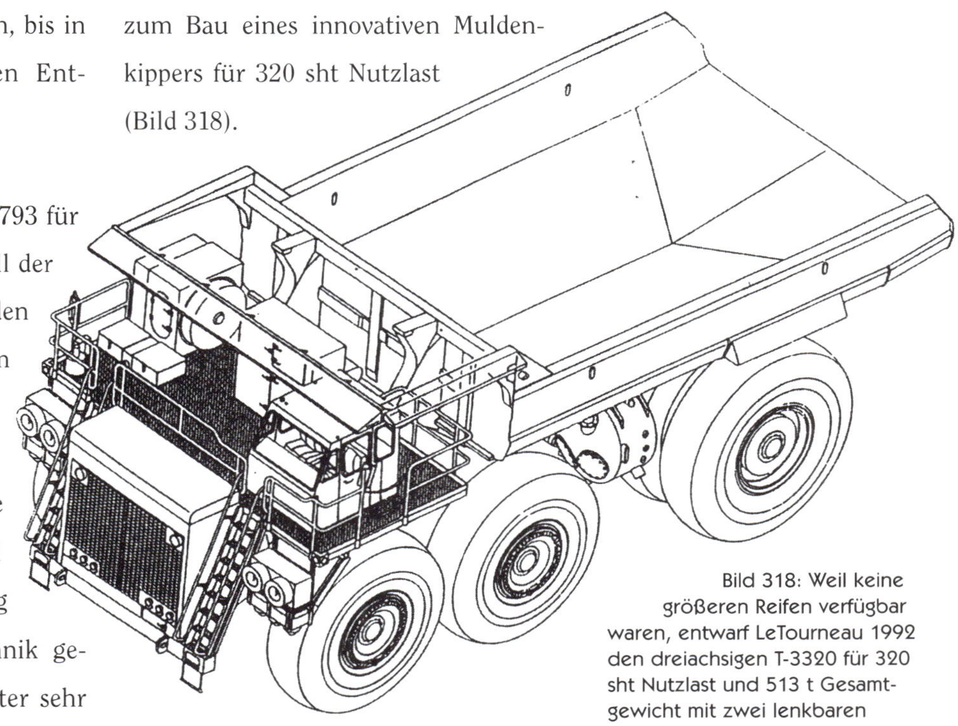

Bild 318: Weil keine größeren Reifen verfügbar waren, entwarf LeTourneau 1992 den dreiachsigen T-3320 für 320 sht Nutzlast und 513 t Gesamtgewicht mit zwei lenkbaren Vorderachsen.

Der 17,7 m lange und beladen 513 t wiegende T-3320 soll aufgrund der zur Verfügung stehenden Reifengrößen mit zwei Lenk-Vorderachsen ausgestattet werden – übrigens auffallend ähnlich zu einer 200-sht-Muldenkipperstudie der Dart Truck Co. von 1971 (siehe Bild 220). Bei zwei nicht gelenkten Hinterachsen – wie 1971 beim Wabco 3200 und 1974

Bild 319: Der knickgelenkte Belaz-75501 trug bei 200 t Leergewicht 308 sht (280 t) Nutzlast und wurde von einem 3.150 PS leistenden Motor auf allen vier Zwillingsreifen dieselelektrisch angetrieben.

beim Terex Titan 33-19 – befürchten die Konstrukteure zu hohen Reifenverschleiß. Für den Antrieb des T-3320 sind Motoren von Cummins, Detroit Diesel oder MTU mit bis zu 3.200 PS Leistung vorgesehen – es scheint allerdings, dass kein solcher Muldenkipper gebaut wird.

Nicht von einem amerikanischen, sondern vom russischen Hersteller Belaz werden Pläne für einen weiteren außergewöhnlichen Muldenkipper bekannt. Der Prototyp eines solchen knickgelenkten Riesenkippers mit Allradantrieb sowie vorderer und hinterer Zwillingsbereifung wird offenbar recht erfolgreich in einer sibirischen Goldmine eingesetzt (Bild 319).

Ein dergestalt konzipierter Knicklenker mit zwei Achsen sowie Zwillingsreifen vorne und hinten – erinnert uns das nicht an einen interessanten Muldenkipper (siehe Bild 157) der 60er Jahre? Der 15,3 m lange und 8 m breite Belaz-75501 erreicht beladen bis zu 40 km/h Geschwindigkeit. Bemerkenswert sind hydropneumatisch betätigte Ausstoßer, die an allen vier Rädern zwischen den Zwillingsreifen festklemmende Gesteinsbrocken herausdrücken.

Bild 320: Der „Lectra Haul" MT-4400 von Unit Rig war der erste Schritt zu einer noch größeren Muldenkipperklasse mit 260 bis 300 sht Nutzlast, den so genannten „Ultra Haulern".

Bild 321: Der Euclid R-260 wurde von einem 2.500 PS starken Detroit-Diesel angetrieben und wog beladen 386 t. Unverkennbares Merkmal warendie neu konzipierten, sich teilenden und im oberen Bereich gewendelten Aufstiegsleitern.

Die Reifenhersteller Bridgestone und Firestone entwickeln gemeinschaftlich den lange erwarteten Reifen 48/95 R57 – er wird 1995 vorgestellt. Da diese Reifen mit 3,8 m Durchmesser, 1,31 m Breite sowie 4,2 t Einzelgewicht (und rund 30 bis 35 Prozent höheren Anschaffungskosten!) jeweils 80 t tragen können, steht jetzt der Markteinführung schwerster zweiachsiger Muldenkipper mit 280 bis 300 sht Nutzlast – im Fachjargon als „Ultra-Klasse" bezeichnet – nichts mehr im Wege.

Tatsächlich präsentieren gleich drei Hersteller fast zeitgleich Muldenkipper dieser Größe. Der „Lectra Haul" MT-4400 von Unit Rig ist für 260 sht Nutzlast ausgelegt und wiegt beladen 392 t, kann aber nach Herstellerangaben problemlos 300 sht und mehr tragen (Bild 320). Für den Antrieb des MT-4400 sorgen wahlweise ein 2.030 PS starker Cummins- oder ein 2.500 PS leistender MTU-Motor der Reihe 396.

Ein etwas „kleinerer" MT-4000 erzielt übrigens von Februar 1994 bis Februar 1995 im Erztagebau Hoyt Lakes in Minnesota einen neuen Rekord: Von 8.760 möglichen Stunden (365 Tage x 24 Stunden) befindet sich der MT-4000 in diesem Jahr 8.128 Stunden im Einsatz – das sind 93 Prozent des gesamten Jahres! Unit Rig veröffentlicht in jener Zeit Pläne, bei Transportdistanzen von rund 100 km kombinierte Sattelzug-Anhänger-Bodenentleerer für bis zu 560 sht Gesamtnutzlast wirtschaftlicher als Langstrecken-Bandstraßen einsetzen zu können.

Euclid, nun nicht mehr zu Volvo Construction Equipment, sondern zu Hitachi gehörend, geht in kleineren Schritten voran und entwickelt 1996 den R-260 für 262 sht (238 t) Nutzlast und daraus 1998 den R-280 für 280 sht, allerdings mit gleichem Radstand und gleichem Grundaufbau (Bild 321). Bis Mitte 1999 wird der R-280 in der amerikanischen Lehigh-Kohlemine getestet.

Bild 322: Der 930E war 1995 als damals größter Muldenkipper der Welt 15,3 m lang, 8,1 m breit und 7,3 m hoch. Seine Höchstgeschwindigkeit beträgt bei rund 470 t Gesamtgewicht bemerkenswerte 64,5 km/h.

Größter auf dem Markt befindlicher Muldenkipper ist ab 1995 zunächst der dieselelektrische „Haulpak" 930E von Komatsu-Dresser (ehemals Wabco) mit 285 bis 310 sht Nutzlast und bis zu 469 t Gesamtgewicht. Der 930E wird als mutiger Schritt über die 300-sht-Grenze betrachtet (Bild 322).

Als einzige Standard-Antriebsversion wird für den 930E anfänglich der deutsche MTU-Motor 16 V 396 TB44L mit 2.500 PS Leistung vorgesehen. Neben einigen Installationen bei Euclid-, Wabco- und Unit-Rig-Muldenkippern gelang MTU der Durchbruch, als 1989 vom australischen Erztagebau Mt. Newman sieben Wiseda KL-2450 mit MTU-Motoren bestellt wurden.

... und schon geht's Richtung 400 Tonnen

Mit dem MT-4400, R-260 und dem 930E scheint die neue „Ultra-Klasse" von Muldenkippern zum Abschluss dieses Jahrhunderts die Grenze des technisch Machbaren abzustecken. Doch kurz vor dem Ende der 90er Jahre entschließen sich zwei Hersteller, die technisch mögliche Nutzlastgrenze noch weiter hochzuschrauben: Caterpillar und Liebherr Mining Trucks (ehemals Wiseda) kündigen Muldenkipper mit 360 sht Nutzlast an. Damit würde die Nutzlast gegenüber den bislang größten, 240 sht tragenden Cat- und Liebherr-Muldenkippern um weitere 50 Prozent gesteigert werden – ein wahrhaft gewaltiger Größensprung!

Im Oktober 1998 präsentiert die amerikanische Liebherr Mining Equipment Co. den T282, den ersten zweiachsigen Muldenkipper für 360 sht (327 t) Nutzlast (Bild 323). In der Standardversion ist der T282 mit einem 2.750 PS starken 16-Zylinder-V-Motor von Detroit Diesel/ MTU ausgestattet, der den beladen 529 t wiegenden Koloss auf mehr als 60 km/h Tempo beschleunigen kann.

Das von Siemens entwickelte Wechselstrom-Antriebssystem des T282 von Generator und Radnaben-Fahrmotoren ist eigens auf die einfache Nutzung von Trolley-Systemen ausgelegt. Dies soll

Bild 323: 8,7 m breit und 7,4 m hoch ist der kompakt wirkende, beladen 534 t schwere Liebherr T282 für 360 sht (327 t) Nutzlast, hier mit einer kettenbetätigten Mulden-Heckklappe beim Einsatz im Kohletagebau im Powder River Basin in Wyoming.

dem besonders in den 70er und 80er Jahren so attraktiven Betrieb von Oberleitungen neue Wirtschaftlichkeitsaspekte verleihen.

Anderthalb Jahre zuvor, im März 1997, kündigt Caterpillar einen größeren Muldenkipper für mindestens 340 sht Nutzlast und 540 t Gesamtgewicht an. In Fachkreisen wird zunächst spekuliert, ob Caterpillar wie bei den anderen Muldenkippern im Programm erneut einen mechanischen Antriebsstrang entwickeln wird oder möglicherweise nun auch aufgrund der immensen Kräfte und Gewichte zum dieselelektrischen Antrieb umschwenken wird.

Tatsächlich bleiben die Cat-Ingenieure ihrem Antriebskonzept treu und konstruieren einen gänzlich neuen mechanischen Antriebsstrang. Im März 1999 wird der Cat 797 vorgestellt. Der Kipperriese muss, in Einzelteile zerlegt, auf zwölf großen Sattelzügen zum Einsatzort gebracht werden. Seine Gesamtgröße entspricht etwa einem – mit Tempo fahrenden! – dreistöckigen 420-m^2-Wohnhaus. Die Reifen des 797 basieren auf einer neuen Technologie von Michelin. Jeder ist annähernd 4 m hoch und 1,5 m breit.

Bei gleicher Nutzlast wie der Liebherr T282 weist der Cat 797 ähnliche Maße auf. Er ist mit 9,2 m etwas breiter, aber mit 7,2 m Höhe etwas niedriger als sein bisher einziger Konkurrent. Für den Antrieb des Cat 797 sorgen zwei Zwölf-Zylinder-Turbodiesel Cat 3512, die durch eine neuartige, ebenfalls von Caterpillar entwickelte Kupplung miteinander mechanisch und elektronisch verbunden sind (Bild 324).

Aber die mutigen Entwürfe dürfen noch längst nicht in die Serienproduktion gehen. Prototypen vom neuen Liebherr

Bild 324: Rekordhalter im Muldenkipperbau des 20. Jahrhunderts ist der Cat 797 mit 558 t Gesamtgewicht und 3.450 PS Leistung aus 117 Liter Hubraum. Als Prototyp-Vorserie werden 25 dieser Giganten in verschiedenen Tagebaugruben getestet.

T282 und Caterpillar 797 werden erst einmal in den Gold-, Eisenerz-, Kupfer- und Kohletagebau entsandt, um ihre Kräfte und Stabilität unter Beweis zu stellen. Schließlich stellen diese Konstruktionen die obere Grenze der Kraftfahrzeugtechnik des 20. Jahrhunderts dar.

Gut ausgebildet müssen die Fahrer solcher Monstertrucks sein, steuern sie doch mehr als ein halbes Tausend Tonnen Gewicht mit mehr als 50 oder gar 60 km/h Geschwindigkeit durch die Gegend. Die Verantwortung, keine Fehler zu begehen, rechtzeitig zu bremsen und zielgenau zu lenken, ist immens hoch – und gehört dennoch zum monotonen Berufsalltag, der sich nach zigtausenden von Fahrten mit Sicherheit einstellt.

1998 nimmt auch die inzwischen zu Terex gehörende Firma Unit Rig die Entwicklung eines „Lectra Haul“ mit ähnlicher Nutzlast auf. Der geplante MT 5500 wird für 340 sht (308 t) konzipiert, soll 2.700 bis 2.800 PS starke Motoren von Cummins oder Detroit Diesel haben und beladen 510 t auf die Waage bringen. Anscheinend wird bis zum Ende des Jahrzehnts noch kein MT 5500 fertiggestellt. Für 2001 kündigt auch Euclid-Hitachi einen größeren Muldenkipper mit 360 sht Nutzlast an.

Ursprünglich noch Wiseda begann Mitte der 90er Jahre mit dem australischen Bergbauunternehmen BHP, ein gänzlich neuartiges Muldenkipperkonzept zu entwickeln; dieses Programm wird nun von Liebherr Mining Trucks fortgeführt. So entsteht der Liebherr IL-2600, später in TI 272 umbenannt, für 300 sht (272 t) Nutzlast. Wichtigste Merkmale des TI 272 sind die direkte Krafteinleitung in die Räder und die hinteren Einzelradpaare (Bild 325).

Bild 325: Beim gemeinschaftlich mit BHP in Australien entwickelten Liebherr TI 272 für 300 sht (272 t) Nutzlast sollen wie beim VCON 3006 von 1971 bewegliche Einzelradpaare an der hinteren Achslinie Gewichts- und Einsatzvorteile bewirken.

Dazu sind die hinteren Radaufhängungen direkt unter den Kippgelenken der Mulde angeordnet. Außerdem lagert die Mulde, die als Bestandteil des Fahrzeugrahmens fungiert, vorne auf den beiden Hubzylindern, die ihre Kräfte in die vordere Radaufhängung leiten. Dies erlaubt die Konstruktion eines leichteren Rahmens und spart damit Gewicht ein. So wiegt der TI 272 beladen „nur" 410 t.

Bezüglich der Kräfteeinleitung in die Räder, der leichteren Rahmenbauweise und der neuartigen Hinterradaufhängung ist ein Blick in die Vergangenheit aufschlussreich, genauer in die frühen 70er Jahre. Dort begegnete uns der leider in nur einem Exemplar gebaute VCON-Truck, der mit vielen ebenso bemerkenswerten wie außergewöhnlichen Konstruktionsdetails aufwartete (siehe Bilder 227 und 228).

Die Art seiner Hinterradaufhängung weist zweifellos starke Ähnlichkeit mit der des Liebherr TI 272 auf. Dies zeigt, dass alte Ideen, auch wenn sie sich nicht durchsetzen konnten, durchaus eine Zukunft haben können.

Satelliten steuern Giganten

Die aus den 80er Jahren bekannten „Dispatch"-Systeme erhalten gegen Ende dieses Jahrzehnts durch GPS, also satellitengesteuerte Positionsbestimmung, gänzlich neue Impulse. Die Elektronik bestimmt nun die Zukunft bei den Tagebauriesen und verändert damit ihre Einsatzparameter maßgeblich.

Nach den Innovations- und Konjunkturzyklen „Dampfmaschine", „Eisenbahn", „Elektrifizierung", „Luft- und Raumfahrt" befinden wir uns nun in der Durchsetzungsphase der Mikroelektronik. Sie wird den Einsatz unserer Tagebaugiganten in den kommenden Jahrzehnten nach der Jahrhundertwende durchgreifend verändern.

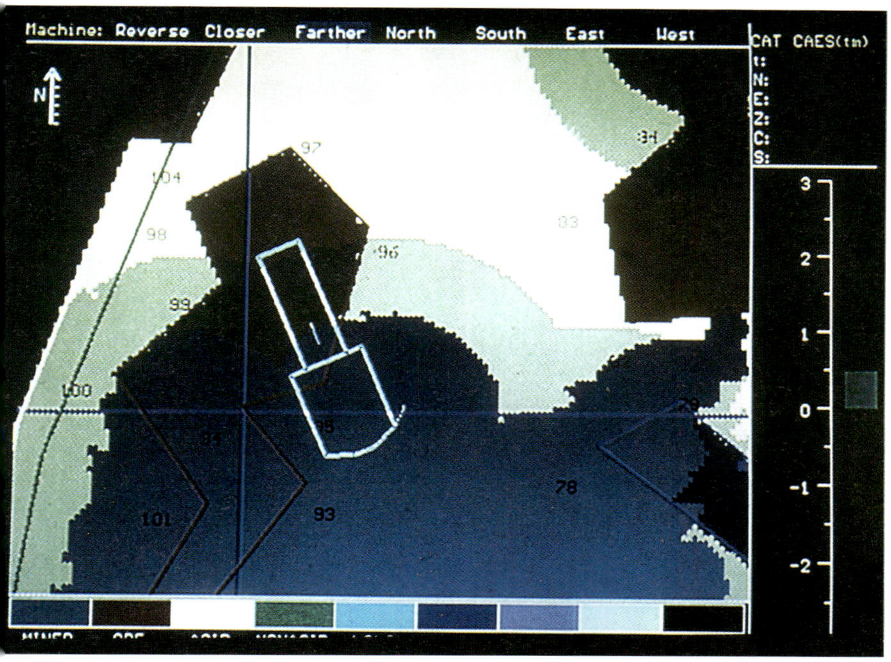

Bild 326: Durch CAES (computergestütztes Erdbewegungssystem) von Caterpillar erkennt der Maschinenführer, hier eines Cat-Großbaggers 5230, nicht nur die momentane Maschinenposition im Abbaufeld, sondern auch den Abbaufortschritt samt aktuellem Sohlenniveau. Über Datenfunk gelangen die Informationen auch an die Betriebsleitung.

Bisher war die Übertragung von Informationen aus der Planungsphase auf die Abbautätigkeit in Echtzeit nicht möglich, da die Technologie fehlte, um Positionsbestimmungen der Tagebaumaschinen im sich ständig ändernden Tagebauareal vornehmen zu können. Mit GPS (Global Positioning System = satellitengestützte Navigation) wird nun von jeder Tagebaumaschine die Position zentimetergenau bestimmt, und dies sowohl auf der zweidimensionalen Erdoberfläche als auch in der dritten Dimension für die momentane Abbautiefe.

Die 24 GPS-Satelliten senden einen hochpräzisen Code, der auch in GPS-Empfängern abläuft. Zur Zeitmessung wird im Empfänger der Zeitversatz zwischen den Codesignalen von Satelliten und Empfänger verglichen und in dreidimensionale Positionsdaten umgerechnet. So werden dem Fahrer die mit GPS ermittelten Tagebaudaten und die Maschinenposition in Echtzeit auf einem Display in der Kabine angezeigt.

Eigentümlich erscheint der übertägige Abbau im Hightech-Zeitalter schon: Etliche Millionen Mark kostende Tagebaumaschinen entziehen sich jeglicher Automatisierung und werden von Fahrern bedient, die praktisch keine Informationen über die momentanen Einsatzparameter erhalten. Um dies zu ändern, entwickelt Caterpillar 1998 in Zusammenarbeit mit der hochspezialisierten amerikanischen Firma Trimble ein innovatives System, das Bordcomputer und satellitengestützte Navigation sinnvoll vereint (Bild 326).

Durch CAES (Computer Aided Earthmoving System, also computergestütztes Erdbewegungssystem) werden die durch GPS in Echtzeit ermittelten Positionsdaten der Tagebaumaschine in einen Bordcomputer übermittelt. Dadurch ist es möglich, dem Fahrer auf einem Monitor in der Kabine präzise Einsatzinformationen zu liefern, die ein wesentlich effektiveres Bedienen und Arbeiten als früher gestatten. Mit der ebenfalls von Caterpillar entwickelten Software CAES-office wird die Betriebsleitung ständig über die Positionen und Arbeitsfortschritte sämtlicher mit CAES ausgerüsteten Tagebaumaschinen informiert.

Die ersten vier CAES-Anlagen werden in vier nordamerikanischen Tagebaubetrieben installiert und leiten so die elektronische Zukunft der Tagebauriesen ein. Wer hätte vor rund 100 Jahren vermuten mögen, dass um die Erde schwirrende Apparate Signale aus den Tiefen des Weltalls senden, mit denen sich tausend und mehr Tonnen schwere Stahlungetüme zentimetergenau steuern lassen? So etwas heißt wohl Zukunft…

X.

Ausblick

Die Zukunft gehört den Riesen

Entgegen so mancher Ankündigung und düsteren Prophezeiung überlebte unsere so genannte Hochkultur auch den Wechsel in ein neues Jahrtausend. Gehen wir nicht unter und leben wir weiter, so werden wir auch in den kommenden Jahren schier endlose Rohstoffmassen und Energiemengen verbrauchen...

Vernünftige Lösungsansätze zur Kernspaltung liegen nicht vor, Wind-, Wasser- und Solarenergie liefern weiterhin nur geringe Anteile unseres immensen Energiebedarfs. Und vom Standpunkt der Thermoenergie ist jedes noch so moderne Atomkraftwerk – sofern es überhaupt sicher ist – auch im Jahr 2000 nicht besser als Kohlekraftwerke: Strom wird mittels erhitztem Dampf erzeugt, der durch Turbinen jagt und dann mit Kühltürmen unsere Umgebung beheizt. Der thermische Wirkungsgrad bleibt bei knappen 35 Prozent mehr als schlecht...

Wir verheizen also weiterhin unsere gute alte Kohle, um den Konsumstandard von Licht, bunten Bildern und gekühlten Getränken zu erhalten, und schürfen weiterhin nach Erzen, um unsere Mobilität und Hightech-Kultur munter ins kommende Jahrtausend zu treiben. Gegenwärtig werden rund um den Globus etwa 1.600 neue Kraftwerke errichtet – von denen die überwiegende Zahl Kohle verfeuern und die Atmosphäre anheizen wird.

Selten werden altgediente Giganten als technische Denkmäler betrachtet, denn meist stehen sie der Tagebaurekultivierung im Weg und müssen beseitigt werden – oft recht radikal durch Sprengung. Ein solches Schicksal ereilt deutsche Schaufelrad- und Eimerkettenbagger ebenso wie Förderbrücken oder englische und amerikanische Schleppkübelbagger wie diesen Rapier W 600 in Mittelengland.

Ein schönes Ende für einen 5.000-t-Giganten: 1984 stiftete die amerikanische P & M Coal Company die „Stripping Shovel“ 1850-B von Bucyrus-Erie, seit ihrem ersten Einsatz „Big Brutus“ genannt, zusammen mit einer großen Landfläche zur Nutzung als Museum, das dem Kohlebergbau gewidmet ist. Jedes Jahr in der Weihnachtszeit erstrahlt „Big Brutus“ vor Freude, dass er nicht wie seine vielen Brüder und Verwandten den Schneidbrennern zum Opfer fiel.

Wie klein, wie winzig klein wirken jedoch große Tagebaubetriebe aus dem Flugzeug betrachtet – und wie groß, wie alles verschluckend wirken dagegen Großstädte mit ihren Häusermeeren, Straßenlabyrinthen und sich weithin erstreckendem Monotongrau. Während Tagebauminen hauptsächlich tief sind, sich also nach unten ausdehnen, erstrecken sich Städte flächenhaft und fressen sich auf allen verfügbaren Seiten ins Land hinein.

Sobald der Mensch aus Steinbrüchen und Tagebaugruben wieder abzieht, gewinnt die Natur mit ihrer Pflanzen- und Tierwelt schnell wieder Oberhand. Einige alte Kohletagebaue der ehemaligen DDR boten so interessante und seltene Flora und Fauna, dass Naturschützer – ja, Naturschützer – gegen die geplante Rekultivierung protestierten.

Wer wird unseren Energiehunger und unseren Konsumbedarf stillen? Wer wird uns all diese Schätze aus der Erde holen? Es werden auch in den kommenden Jahrzehnten die Giganten sein, die ins Riesenhafte vergrößerten Baumaschinen, und die sie Tag und Nacht, sonntags, Weihnachten und Ostern bedienenden Menschen.

Mit ihren bald vielleicht schon 100 m³ fassenden Baggerlöffeln und mehr als 500t schleppenden Mulden werden sie für uns schuften, werden womöglich per Satellit gesteuert fahrerlos unterwegs sein und riesige, immer noch größere Löcher in das Antlitz der Erde fressen …

Dagegen werden Beton und Asphalt unserer Städte auch ohne den Menschen noch lange, lange Zeit dominieren. Seien wir also vorsichtig mit der viel zu oft geäußerten Behauptung, Tagebaumaschinen rissen für die Rohstoffgewinnung riesige Löcher in die Erde. Dauerhaft bleibende Flecken auf der Erdoberfläche heißen anders: Städte. Und die haben mit ihren vielen Bewohnern einen unstillbaren Rohstoffhunger …

Danksagung

Viele der Giganten wurden nur einmal oder in wenigen Exemplaren gebaut. Den meisten Giganten wurde nie der ansonsten bei Baumaschinen übliche Aufwand für die breite Vermarktung gewidmet – oft gibt es weder Prospekte noch in anderer Form verbreitete Unterlagen. All dies machte die Recherchen nicht gerade einfacher. Umso mehr sind die Verfasser zahlreichen Firmen, Institutionen sowie Freunden großer Maschinen mit ihren privaten Archiven sehr zu Dank verpflichtet.

Für die freundliche Unterstützung danken wir folgenden Firmen: Belaz Trade Corp., Caterpillar Overseas S.A., Komatsu Mining Deutschland, Lausitzer Braunkohle A.G. (LAUBAG), LeTourneau Inc., Liebherr France S.A., Liebherr Mining Trucks, MAN TAKRAF Fördertechnik GmbH, Orenstein & Koppel AG, Rheinbraun AG, Scheuerle, Suncor Energy Inc., Tamrock Voest-Alpine Bergtechnik, Unit Rig & Equipment Co., Uralmasch (UZTM) und Zeppelin Baumaschinen.

Die Recherchen fanden Unterstützung durch die Bergbaubücherei, aufgegangen in der Bibliothek des Ruhrgebietes. Bedanken möchten wir uns bei Manfred Coenen, Zentralarchiv Rheinbraun, und Dr. Helmut Joppich, Rheinbraun.

Unserer ganz besonderer Dank geht an Dorothea Cremer, Rheinbraun-Bibliothek, für ihre vielfältige und entgegenkommende Unterstützung und Hilfsbereitschaft, und an Mike Woof von der Redaktion „World Mining Equipment“ (WME), einer der führenden internationalen Fachzeitschriften auf dem Bergbausektor.

Für hilfreiche Mitarbeit und Unterstützung danken wir außerdem Walter Bärtsch, Peter Grimshaw, Stefan Heintzsch, Klaus Mayr, Alfred Meyer, Hans Pairan, Urs Peyer und Francis Pierre ganz herzlich.

Namens- und Hersteller-Register

Quellen- und Literaturhinweis

George B. Anderson: One hundred booming Years
Gerhard Arnold: Bilder aus der Geschichte der Arbeitsmaschinen
Nick Baldwin: Giant Dumptrucks
W. Barnes: Excavating Machinery
Robert Q. Barr: Materials for the Mining Industry
Horace K. Church: Excavation Handbook
Heinz-Herbert Cohrs: Faszination Baumaschinen – Erdbewegung durch fünf Jahrhunderte
Walter Durst und Werner Vogt: Schaufelradbagger
Adil Gabay: Les Engins mécaniques de Chantier
Georg Garbotz: Baumaschinen und Baubetrieb in USA
Georg Garbotz: Handbuch des Maschinenwesens beim Baubetrieb
Philip G. Gowenlock: The LeTourneau Legend
Eileen Grafton: Peterson – The first Sixty Years
Peter N. Grimshaw: Excavators
Peter N. Grimshaw: Sunshine Miners – Opencast Coalmining in Britain 1942–1992
Keith Haddock: Colossal Earthmovers
Keith Haddock: Giant Earthmovers
Howard L. Hartman: Case Studies of Surface Mining
William R. Haycraft: Yellow Steel
E. Heidebroek: Fördertechnik für Massengüter – Fördereinrichtungen für Tagebauten und Bau-Großanlagen
John A. Hollingsworth: History of Development of Strip Mining Machines
G. Klein: Handbuch für den Deutschen Braunkohlenbergbau
Arno Kleinebeckel: Unternehmen Braunkohle
Günter Kühn: Der gleislose Erdbau
Günter Kühn: Der maschinelle Erdbau
R. G. LeTourneau: Mover of Men and Mountains
Louise LeTourneau Dick: R. G. talks about …
James W. Martin: Surface Mining Equipment
Hans Meischner: Handbuch moderner Tagebau-Ausrüstungen
Herbert L. Nichols: Moving the Earth
N. N.: Coal Age`s new Handbook of Surface Mining
N. N.: Festschrift zum 50jährigen Bestehen des Deutschen Braunkohlen-Industrie-Vereins e.V Halle (Saale)
N. N.: Fifty Years on Tracks
Alfred Ohnesorge: Technische Grundlagen des Tagebaus; Teil 1 – Gewinnung, Teil 2 – Förderung und Verkippung
Eric C. Orlemann: Euclid and Terex Earth-Moving Machines
Eric C. Orlemann: Giant Earth-Moving Equipment
Eric C. Orlemann: Super-duty Earthmovers
G. Pajer, F. Kurth und M. Pfeifer: Tagebaugroßgeräte und Universalbagger
Eugene P. Pfleider: Surface Mining
Philipp: Historische Entwicklung der Abraumförderbrücken
Ludwig Rasper: Der Schaufelradbagger als Gewinnungsgerät
Norm Swinford: Allis-Chalmers Construction Machinery & Industrial Equipment
Harold J. Williamson und Kenneth H. Myers: Designed for Digging
Alfred Wislicki: History of Excavators and Dredgers
Jamea A. Young und Jerry Budy: Endless Tracks in the Woods

Neben teilweise älteren Jahrgängen verschiedener Bergbau-Fachzeitschriften, insbesondere sind hier Die Braunkohle, Coal Age, Engineering & Mining Journal, Mining Magazine, World Coal, World Mining und World Mining Equipment zu nennen, wurde auch Informationsmaterial von zahlreichen Firmen verwendet, deren Aufzählung den Rahmen dieser Übersicht sprengen würde. Hervorgehoben seien die Firmenzeitschriften Groundhog (Marion) und Surface Miner (Bucyrus-Erie) sowie die regelmäßig erscheinende HCEA-Publikation Equipment Echoes.